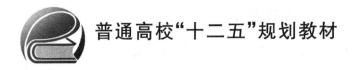

普通高校"十二五"规划教材

化工控制技术

主 编 张 一 王 艳

北京航空航天大学出版社

内容简介

本书系统地介绍了化工过程中常用的各种控制技术(模拟控制技术、数字控制技术、模糊控制技术、人工神经网络技术、预测控制技术、自适应控制技术)和单回路控制系统及各种复杂控制系统(串级控制系统、均匀控制系统、比值控制系统、前馈控制系统、选择性控制系统、分程控制系统、解耦控制系统和纯滞后补偿控制系统)的原理、特点、设计原则及应用场合,还对自动控制系统的基本概念、被控对象的数学模型、执行器、集散控制系统与现场总线控制系统、过程控制系统的仿真进行了介绍。除此之外,还简单介绍了一些流体输送设备和传热设备的控制方案以及两个典型化工过程系统控制实例。

本书可作为高等学校测控技术与仪器、自动化以及相关专业的专业课教材,也可供相关专业的师生和工程技术人员阅读参考。

图书在版编目(CIP)数据

化工控制技术 / 张一,王艳主编. -- 北京:北京航空航天大学出版社,2014.5
ISBN 978-7-5124-1519-5

Ⅰ. ①化… Ⅱ. ①张… ②王… Ⅲ. ①化工过程—自动控制 Ⅳ. ①TQ056

中国版本图书馆 CIP 数据核字(2014)第 049503 号

版权所有,侵权必究。

化工控制技术

主　编　张　一　王　艳
责任编辑　金友泉

*

北京航空航天大学出版社出版发行

北京市海淀区学院路 37 号(邮编 100191)　http://www.buaapress.com.cn
发行部电话:(010)82317024　传真:(010)82328026
读者信箱:goodtextbook@126.com　邮购电话:(010)82316524
涿州市新华印刷有限公司印装　各地书店经销

*

开本:710×1 000　1/16　印张:16.75　字数:357 千字
2014 年 5 月第 1 版　2014 年 5 月第 1 次印刷　印数:3 000 册
ISBN 978-7-5124-1519-5　定价:32.00 元

若本书有倒页、脱页、缺页等印装质量问题,请与本社发行部联系调换。联系电话:(010)82317024

前　言

本书取材适当,其深度与广度适中,内容上能够反映出控制技术与系统目前的发展水平。全书共分 11 章。第 1 章,绪论,主要介绍自动控制系统的组成、分类、发展概况和品质指标;第 2 章,被控对象的数学模型,主要介绍数学模型的相关概念、建立数学模型的目的和方法;第 3 章,控制技术,主要介绍模拟控制技术、数字控制技术以及一些先进的控制技术;第 4 章,执行器,主要介绍气动执行器、电动执行器、电—气转换器及电—气阀门定位器、数字阀与智能控制阀;第 5 章,简单控制系统,主要介绍简单控制系统组成、设计、参数整定与投运;第 6 章,复杂控制系统,主要介绍一些常用复杂控制系统的组成、原理、应用场合以及工程实施中应注意的问题;第 7 章,流体输送设备的控制,主要介绍离心泵的控制方案、容积式泵的控制方案和压缩机的控制;第 8 章,传热设备的控制,主要介绍一般传热设备的控制、加热炉的控制、锅炉设备的控制;第 9 章,集散控制系统与现场总线控制系统,主要介绍集散控制系统的概念、基本组成及特点、系统软件和硬件、现场总线控制系统的本质、特点、实现以及流行的现场总线;第 10 章,过程控制系统仿真,主要介绍过程控制系统仿真概述、Matlab 基础知识、控制系统数学模型的 Matlab 描述、Matlab 编程实例;第 11 章,控制系统设计思想与实例,主要介绍控制系统设计思想、典型化工过程系统控制实例。

本书的特色是深入浅出、层次分明、概念清晰;理论联系实际,注重解决工程应用问题,能够体现石油石化特色。通过本书的学习,学生不仅能够掌握化工过程中常用的控制技术及适用场合,而且还能掌握单回路控制系统和复杂控制系统的构成、应用范围以及控制系统的 Matlab 仿真,培养学生具有一定的控制系统设计能力,为今后在石油石化行业工作打下良好的基础。

本书可作为高等学校测控技术与仪器相关专业的专业课教材,参考学时数为 48~56 学时,也可供相关专业的师生和工程技术人员阅读参考。

本书第 1、2、4、6、9 章由辽宁石油化工大学张一教授编写,第 3、5、7、8、10、11 章由辽宁石油化工大学王艳老师编写,全书由张一教授负责统稿和定稿。

本书在定稿之前也得到了许多老师和同学的帮助和支持;本书在编写过程中参考了大量的文献资料,在此一并表示衷心的感谢。

由于水平有限,书中难免存在错误和缺点,恳请广大读者批评指正。

编　者

目　　录

第1章　绪　论 ……………………………………………………………… 1
1.1　自动控制系统的组成 …………………………………………………… 1
1.2　自动控制系统的分类 …………………………………………………… 3
1.3　自动控制系统的发展概况 ……………………………………………… 5
1.3.1　控制理论的发展概况 ……………………………………………… 5
1.3.2　过程控制系统的发展概况 ………………………………………… 6
1.4　自动控制系统的过渡过程及品质指标 ………………………………… 9
1.4.1　对自动控制系统的要求 …………………………………………… 9
1.4.2　过渡过程 …………………………………………………………… 10
1.4.3　品质指标 …………………………………………………………… 11
思考题与习题 ………………………………………………………………… 13

第2章　被控对象的数学模型 ………………………………………………… 15
2.1　概　述 ……………………………………………………………………… 15
2.2　建立数学模型的方法 …………………………………………………… 18
2.2.1　机理法 ……………………………………………………………… 18
2.2.2　实验法 ……………………………………………………………… 21
2.3　过程模型的特点 ………………………………………………………… 24
思考题与习题 ………………………………………………………………… 25

第3章　控制技术 ……………………………………………………………… 27
3.1　模拟控制技术 …………………………………………………………… 27
3.1.1　比例控制规律(P) ………………………………………………… 27
3.1.2　积分控制规律(I) ………………………………………………… 31
3.1.3　微分控制规律(D) ………………………………………………… 33
3.1.4　比例积分微分控制(PID) ………………………………………… 35
3.2　数字控制技术 …………………………………………………………… 36
3.2.1　数字控制器的模拟化设计 ………………………………………… 37
3.2.2　数字控制器的离散化设计 ………………………………………… 45
3.3　模糊控制技术 …………………………………………………………… 56
3.3.1　模糊控制的预备知识 ……………………………………………… 57
3.3.2　模糊控制系统的构成 ……………………………………………… 61

3.3.3 模糊控制器的基本设计方法 ………………………………………… 62
　　3.3.4 模糊控制器设计实例 …………………………………………………… 70
3.4 人工神经网络技术 ……………………………………………………………… 73
　　3.4.1 人工神经元模型 ………………………………………………………… 73
　　3.4.2 人工神经网络的拓扑结构 ……………………………………………… 76
　　3.4.3 神经网络的学习 ………………………………………………………… 77
　　3.4.4 典型神经网络 …………………………………………………………… 78
　　3.4.5 神经网络控制 …………………………………………………………… 83
3.5 预测控制 ………………………………………………………………………… 83
　　3.5.1 预测控制的基本原理 …………………………………………………… 83
　　3.5.2 预测控制算法 …………………………………………………………… 85
3.6 自适应控制技术 ………………………………………………………………… 91
思考题与习题 …………………………………………………………………………… 93

第4章 执行器 …………………………………………………………………………… 94

4.1 气动执行器 ……………………………………………………………………… 94
　　4.1.1 气动执行器的组成与分类 ……………………………………………… 94
　　4.1.2 气动执行器的选择 ……………………………………………………… 95
4.2 电—气转换器及电—气阀门定位器 …………………………………………… 102
4.3 电动执行器 ……………………………………………………………………… 102
4.4 数字阀与智能控制阀 …………………………………………………………… 103
　　4.4.1 数字阀 …………………………………………………………………… 103
　　4.4.2 智能控制阀 ……………………………………………………………… 104
思考题与习题 …………………………………………………………………………… 104

第5章 简单控制系统 …………………………………………………………………… 106

5.1 简单控制系统组成 ……………………………………………………………… 106
5.2 简单控制系统的设计 …………………………………………………………… 107
　　5.2.1 被控变量的选择 ………………………………………………………… 108
　　5.2.2 操纵变量的选择 ………………………………………………………… 110
　　5.2.3 测量元件特性的影响 …………………………………………………… 111
　　5.2.4 控制器控制规律的确定 ………………………………………………… 112
　　5.2.5 控制器作用方向的选择 ………………………………………………… 113
5.3 简单控制系统的参数整定与投运 ……………………………………………… 114
　　5.3.1 简单控制系统的参数整定 ……………………………………………… 114
　　5.3.2 简单控制系统的投运 …………………………………………………… 118

思考题与习题 …………………………………………………………………… 119

第6章　复杂控制系统 …………………………………………………………… 121

6.1　串级控制系统 …………………………………………………………… 121
6.1.1　串级控制系统的组成与工作过程 ………………………………… 121
6.1.2　串级控制系统的特点及应用场合 ………………………………… 124
6.1.3　串级控制系统设计原则 …………………………………………… 126
6.1.4　串级控制系统参数整定和投运 …………………………………… 128
6.2　均匀控制系统 …………………………………………………………… 130
6.2.1　均匀控制的目的和特点 …………………………………………… 130
6.2.2　均匀控制方案 ……………………………………………………… 131
6.3　比值控制系统 …………………………………………………………… 133
6.3.1　概　述 ……………………………………………………………… 133
6.3.2　比值控制系统的类型 ……………………………………………… 133
6.3.3　比值系数的计算和比值方案的实施 ……………………………… 136
6.4　前馈控制系统 …………………………………………………………… 138
6.4.1　前馈控制的原理及其特点 ………………………………………… 138
6.4.2　前馈控制系统的几种结构形式 …………………………………… 140
6.4.3　前馈控制的应用 …………………………………………………… 142
6.5　选择性控制系统 ………………………………………………………… 142
6.5.1　基本概念 …………………………………………………………… 142
6.5.2　选择性控制系统的类型 …………………………………………… 143
6.5.3　选择性控制系统的设计 …………………………………………… 146
6.6　分程控制系统 …………………………………………………………… 148
6.6.1　分程控制系统概述 ………………………………………………… 148
6.6.2　分程控制的应用场合 ……………………………………………… 149
6.6.3　分程控制中的几个问题 …………………………………………… 151
6.7　纯滞后补偿控制系统 …………………………………………………… 152
6.8　解耦控制系统 …………………………………………………………… 154
6.8.1　相对增益 …………………………………………………………… 155
6.8.2　解耦控制方法 ……………………………………………………… 157
　　思考题与习题 …………………………………………………………………… 160

第7章　流体输送设备的控制 …………………………………………………… 163

7.1　离心泵的控制方案 ……………………………………………………… 164
7.2　容积式泵的控制方案 …………………………………………………… 166

7.3 压缩机的控制 …………………………………………………… 167
　7.3.1 离心式压缩机的控制方案 ……………………………… 167
　7.3.2 离心式压缩机的防喘振控制系统 ……………………… 168
思考题与习题 …………………………………………………………… 171

第8章 传热设备的控制 …………………………………………… 172

8.1 概　述 …………………………………………………………… 172
8.2 一般传热设备的控制方案 ……………………………………… 172
8.3 加热炉的控制 …………………………………………………… 175
8.4 锅炉设备的控制 ………………………………………………… 178
思考题与习题 …………………………………………………………… 186

第9章 集散控制系统与现场总线控制系统 …………………… 188

9.1 集散控制系统(DCS) ……………………………………………… 188
　9.1.1 集散控制系统(DCS)概念 ……………………………… 188
　9.1.2 DCS的基本组成及特点 ………………………………… 189
　9.1.3 DCS硬件系统 …………………………………………… 192
　9.1.4 DCS的软件系统 ………………………………………… 193
9.2 现场总线控制系统 ……………………………………………… 195
　9.2.1 现场总线的本质 ………………………………………… 196
　9.2.2 现场总线的特点和优点 ………………………………… 197
　9.2.3 现场总线网络的实现 …………………………………… 199
　9.2.4 流行现场总线简介 ……………………………………… 200
思考题与习题 …………………………………………………………… 203

第10章 过程控制系统仿真 ………………………………………… 204

10.1 过程控制系统仿真概述 ………………………………………… 204
10.2 Matlab 基础知识 ………………………………………………… 205
　10.2.1 Matlab 简介 …………………………………………… 205
　10.2.2 Matlab 的基本语句结构 ……………………………… 208
　10.2.3 Matlab 基本命令 ……………………………………… 209
　10.2.4 Matlab 文件基础 ……………………………………… 214
10.3 控制系统数学模型的 Matlab 描述 ……………………………… 216
　10.3.1 控制系统数学模型的 Matlab 描述 …………………… 216
　10.3.2 系统模型转换及连接 ………………………………… 220
10.4 Matlab 编程实例 ………………………………………………… 223

思考题与习题……………………………………………………………………… 234

第 11 章　控制系统设计思想与实例 ……………………………………………… 236
　11.1　控制系统设计思想 ……………………………………………………………… 236
　11.2　典型化工过程系统控制实例 …………………………………………………… 239
　　11.2.1　精馏塔的控制 ……………………………………………………………… 239
　　11.2.2　常减压过程的控制 ………………………………………………………… 251
　　思考题与习题……………………………………………………………………… 256

参考文献 ………………………………………………………………………………… 257

第1章 绪 论

在人类社会不断进步和发展的过程中,自动控制起着至关重要的作用。它不仅推动了工业生产的飞速发展,提高了社会生产力,而且也将人们从繁重的工作任务中解放出来,减轻劳动强度,改善劳动条件,大大提高了劳动生产率,节能降耗,保证了生产的安全运行,减少了环境污染,进而获得了巨大的经济效益和社会效益。

1.1 自动控制系统的组成

自动控制系统是在人工控制的基础上产生和发展起来的。所以在开始介绍自动控制系统之前,先来分析一下人工控制,这样可以更好地了解和掌握自动控制系统。

1. 人工控制系统

图1-1是液位人工控制系统。若流出量Q_o一定,流入量Q_i有波动,则此时液位h会波动,偏离原来的设定值。若想控制储罐里的液位h保持一定数值,则可以改变阀门开度,即当液位上升时,操作人员可以将出口阀门开度开大;当液位下降时,操作人员可以将出口阀门开度关小。这就是人工控制系统的控制过程。从上述控制系统中可以看出,控制得以实现主要是操作人员进行了以下三个方面的操作。

(1) 眼睛观察

通过眼睛观察玻璃液位计中的液位高低,并通过神经系统告诉大脑。

(2) 大脑运算、发出命令

大脑根据眼睛观察到的液位高度进行思考,并与液位设定值进行比较,得出偏差的大小和正负,然后根据操作经验进行思考并决策后发出命令。

(3) 手动执行

根据大脑发出的命令,通过手动去改变阀门开度,以改变流出量Q_o,从而使液位保持在设定值上。

由于人工控制受到人生理上的限制,所以,无论是控制精度,还是控制速度都满足不了现代化大型生产的需求。如果用自动化装置来代替人的操作,这样就由人工控制变为自动控制了。这不但可以提高控制精度和速度,还可以减轻操作人员的劳动强度,从而提高劳动生产率。

2. 自动控制系统

为了实现自动控制,就得使用自动化装置完成人的眼睛、大脑、手三个器官的任务,即检测、运算、执行,所以可以使用测量变送器代替眼睛,使用控制器代替大脑,使用执行器代替手,这三个自动化装置在系统中的作用如下。

(1) 测量变送器

测量被控变量,将被控变量转换成有利于传输的标准信号。

(2) 控制器

它接收测量变送器输出的信号,与设定值比较得出偏差,并按某种运算规律进行运算,将运算结果以某种特定信号(气压或电流)发送出去。

(3) 执行器

化工过程中通常指控制阀,它与普通阀门的功能一样,只不过它能自动地根据控制器送来的信号值而改变阀门开度。

为了构成自动控制系统,除了上述的三个自动化装置以外,还必须有被控对象,即控制装置所控制的生产设备。化工生产中常见的被控对象有各种反应器、换热器、泵、压缩机以及各种塔器等。所构成的自动控制系统如图 1-2 所示,它是最简单的控制系统,即简单控制系统(或称为单回路控制系统)。图 1-2 中的"⊗"表示测量变送器,它可以省略,也可以用"LT"表示,其中"L"表示液位,是液位英文单词 level 的缩写,"T"表示变送器,是变送器英文单词 transmitter 的缩写。"LC"表示液位控制器,其中"L"表示液位,是液位英文单词 level 的缩写,"C"表示控制器,是控制器英文单词 controller 的缩写。同理,若想表示温度变送器,则可用"TT"表示,若想表示温度控制器,则可用"TC"表示。简单控制系统的方块图如图 1-3 所示。

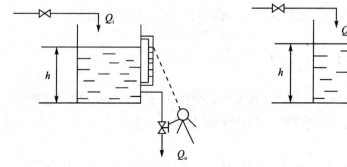

图 1-1 液位人工控制系统

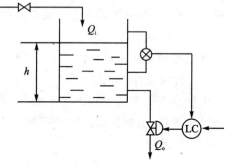

图 1-2 液位自动控制系统

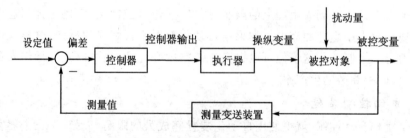

图 1-3 简单控制系统方块图

3. 几个常用术语

为了更好地学习自动控制系统,首先了解几个常用术语。

(1) 被控对象

也称被控过程,是指需要控制的工艺设备或机器等,如储槽、锅炉汽包、加热炉等。

(2) 被控变量

是被控对象中要求保持设定值的工艺参数,如储槽液位、汽包水位、加热炉出口温度等。

(3) 操纵变量

是受控制器操纵,用以克服扰动的影响使被控变量保持设定值的变量,如储槽出口流量、锅炉给水量、加热炉的燃料量等。

(4) 扰动量

是除操纵变量外,作用于被控对象并引起被控变量变化的因素,如储槽入口流量的变化、蒸气负荷的变化、加热炉原料温度的变化等。

(5) 设定值

是指工艺上需要被控变量保持的数值,如液位设定值为 5 m,即需要保持液位值 5 m。

(6) 偏　差

是指被控变量的设定值与实际测量值之差。

1.2　自动控制系统的分类

控制系统的分类方法很多,具体分类方法如下。

1. 开环控制和闭环控制系统

按照系统有无反馈来分,分为开环控制系统和闭环控制系统。

(1) 开环控制系统

系统的输出信号不反馈到输入端,没有形成信号传递的闭合回路,即系统的输出信号不能影响控制作用,只根据系统的输入量和干扰量进行控制,则这种系统称为开环控制系统。开环控制系统的方框图如图 1-4 所示。这种控制系统的优点是系统简单,成本低廉;缺点是没有自动纠偏的能力,控制精度较低。所以此系统可以在要求不高的场合使用。

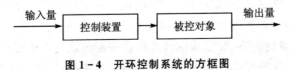

图 1-4　开环控制系统的方框图

(2) 闭环控制系统

系统的输出信号反馈到输入端,而使输出端和输入端存在反馈回路,即系统的输出信号对控制作用有直接影响的控制系统,则这种系统称为闭环控制系统。闭环控制系统的方框图如图1-5所示,这种控制系统的优点是控制精度高,抗干扰能力强,即只要被控变量偏离给定值,闭环控制系统就会产生控制用作来减小偏差;缺点是如果系统参数匹配不当,很容易引起振荡,从而使系统不稳定。因此闭环控制系统必须合理解决系统精度和稳定性之间的矛盾。

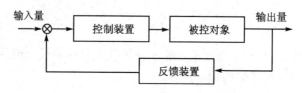

图1-5 闭环控制系统的方框图

2. 定值控制、随动控制和程序控制系统

按照系统的给定值变化情况来分,分为定值控制系统、随动控制系统和程序控制系统。

(1) 定值控制系统

在生产过程中,如果要求控制系统的被控变量保持在一个生产指标上不变,或者说要求工艺参数的给定值不变,这类控制系统称为定值控制系统。如图1-2所示的液位控制系统就是定值控制系统,这个控制系统的目的是使储槽内的液位保持在给定值不变上。在工业生产过程中,大多数控制系统都是定值控制系统。有时为了满足工艺的要求,给定值也可以从某一值变化到另一个值。

(2) 随动控制系统

要求工艺参数的给定值是一个变化量,且变化规律事先不知道,这种控制系统称为随动控制系统,又称为跟踪控制系统。随动控制系统的目的是使被控变量准确、快速跟随着给定信号的变化而变化。例如雷达天线的跟踪系统,导弹瞄准控制系统,酸碱中和控制系统等都是随动控制系统。

(3) 程序控制系统

要求工艺参数的给定值是一个变化量,且变化规律事先是确定的,这种控制系统称为程序控制系统,也称为顺序控制系统。程序控制系统包括时间顺序控制系统、逻辑顺序控制系统和条件顺序控制系统三种形式。时间顺序控制系统的特点是各设备的运行时间事先已确定,一旦顺序执行,将按预定的时间执行操作指令,如交通灯控制系统就是时间顺序控制系统。逻辑顺序控制系统按照逻辑先后顺序执行操作指令,它与时间无严格的关系,如机床的计算机控制系统就是逻辑顺序控制系统。条件顺序控制系统是以执行操作指令的条件是否满足为依据,当条件满足时,将执行相应的操作,条件不满足时,将执行另外的操作,如电梯控制系统条件就是条件顺序控制系统。

3. 连续控制和离散控制系统

按照控制系统中传递信号的性质来分,分为连续控制系统和离散控制系统。

(1) 连续控制系统

若系统中各部分传递的信号都是连续时间变量,则此系统称为连续控制系统。连续控制系统又分为线性系统和非线性系统。线性系统可用线性微分方程描述;非线性系统不能用线性微分方程描述,可用非线性微分方程描述。连续控制系统以微分方程描述系统的运动状态,可用拉氏变换法求解微分方程。

(2) 离散控制系统

若系统中传递的信号是脉冲序列或数字量,则此系统称为离散控制系统(或数字控制系统)。离散控制系统用差分方程描述系统的运动状态,可用脉冲传递函数来研究系统的动态特性。

除此之外,还有其他的分类方法,如按照被控参数分类,可以分为温度控制系统、流量控制系统、液位控制系统、压力控制系统;按照控制器具有的控制规律分类,可以分为比例控制系统、比例积分控制系统、比例积分微分控制系统等。

1.3 自动控制系统的发展概况

1.3.1 控制理论的发展概况

自动控制理论是在人类征服自然的生产实践活动中孕育、产生、并随着社会生产和科学技术的进步而不断发展、完善起来的。早在古代,劳动人民就凭借生产实践中积累的丰富经验和对反馈概念的直观认识,发明了许多闪烁控制理论智慧火花的杰作。例如,我国北宋时代的苏颂和韩公廉制造的水运仪象台(当时我国最高水平的天文仪器),就是一个按负反馈原理构成的闭环自动控制系统;1681 年 DennisPapin 发明了用做安全调节装置的锅炉压力调节器等。自动控制理论的发展主要经历了三个主要阶段,即从经典控制理论到现代控制理论,再到智能控制理论。

1. 经典控制理论

自从 19 世纪 J.C.Maxwell 对具有调速器的蒸气发动机系统进行线性常微分方程描述及稳定性分析以来,经过 20 世纪初 Nyquist,Bode,Harris,Evans,Wienner,Nichols 等人的杰出贡献,终于形成了经典反馈控制理论基础,并于 20 世纪 50 年代趋于成熟。

经典控制理论特点是以传递函数作为描述系统的数学模型,以时域分析法、根轨迹法和频域分析法为主要分析设计工具,构成了经典控制理论的基本框架。主要研究单输入单输出线性定常控制系统的分析与设计,但它也存在着一定的局限性,即对多输入多输出系统、时变系统、强耦合系统无能为力,特别是对非线性时变系统更是无能为力。

2. 现代控制理论

随着20世纪40年代中期计算机的出现及其应用领域的不断扩展,促进了自动控制理论朝着更为复杂也更为严密的方向发展,特别是在卡尔曼(Kalman)提出的可控性和可观测性概念以及极大值理论的基础上,在20世纪60年代开始出现了以状态空间分析为基础的现代控制理论。现代控制理论在航空、航天、制导与控制中创造了辉煌的成就,使人类迈向宇宙的梦想变为现实。

现代控制理论以最优控制和卡尔曼滤波为核心,主要利用计算机作为系统建模分析、设计乃至控制的手段,适用于多变量、非线性、时变系统。现代控制理论本质上是一种时域法,其研究内容非常广泛,主要包括三个基本内容:多变量线性系统理论、最优控制理论以及最优估计、系统辨识理论。它从理论上解决了系统的可控性、可观测性、稳定性以及许多复杂系统的控制问题。

3. 智能控制理论

但是,随着现代科学技术的迅速发展,生产规模越来越大,形成了各种复杂的系统,导致了被控对象、控制器以及控制任务和目的的日益复杂化,从而导致现代控制理论在实际应用中遇到很大困难,影响它的实际应用,主要原因有三方面:

① 精确的数学模型难以获得。此类控制系统的设计和分析都是建立在精确的数学模型的基础上的,而实际系统由于存在不确定性、不完全性、模糊性、时变性和非线性等因素,一般很难获得精确的数学模型。

② 假设过于苛刻。研究这些系统时,人们必须提出一些比较苛刻的假设,而这些假设在应用中往往与实际不符。

③ 控制系统过于复杂。为了提高控制性能,整个控制系统变得极为复杂,这不仅增加了设备投资,也降低了系统的可靠性。

针对上述问题,科学家们不懈努力,近几十年中不断提出一些新的控制方法和理论。智能控制理论就是在这样的背景下提出来的,它是人工智能和自动控制交叉的产物,具有仿人脑推理、学习、记忆能力的特点,可以不需要建立对象模型,而通过获取有关信息,模仿人的智能直接进行决策与控制。此外,还可利用智能技术的特征提取、模式分类和聚类分析,建立较精确的对象模型,再用传统的控制方法实施控制。能够解决经典控制理论和现代控制理论难以解决的工艺复杂、建模困难等问题。智能控制理论包括模糊控制、神经网络控制和专家系统等,大大地扩展了控制理论的研究范围。

1.3.2 过程控制系统的发展概况

总的来说,工业控制系统的发展主要经历了简单仪表控制系统、电动单元组合仪表控制系统、计算机集中式数字控制系统、集散型控制系统和现场总线型控制系统这5个发展阶段。

1. 简单仪表控制系统(基地式仪表控制系统)

这一阶段的主要特点是采用控制仪表为基地式仪表,它是安装在现场,具有检测、显示和控制功能于一身的仪表。该仪表结构简单、价格低,但功能有限、通用性差。

2. 电动单元组合仪表控制系统

这一阶段的主要特点是采用电动单元组合仪表为控制仪表。电动单元组合仪表是由若干个具有独立功能的单元组成(如控制单元、变送单元、转换单元、执行单元、显示单元、运算单元等),各个单元之间使用统一的标准信号联系起来,再根据生产工艺要求加以组合,构成各种各样的自动检测和控制系统。

电动单元组合仪表按其发展过程分为DDZ Ⅰ型、DDZ Ⅱ型和DDZ Ⅲ型。"DDZ"分别指的是电动、单元、组合这三个词的汉语拼音的第一个字母。DDZ Ⅰ型仪表使用时间较短,不久就被DDZ Ⅱ型取代了。下面主要介绍DDZ Ⅱ型和DDZ Ⅲ型仪表的主要特点。

(1) DDZ Ⅱ型仪表

这种仪表使用的信号是 0~10 mA,采用四线制传输,即两根导线传输所需的直流电源信号,另外两根导线传输输出的电流信号,工作方式是串联。此种仪表和DDZ Ⅰ型仪表相比,具有的优点是:

① 能实现自动化;
② 具有一定的隔爆功能;
③ 运算能力增强。

缺点是:

① 当信号为 0 mA 时,就无法区别是出现故障还是此时就是无信号;
② 由于串联工作方式,当有一处仪表出现故障时,整个系统就会瘫痪;
③ 串联的仪表越多,所需电源就会越大,那么产生的火花也就会越大,这样不利于隔爆。

(2) DDZ Ⅲ型仪表

这种仪表使用的信号是 4~20 mA,采用二线制传输,即两根导线同时传输所需的直流电源信号和输出的电流信号,工作方式是并联。此种仪表除了具有DDZ Ⅱ型仪表的优点外,还克服了DDZ Ⅱ型仪表的缺点,即:

① 由于仪表的电气零点是 4 mA,所以很容易识别断电或故障状态;
② 由于并联工作方式,当有一处仪表出现故障时,不会影响整个系统;
③ 可组成安全火花型防爆系统,可以设置在高度危险的场所。

3. 计算机集中式数字控制系统

20世纪70、80年代,微电子技术的飞速发展,大规模集成电路制造成功且集成度越来越高,单片机及其他微型计算机的出现和应用,都促使过程控制系统与微型计算机技术深度融合,大大推动了过程控制技术的发展。这期间,多样化自动化仪表的基本格局已经形成,虽然模拟式仪表仍然广泛存在,但已非主流;以微处理器为主要构成单元的智能仪表、可编程逻辑控制器、集散型控制系统、工业 PC 机等仪表架构,构成了控制装置的主流。计算机集中式数字控制系统主要经历了直接数字控制系统和计算机集中监督控制系统两个阶段。

(1) 直接数字控制系统

直接数字控制系统(Direct Digital Control System,简称 DDC 系统)用一台计算机配以 A/D、D/A 转换器等输入/输出设备,从生产过程中获取信息,按照预先规定的控制算法算出控制量,并通过输出通道,直接作用在执行机构上,实现对生产过程的闭环控制。DDC 系统不仅可以对一个回路进行控制,通过多路采样,还可以实现对多个回路的控制。在 DDC 系统中,计算机参加闭环控制过程,它不仅能完全取代模拟调节器,实现多回路的 PID 调节,而且无须改变硬件,只须通过改变程序就能实现多种较为复杂的控制,如串级控制、前馈控制、非线性控制、自适应控制和最优控制等。

(2) 计算机集中监督控制系统

在 DDC 系统中,其给定值是预先设定并存入微机内存中的,它不能随生产负荷、操作条件和工艺信息的变化而及时修正,因此不能使生产处于最优工况。计算机集中监督控制系统(Supervisor Computer Control System,简称 SCC 系统)是将操作指导和 DDC 结合起来而形成的一种较高级形式的控制系统。在 SCC 系统中,计算机对生产过程中的参数进行巡检,按照所设计的控制算法进行计算,计算出最佳设定值并直接传递给 DDC 系统的计算机,进而由 DDC 系统的计算机控制生产过程,实现分级控制。SCC 系统改进了 DDC 系统在实时控制时采样周期不能太长的缺点,能完成较为复杂的计算,可实时实现最优化控制。

集中式计算机控制系统在将控制集中的同时,也将危险集中,因此系统的可靠性不高,抗干扰能力较差。

4. 集散型控制系统

20 世纪 90 年代至今,信息技术飞速发展,管控一体化、综合自动化是当今生产过程控制的发展方向。集散型控制系统,或称分布式控制系统(Distributed Control System,简称 DCS 系统),自 1975 年问世以来,已经历了三十多年的时间,其可靠性、实用性不断提高,功能日益增强。如控制器的处理能力、网络通信能力、控制算法、画面显示及综合管理能力等都有显著的改进。DCS 系统过去由于价格昂贵,只能应用于少数大型企业的控制系统。但随着 4C 技术及软件技术的迅猛发展,DCS 系统的制造成本大大降低,目前已经在电力、石油、化工、制药、冶金、建材等众多行业得到了广泛的应用。现代工业生产的迅速发展,不仅要求完成生产过程的在线控制任务,还要求现代化集中式管理。DCS 系统采用承担分散控制任务的现场控制站和具备操作、监视、记录功能的操作监视站二级组成,它的主导思想是将复杂的对象划分为几个子对象,然后用局部控制器(现场控制站)作为一级,直接作用于被控对象,即所谓水平分散。第二级是操纵各现场控制站的协调控制器(操作监视站),它使各子系统协调配合,共同完成系统的总任务。

DCS系统既有计算机控制系统控制算法先进、精度高、响应速度快的优点,又有仪表控制系统安全可靠、维护方便的特点。因而,它强调的是可靠性、安全性、实时性和广泛的实用性。

5. 现场总线型控制系统

集散控制系统大多采用网络通信体系结构,采用本公司专用的标准和协议,受现场仪表在数字化、智能化方面的限制,它没能将控制功能彻底地分散到现场。随着过程控制技术、自动化仪表技术和计算机网络技术的成熟和发展,控制领域又产生了一次技术变革。这次变革使传统的控制系统(如集散控制系统)体系结构、功能结构和性能产生了巨大的飞跃,这次变革的基础就是现场总线技术的产生。现场总线的思想形成于20世纪80年代,目前仍然处在研究发展过程之中。现在,发达国家正在投以巨资进行全方位技术研究和应用,现场总线技术必将成为21世纪自动化控制系统的主流。

现场总线控制系统(Fieldbus Control System,简称FCS系统)是计算机技术、通信技术、控制技术的综合与集成。通过现场总线,将工业现场具有通信特点的智能化仪器仪表、控制器、执行机构、无纸记录仪等现场设备和通信设备连接成网络系统,使连接在总线上的设备之间可直接进行数据传输和信息交换。同时,现场设备和远程监控计算机也可实现信息传输。这样,将现场控制站的控制功能下移到网络的现场智能设备中,从而构成虚拟控制站,通过现场仪表就可构成控制回路,实现了分散控制。FCS系统较好地解决了过程控制的两大基本问题,即现场设备的实时控制和现场信号的网络通信。

FCS系统实现了智能下移,数据传输从点到点发展到采用总线方式,而且用大系统的概念来看整个过程控制系统,即整个控制系统可看做一台巨大的计算机,按总线方式运行。全数字化、全分散、可互操作和开放式互联网络是FCS系统的主要特点和发展方向。

1.4 自动控制系统的过渡过程及品质指标

1.4.1 对自动控制系统的要求

对于不同场合的控制系统,对它的性能要求不一样,各有侧重。但从控制工程的角度来看,对控制系统有一些共同的要求,即稳定、精确、快速、安全。

1. 稳定性

稳定性是指系统振荡过程的振荡倾向及其恢复平衡的能力。稳定性是保证控制系统正常工作的先决条件。对于稳定的系统来说,当输出量偏离平衡状态时,应能随着时间收敛并且最后回到初始的平衡状态。但是若系统参数匹配不当,可能引起振荡。例如,调速系统对稳定性要求较严格。

2. 精确性

控制系统的精确性即控制精度,一般以稳态误差来衡量。所谓稳态误差是指以一定变化规律的输入信号作用于系统后,当调整过程结束而趋于稳定时,输出量的实际值与期望值之间的误差值,反映了系统的稳态性能。一般来说,恒速、恒温控制系统对精确性要求较高。

3. 快速性

快速性是指当系统的输出量与输入量之间产生偏差时,消除这种偏差的快慢程度。快速性好的系统消除偏差的过渡过程时间就短,就能快速复现输入信号,因而具有较好的动态性能。例如,随动系统对快速性提出较高的要求。

4. 安全性

安全性是自动控制系统正常运行的前提。但由于技术上的原因,安全控制的问题尚未很好解决,在国内外发生过不少安全事故,损失巨大。因此,国内外对于控制系统的故障诊断与安全十分重视。

1.4.2 过渡过程

1. 过程控制系统的静态与动态

过程控制系统在运行时有两种状态:一种为静态,即设定值保持不变,也没有受到外来干扰,被控量保持不变或在很小范围内波动,整个控制系统处于平衡稳定状态;另一种为动态,即被控变量随时间变化而变化的不平衡状态,或者说是系统由于设定值变化或受到外界干扰作用,系统的平衡状态就会被打破,系统各部分会做出相应的调整,使系统达到新的稳定状态。

2. 过渡过程

从一个稳定状态到另一个稳定状态的过程称为过渡过程。

稳态是控制系统最终的控制目标,但在实际生产过程中,干扰是经常出现的。也就是说,系统会经常进入过渡过程,控制的目的就是要自动抑制这些扰动,因此过渡过程的性能指标更受人们关注。

3. 典型输入信号

一般研究系统的动态特性或静态特性时,都会给系统一个典型输入,对它的要求是在现场或实验室中容易产生。常见的典型信号输入有:阶跃信号、斜坡信号、正弦信号、脉冲信号等。然而工程上通常使用的输入信号是阶跃信号,因为这种信号对于系统来说是最苛刻的。如果系统在这种信号作用下,能够满足所要求的特性,那么输入其他信号时,系统特性也肯定会满足,所以经常使用阶跃信号作为系统的输入。

4. 过渡过程的基本形式

一般来说,自动过程控制系统在阶跃干扰作用下的过渡过程有 4 种基本形式,即非周期衰减过程、衰减振荡过程、等幅振荡过程和发散振荡过程。过渡过程的 4 种基本形式如图 1-6 所示。

非周期衰减过程和衰减振荡过程是稳定的过程,这是系统所希望的。但是对于非周期的衰减过程来说,过渡过程变化较慢,被控变量长时间地偏离给定值,而不能很快恢复平衡状态,所以一般不采用,只有在生产上不允许被控变量有波动的情况才采用。对于衰减振荡过程来说,能够容易看出被控变量的变化趋势,便于及时操作调整,从而系统能够较快地达到稳定,所以这种过程对于系统来说是最希望得到的。

等幅振荡过程介于稳定和不稳定之间,一般也认为是不稳定过程,生产上一般不采用。对于某些控制质量要求不高的场合,如果被控变量允许在工艺许可的范围内振荡(主要指在位式控制时),这种过渡过程的形式也可采用。

发散振荡过程是不稳定的过渡过程,它会导致被控变量超出工艺允许范围,严重时会引起事故,这是生产上不允许的,所以应避免这种过渡过程。

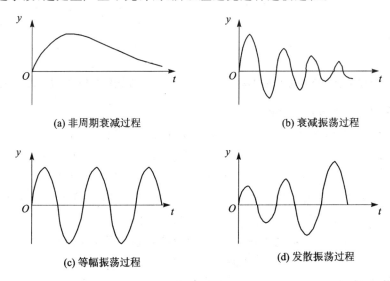

图 1-6 过渡过程的 4 种基本形式

1.4.3 品质指标

在比较不同控制方案或讨论控制器参数的最佳整定时,应首先评价控制系统优劣程度的性能指标。评价控制系统的性能,主要是看它在受到扰动影响后,被控参数能否迅速、准确且平稳地回到设定值或稳定在新设定值上或其附近。控制系统的性能指标有单项性能指标和综合性能指标两类。单项性能指标以控制系统被控参数的单项特征量作为性能指标,主要用于衰减振荡过程的性能评价。而综合性能指标是在基于偏差积分最小的原则下制定的。在工业过程控制中经常采用时域的单项性能指标,并以阶跃扰动作用下的衰减过渡过程为基准来定义系统的性能指标。

控制系统最理想的过渡过程应具有什么形状,没有绝对的标准,主要依据工艺要求而定,除少数情况不希望过渡过程有振荡外,大多数情况则希望过渡过程是略带振荡的衰减过程,因为这种过渡过程容易看出被控变量的变化趋势,便于及时操作调整。图1-7、图1-8所示分别是系统在阶跃干扰信号和阶跃给定信号作用下的过渡过程曲线,常以下面几个特征参数作为品质指标。

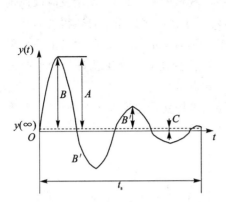

图1-7 阶跃干扰作用下的过渡过程

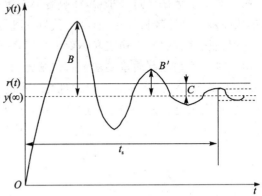

图1-8 阶跃给定作用下的过渡过程

1. 余差(residual error)

余差是控制系统过渡过程结束时,被控变量新的稳态值与给定值之差,也称为静态偏差,如图1-7和图1-8中的C值。余差是衡量控制系统准确性的一个重要指标,是一个静态指标,余差越小越好,即余差越小,控制系统准确性越高。但在实际生产中,也并非要求所有系统的余差都要为零或者很小,例如,一般储槽的液位控制要求就不高,这种系统往往允许液位在一定范围内波动,余差就可以大一些。又如,精馏塔的温度控制,一般要求比较高,应当尽量消除余差。因此,对余差大小的要求,应根据对象的特性与被控变量允许的波动范围综合考虑决定,不能一概而论。

2. 最大偏差(maximum error)或超调量(overshoot)

最大偏差是指在过渡过程中,被控变量偏离给定值的最大数值,如图1-7中的A值。在衰减振荡过程中,最大偏差就是第一个波的峰值。最大偏差可以作为衡量控制系统稳定性的一个质量指标,若最大偏差越大,存在的时间越长,对正常生产越不利。一般来说,最大偏差小一些为好,特别是对于一些有约束条件的系统,例如,化学反应器的化合物爆炸极限、触媒烧结温度极限等,都会对最大偏差的允许值有所限制。同时考虑到干扰的不断出现,当第一个干扰的影响还未消除时,第二个干扰可能又出现了,偏差有可能是叠加的,这就更需要限制最大偏差的允许值。所以,在决定最大偏差允许值时,应根据工艺情况慎重考虑。

被控变量偏离给定值的程度有时也可用超调量来表示,超调量是指过渡过程曲线超出新稳态值的最大值,即是第一峰值与新稳态值之差,如图 1-7 和图 1-8 中的 B 值,超调量也是衡量控制系统稳定性的一个质量指标。有时超调量也用百分数形式表示,即 $\frac{B}{y(\infty)} \times 100\%$。

3. 峰值时间(peak time)

峰值时间是指过渡过程曲线达到第一个峰值所需要的时间,峰值时间是反映系统快速性的一个动态指标。峰值时间越小,表明控制系统反应越灵敏。

4. 衰减比(decay ratio)

衰减比是指过渡过程曲线的第一个波的振幅与第二个波的振幅之比,即 B/B',它是衡量系统过渡过程稳定性的一个动态指标,反映振荡衰减程度。习惯上用 $n:1$ 表示,通常 n 取 4~10 之间。

5. 调节时间(settling time)

在平衡状态下的控制系统,受到扰动作用后平衡状态被破坏,经过系统的控制作用,达到新的平衡状态时,即被控变量重新回到并停留在稳态值的 ±2% 或 ±5% 误差范围内时所经历的最小时间,称为调节时间也称为过渡过程时间,如图 1-7 和图 1-8 中的 t_s。它是反映系统过渡过程快慢的指标,调节时间越小,表示过渡过程进行得越快,这时即使干扰频繁出现,系统也能适应,系统控制质量就高;反之,调节时间越长,越容易引起干扰影响的叠加,就有可能使系统满足不了生产要求。

上述质量指标之间是相互联系、相互制约的关系。当一个系统的稳态精度要求很高时,可能会引起动态不稳定;然而解决了稳定问题之后,又可能因反应迟钝而失去快速性。所以,对于不同的控制系统,这些性能指标各有其侧重点,要以高标准同时满足这些指标的要求是很困难的。所以,应根据工艺生产的具体要求,分清主次,统筹兼顾,保证优先满足主要的质量指标要求。

思考题与习题

1.1 一个简单控制系统由哪几部分组成?其中三个自动化装置的作用分别是什么?

1.2 与 DDZⅡ型相比,DDZⅢ型仪表的特点是什么?

1.3 开环控制系统的特点及使用场合是什么?

1.4 按照系统的给定值变化情况而言控制系统分为哪几类?每一类的特点是什么?

1.5 什么是系统的过渡过程?过渡过程的基本形式有哪几种?

1.6 实际生产过程为什么要求衰减过渡过程?

1.7 一般情况下,对控制系统的共同要求是什么?

1.8 控制系统的品质指标有哪些？

1.9 图1-9为某温度控制系统在阶跃干扰作用下的过渡过程曲线，$A=100℃$，$B=90℃$，$C=30℃$。试求出系统的过渡过程品质指标：最大偏差、衰减比、余差、峰值时间。

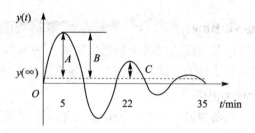

图1-9 习题1.9图

1.10 图1-10为某温度控制系统在阶跃干扰作用下的过渡过程曲线，试求出系统的过渡过程品质指标：最大偏差、衰减比、余差、峰值时间。

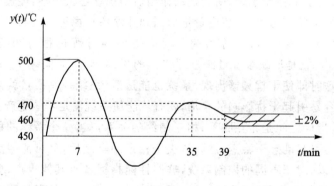

图1-10 习题1.10图

第 2 章 被控对象的数学模型

2.1 概 述

在化工生产过程中,被控对象的类型很多。常见的对象有各种换热器、蒸发器、反应器、储液罐槽、泵、压缩机、锅炉、离心机、气体输送设备等。它们的特性各有不同,有的很稳定,生产过程易操作,工艺变量能控制得较平稳;而有的不稳定,生产过程很难操作,工艺变量易产生大幅度的波动,稍有不慎就会超出工艺允许的正常范围,严重时甚至造成事故。因此,只有充分全面了解被控对象的特性,掌握它的内在规律及特点,才能设计出适于被控对象特性的最优控制方案,才能选择合适的测量变送仪表、控制器、控制阀及合适的控制器参数。特别是在设计新型复杂和高质量控制方案时,更要深入研究被控对象的特性。

研究分析被控对象的特性,就是要建立描述被控对象特性的数学模型。被控过程的数学模型,是反映被控过程的输出量与输入量之间关系的数学描述,或者说是描述被控过程因输入作用导致输出量(被控变量)变化的数学表达式。在建立数学模型时,一般被控变量看作是对象的输出量,而将操纵变量(控制作用)和干扰量看作是对象的输入量,因为操纵变量和干扰量都能引起被控变量的变化。由对象的输入量至输出量的信号联系称之为通道。操纵变量至被控变量的信号联系称为控制通道;干扰量至被控变量的信号联系称干扰通道。在研究对象特性时,应预先指明对象的输入量是什么,输出量是什么,因为对于同一个对象,不同的通道特性可能是不同的。

1. 数学模型的表达形式

数学模型的表达形式主要有两大类:一类是非参量形式,称为非参量模型;另一类是参量形式,称为参量模型。

(1) 非参量模型

当数学模型采用曲线或数据表格等形式表示时,称为非参量模型。非参量模型可以通过记录实验结果得到,有时也可以通过计算得到。它的特点是形象、清晰,比较容易看出其定性特征。但是由于它们缺乏数学方程的解析性质,要直接利用它们进行系统的分析与设计往往比较困难,必要时,可以对它们进行一定数学处理来得到参量模型的形式。

由于对象数学模型描述的是对象在受到控制作用或干扰作用后被控变量的变化规律,因此对象的非参量模型可以用对象在一定形式的输入作用下的输出曲线或数据来表示。根据输入形式的不同,主要有阶跃响应曲线、脉冲响应曲线、矩形脉冲响应曲线、频率特性曲线等。这些曲线一般都可以通过实验直接得到。

(2) 参量模型

当数学模型采用数学方程描述时,称为参量模型。参量模型可以用描述对象输入、输出关系的微分方程、状态方程、差分方程等形式来表示。

对于线性对象来说,通常可用常系数微分方程来描述。若以 $x(t)$ 表示对象的输入量,$y(t)$ 表示对象的输出量,则对象特性可用下列微分方程来描述,即

$$a_n y^{(n)}(t) + a_{n-1} y^{(n-1)}(t) + \cdots + a_1 y'(t) + a_0 y(t) = $$
$$b_m x^{(m)}(t) + b_{m-1} x^{(m-1)}(t) + \cdots + b_1 x'(t) + b_0 x(t) \qquad (2-1)$$

式中:$y^{(n)}(t), y^{(n-1)}(t), \cdots y'(t)$ 分别表示的是 $y(t)$ 的 n 阶、$(n-1)$ 阶、$\cdots$、的一阶导数;$x^{(m)}(t), x^{(m-1)}(t), \cdots, x'(t)$ 分别表示的是 $x(t)$ 的 m 阶、$(m-1)$ 阶、$\cdots$、的一阶导数;$a_n, a_{n-1}, \cdots, a_1, a_0$ 及 $b_m, b_{m-1}, \cdots, b_1, b_0$ 分别为方程中的各项系数,它们与对象的特性有关,一般需要通过对象的内部机理分析或大量的实验数据处理才能得到。

在允许的范围内,多数化工对象动态特性可以忽略输入项的导数项,因此可表示为

$$a_n y^{(n)}(t) + a_{n-1} y^{(n-1)}(t) + \cdots + a_1 y'(t) + a_0 y(t) = b_0 x(t)$$

例如,一个对象如果可以用一个一阶微分方程来描述其特性(通常称一阶对象),则可以表示为

$$a_1 y'(t) + a_0 y(t) = b_0 x(t) \qquad (2-2)$$

或表示成:
$$T y'(t) + y(t) = K x(t)$$

式中:$T = \dfrac{a_1}{a_0}, K = \dfrac{b_0}{a_0}$。

2. 过程静态数学模型与动态模型

工业过程的数学模型分为静态(稳态)数学模型和动态数学模型。从控制的角度看,输入变量是操纵变量和扰动变量,输出变量是被控变量。

(1) 过程静态数学模型

静态数学模型是输出变量和输入变量之间不随时间变化情况下的数学关系。工业过程的静态数学模型用于工艺设计和最优化,同时也是考虑控制方案的基础。

(2) 过程动态数学模型

动态数学模型表示输出变量与输入变量之间随时间而变化的动态关系的数学描述。工业过程的动态数学模型则用于各类自动控制系统的设计和分析,用于工艺设计和操作条件的分析和确定。动态数学模型的表达方式很多,对它们的要求也各不相同,主要取决于建立数学模型的目的。

从控制的角度来看,过程静态数学模型是系统方案和控制算法设计的重要基础之一,然而,在不少情况下必须同时掌握过程的动态特性,需要把静态模型和动态模型结合起来。

3. 自平衡过程与非自平衡过程

对象受到干扰作用后平衡状态被破坏，无须外加任何控制作用，依靠对象本身自动趋向平衡的特性称为自平衡，具有这种特性的控制过程称为自平衡过程。如果被控量只须稍改变一点就能重新恢复平衡，就说该过程的自平衡能力强。

自平衡是一种自然形式的负反馈，好像在过程内部具有比例控制作用，但对象的自平衡作用与系统的控制作用完全不同，后者靠控制器施加的控制作用消除输入量和输出量之间的不平衡。例如简单的水箱液位对象，当水的流入量与流出量相等时，液位保持不变；当水的流入量突然增大，水位随即上升，由于没有任何控制作用所以出口阀开度不变，但由于水位的上升，水箱内的液体静压力增高，使水的流出量相应增大，因此液位上升逐渐变慢，直到液位在新的平衡状态稳定下来，因此水箱液位对象具有自平衡能力，是自平衡过程。

也有一些被控对象，当受到干扰作用后，平衡关系破坏，不平衡量不因被控量的变化而改变，因而被控量将以固定的速度一直变化下去而不会自动地在新的水平上恢复平衡。这种控制过程不具有自平衡特性，称为非自平衡过程。例如，简单水箱液位对象的出料如果采用定量泵排出的话，当进水阀开度阶跃变化时，液位会一直上升到溢出或下降到排空。因此这种水箱液位对象就是非自平衡过程。

4. 建模目的和要求

(1) 建模目的

在工业过程控制中，建立被控对象数学模型的主要目的如下：

① 有利于过程控制系统方案设计　在设计过程控制系统时，被控变量及检测点的选择、操纵变量的确定、控制系统结构的确定等都以被控过程的数学模型为重要依据。

② 有利于控制系统的调试和控制器参数整定　只有充分地了解被控过程的数学模型，才能更好地进行控制系统的调试和控制器参数整定。

③ 有利于进行工业过程优化　进行生产过程的最优控制，需要充分掌握被控过程的数学模型，只有深刻了解对象的数学模型，才能真正实现工业过程的最优化设计。

④ 有利于被控过程的仿真研究与操作人员的培训　通过对过程的数学模型进行仿真实验，使操作人员能够在计算机上对各种控制策略进行比较与评定，在计算机上可以模仿实际的操作，从而大大降低设计成本，加快设计进程和对操作人员的培训过程。

⑤ 有利于工业过程的故障检测与诊断。

⑥ 有利于设备启动与停止操作方案的设计。

(2) 建模的要求

工业过程数学模型的要求因其用途不同而不同，总体说是简单且准确可靠。但这并不意味着越准确越好，应根据实际应用情况提出适当的要求。一般来说，用于控制的数学模型由于控制回路具有一定的鲁棒性,所以不要求非常准确。因为模型的误差可以视为扰动,而闭环控制在某种程度上具有自动消除扰动影响的能力。在线运用的数学模型还有实时性的要求,它与准确性要求往往是矛盾的。

实际生产过程的动态特性是非常复杂的。因而在建立其数学模型时,不得不突出主要因素,忽略次要因素,否则就得不到可用的模型。为此往往需要进行很多近似处理,例如线性化、模型降阶处理等。

2.2 建立数学模型的方法

模型的建立方法可分为机理建模方法和实验(或称测试)建模方法,下面分别进行阐述。

2.2.1 机理法

机理法建模就是根据过程的内在机理,写出各种有关的平衡方程,例如物料平衡方程,能量平衡方程,动量平衡方程,相平衡方程,反映流体流动、传热、传质、化学反应等基本规律的运动方程,物性参数方程和某些设备的特性方程等,从中获得所需的数学模型。

机理法建模也称为过程动态学方法,它的特点是把研究过程视为一个透明的匣子,因此建立的模型也称为"白箱模型"。

机理法建模的主要步骤如下:
① 根据过程的内在机理,写出各种有关的平衡方程;
② 消去中间变量,建立状态变量、控制变量和输出变量之间的关系;
③ 在工作点附近对方程进行增量化,建立增量化方程;
④ 在工作点处进行线性化处理,简化过程特征;
⑤ 列出状态方程和输出方程。

机理法建模的首要条件是需要过程的先验知识,并且可以比较确切地对过程加以数学描述。用机理法建模时,有时也会出现模型中有某些参数难以确定的情况,这时可用实验数据或实测工业数据,使用系统辨识方法将这些参数估计出来。

下面以水槽对象为例讨论机理建模的方法。

1. 一阶对象

当对象的动态特性可以用一阶微分方程描述时,一般称为一阶对象。一阶对象常为单容对象。

图 2-1 是一个水槽,水经过阀门 1 不断地流入水槽,水槽内的水又通过阀门 2 不断流出。工艺上要求水槽的液位 h 保持一定数值。水槽就是被控对象,液位 h 就是被控变量。在这种情况下,对象的输入量是流入水槽的流量 Q_i,对象的输出量是液位 h,那么表示液位 h 与流入量 Q_i 关系的的数学表达式就是水槽对象的动态

特性。

根据生产过程中水槽对象的物料平衡关系,即 dt 时间内流入和流出水槽的流量之差应等于水槽内水量的变化量,即:$(Q_i - Q_o)dt = Adh$,整理后得

$$(Q_i - Q_o) = A\frac{dh}{dt} \qquad (2-3)$$

式中,A 为水槽横截面积。

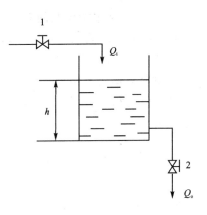

图 2-1 水槽对象

在水槽出水阀开度不变时,随着液位 h 的变化,水的流出量 Q_o 也会变化。h 越高,静压越大,Q_o 也会越大。在自动控制系统中,各变量都是在它们的稳定值附近很小范围内波动的,其变化量很小。根据流体力学原理,可以近似认为流出量 Q_o 与液位 h 成正比,而与阀的阻力系数 R_s 成反比,即可以表示为

$$Q_o = \frac{h}{R_s} \qquad (2-4)$$

式中:R_s 为阀的阻力系数,为一常数。

将式(2-4)代入式(2-3),整理后可得

$$AR_s\frac{dh}{dt} + h = R_sQ_i$$

或写成标准形式

$$T\frac{dh}{dt} + h = KQ_i \qquad (2-5)$$

式中:$K = R_s$ 称为水槽对象的放大系数;

$T = AR_s$ 称为水槽对象的时间常数。

放大系数 K 在数值上等于对象重新稳定后的输出变化量与输入变化量之比。对象的放大系数 K 越大,就表示对象的输入量有一定变化时,对输出量的影响越大。

时间常数 T 可以认为是对象受到阶跃输入后,被控变量达到新的稳态值的 63.2% 所需的时间。时间常数 T 越大,被控变量的变化也越慢,达到新稳定值所需的时间也越长。时间常数大的对象,一般也可以认为是它的惯性比较大,对输入的反应比较慢。例如,截面积很大的水槽与截面积很小的水槽相比,当进口流量改变同样一个数值时,截面积小的水槽液位变化很快,并迅速趋向新的稳态值。而截面积大的水槽液位变化很慢,需要经过很长时间才能达到稳定。

如果把 Q_i 作为扰动,则式(2-5)为对象扰动通道的动态方程。如果把 Q_i 作为操纵变量,则式(2-5)为对象控制通道的动态方程。

2. 二阶对象

当对象的动态特性可以用二阶微分方程描述时,一般称为二阶对象。二阶对象

常为双容对象。

图 2-2 为两水槽串联的双容对象。要建立其数学模型,方法和单容水槽相类似。设被控对象的输入变量为 Q_i,输出变量为第二个水槽的液位 h_2,串联水槽对象的动态特性也是研究当输入流量 Q_i 变化时,第二个水槽的液位 h_2 的变化情况。

与单容水槽对象类似,设 A 为水槽 1、2 的横截面积,则水槽 1 的动态平衡关系式为

$$Q_i - Q_{io} = A \frac{dh_1}{dt} \quad (2-6)$$

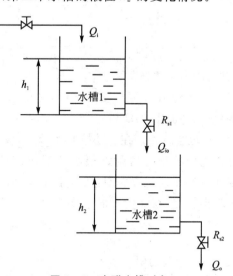

水槽 2 的动态平衡关系式为

$$Q_{io} - Q_o = A \frac{dh_2}{dt} \quad (2-7)$$

式(2-6)与式(2-7)相加可得

$$Q_i - Q_o = A \frac{dh_1}{dt} + A \frac{dh_2}{dt} \quad (2-8)$$

同样假定在输入量、输出量变化很小时,水槽的液位和输出流量呈线性关系,则有

$$Q_{io} = \frac{h_1}{R_{s1}} \quad (2-9)$$

图 2-2 串联水槽对象

$$Q_o = \frac{h_2}{R_{s2}} \quad (2-10)$$

式中,R_{s1}、R_{s2} 分别为第一个水槽的出水阀和第二个水槽的出水阀的阻力系数。

将式(2-9)和(2-10)代入式(2-7),并求微分,经整理可得

$$\frac{dh_1}{dt} = AR_{s1} \frac{d^2 h_2}{dt^2} + \frac{R_{s1}}{R_{s2}} \frac{dh_2}{dt} \quad (2-11)$$

将式(2-10)和(2-11)代入式(2-8),经整理可得

$$AR_{s1} AR_{s2} \frac{d^2 h_2}{dt^2} + (AR_{s1} + AR_{s2}) \frac{dh_2}{dt} + h_2 = R_{s2} Q_i \quad (2-12)$$

令 $T_1 = AR_{s1}$,$T_2 = AR_{s2}$,$K = R_{s2}$,则式(2-12)可以写成

$$T_1 T_2 \frac{d^2 h_2}{dt^2} + (T_1 + T_2) \frac{dh_2}{dt} + h_2 = KQ_i \quad (2-13)$$

式中:$T_1 = AR_{s1}$ 为水槽 1 的时间常数,$T_2 = AR_{s2}$ 为水槽 2 的时间常数,$K = R_{s2}$ 为二阶双容对象的放大系数。

式(2-13)就是描述两水槽串联双容对象的数学模型,是一个二阶常系数线性微分方程式。

3. 积分对象

当对象的输出变量与输入变量对时间的积分成比例关系时,称为积分对象或无

自衡对象。

图 2-3 所示为无自平衡能力的水槽对象。与图 2-1 不同的是,图 2-3 中水槽流出侧采用一只正位移泵将液体抽出。这样,流出量 Q_o 与液位 h 变化无关,流出量 Q_o 为常量,它的变化量为零。所以,对象的输出变量 h 只与输入量 Q_i 有关。设水槽的横截面积仍为 A,则有

$$Q_i dt = A dh \quad (2-14)$$

对式(2-14)两边积分,并整理可得

$$h = \frac{1}{A} \int Q_i dt \quad (2-15)$$

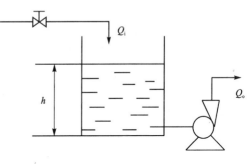

图 2-3 积分对象

这就是无自平衡能力单容水槽对象的数学模型,即为一个积分方程。如果当 Q_i 发生阶跃变化时,水槽液位 h 会等速上升直至液体溢出,或者等速下降直至液体被抽干,对象自身无恢复平衡的能力。

2.2.2 实验法

前面讨论的数学描述方法求取对象的特性,虽然有较大的普遍性,然而在化工生产中,许多对象的特性很复杂,往往很难通过内在机理的分析,直接得到描述对象特性的数学表达式,且这些表达式一般是高阶微分方程式或偏微分方程式,比较难于求解。另一方面,在推导过程中,往往进行了很多假设和假定,忽略了很多次要因素。但在实际工作中,由于条件的变化,可能某些假设与实际不符,或有些原来认为次要的因素上升为不可忽略的因素,因此直接利用理论推导得到的对象特性往往是不可靠的。然而在实际工作中,常常利用实验方法来研究对象的特性。这种方法可以可靠地获得对象的特性,也可以对机理法得到的对象特性进行验证或修改。

所谓的实验法建模,就是在所要研究的对象上,施加一个人为的输入作用,然后用仪表测取并记录对象输出量随时间的变化情况,得到的一系列实验数据(或曲线)就可以表示对象的特性。有时为了进一步分析对象的特性,可以对这些数据或曲线再加以必要的数据处理,使之转化为描述对象特性的数学模型。

实验法建模通常只用于建立输入输出模型。主要特点是把被研究的过程视为一个黑匣子,完全从外特性上描述它的动态性质,不需要深入掌握其内部机理,因此也称为"黑箱模型"。复杂过程一般都采用实验法建模。

对象特性的实验测取法有多种,这些方法往往是根据所加输入形式的不同来区分的,下面简单的介绍一下。

1. 阶跃响应法建模

阶跃响应法建模是实际中常用的方法,其方法是获取对象的阶跃响应。基本步

骤是：首先通过手动操作使过程工作在所需测试的稳态条件下，稳定运行一段时间后，快速改变过程的输入量，并用记录仪或数据采集系统同时记录过程输入和输出的变化曲线，经过一段时间后，过程进入新的稳态，本次实验结束得到的记录曲线就是过程的阶跃响应。

(1) 阶跃扰动法测响应曲线

当对象已处于稳定状态时，利用控制阀快速输入一个阶跃扰动，并保持不变。对象的输入信号 x（阀的开度）与输出信号 y 同时被记录下来，记录曲线 y 就是 x 的阶跃响应曲线。

测取阶跃响应的原理很简单，但实际过程中进行这种测试会遇到许多实际问题。例如，不能因测试而使正常生产受到严重扰动，还要尽量设法减少其他随机扰动以及系统中非线性因素的影响等。为了得到可靠的测试结果，应注意以下几个方面：

① 合理选择阶跃扰动信号的幅度。过小的阶跃扰动幅度不能保证测试结果的可靠性，而且可能受干扰信号的影响而失去作用；而过大的扰动幅度则会使正常生产受到严重干扰甚至危及生产安全，这是不允许的，一般取正常输入信号的 5%～10%。

② 试验开始前确保被控对象处于某一选定的稳定工况。试验期间应设法避免发生偶然性的其他扰动。

③ 考虑到实际被控对象的非线性，应选取不同负荷。在被控量的不同设定值下，进行多次测试，至少要获得两次基本相同的响应曲线，以排除偶然性干扰的影响。

④ 即使在同一负荷和被控量的同一设定值下，也要在正向和反向扰动下重复测试，并分别测出正、反方向的响应曲线，以检验对象的非线性。显然，正、反方向变化的响应曲线应是相同的。

⑤ 实验结束获得测试数据后，应进行数据处理，剔除明显不合理部分。

⑥ 要特别注意记录下响应曲线的起始部分，如果这部分没有测出或者欠准确，就难以获得对象的动态特性参数。

(2) 由阶跃响应求传递函数

由阶跃响应曲线确定过程的数学模型，首先要根据曲线的形状，确定模型的结构。大多数工业过程的动态特性是不振荡的，具有自平衡能力。因此可假定过程近似为一阶、一阶加滞后、二阶、二阶加滞后，对于高阶系统过程可近似为二阶加滞后处理。

① 一阶惯性对象的传递函数　一阶惯性过程相对简单，一阶惯性对象的阶跃响应曲线如图 2-4 所示。

一阶惯性对象的传递函数为

$$G(s) = \frac{K}{Ts+1} \tag{2-16}$$

只要确定过程的增益或放大系数 K 和过程的时间常数 T，就可以写出传递函数。

• 过程增益 K 的确定

由所测定的阶跃响应曲线,估计并绘出被控变量的最大稳态值 $y(\infty)$,放大系数

$$K = \frac{y(\infty) - y(0)}{\Delta x} \quad (2-17)$$

式中:$y(\infty)$和$y(0)$分别是输出的新稳态值和原稳态值,Δx是阶跃信号的幅值。

・时间常数 T 的确定

由图 2-4 的响应曲线起点作切线与 $y(\infty)$ 相交点在时间坐标上的投影,就是时间常数 T。由于切线不易精确绘制,从图 2-4 可知,在响应曲线 $y(t)=0.632y(\infty)$ 处测得的时间就是时间常数 T。

② 具有纯滞后的一阶惯性对象的传递函数　有的对象在受到输入作用后,被控变量却不能立即而迅速地变化,这种现象称为滞后现象。根据滞后性质的不同,可以分为传递滞后和容量滞后。传递滞后,也称纯滞后,一般由于介质的输送需要一段时间而引起的。容量滞后是指对象受到阶跃输入作用后,被控变量开始变化很慢,后来才逐渐加快,最后又变慢直至逐渐接近稳定值的现象。容量滞后一般是由于物料或能量的传递需要通过一定阻力而引起的。纯滞后和容量滞后尽管本质上不同,但实际上很难严格区分,在纯滞后和容量滞后同时存在时,常把两者结合起来统称为滞后时间 τ。

当所测响应曲线的起始速度较慢,在 $t=0$ 时斜率为零,随后斜率逐渐增大,到达拐点后斜率又逐渐减小,即曲线呈 S 形状时,可近似认为是带纯滞后的一阶惯性过程,其响应曲线如图 2-5 所示。

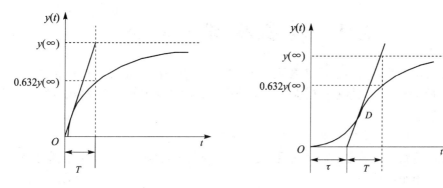

图 2-4　一阶惯性对象的阶跃响应曲线　　图 2-5　具有纯滞后的一阶惯性对象的响应曲线

当对象的容量滞后也当作是纯滞后处理时,则传递函数为

$$G(s) = \frac{Ke^{-\tau s}}{Ts+1} \quad (2-18)$$

根据式(2-18)可以看出,只须确定放大系数 K、时间常数 T 和滞后时间 τ 就可以得到传递函数。对于 S 状的曲线,常用切线法处理。

这是一种比较简单的方法,即通过图 2-5 中响应曲线的拐点 D(即响应曲线斜率最大处)作一切线,在时间轴上的交点的时间间隔即为滞后时间 τ,与 $y(\infty)$ 线的交

点在时间轴上的投影到切线与时间轴交点的时间间隔即为等效时间常数 T,对象的放大系数 K 是与一阶惯性对象的计算相同。

2. 矩形脉冲法

当对象处于稳定工况下,在 t_0 时刻突然加一阶跃干扰,幅值为 A,到 t_1 时刻突然除去阶跃干扰,这时测得的输出量 y 随时间的变化规律称为对象的矩形脉冲特性,而这种形式的干扰称为矩形脉冲干扰。

用矩形脉冲干扰来获取对象特性时,由于加在对象上的干扰经过一段时间即被除去,因此干扰的幅值可取得比较大,以提高实验精度,对象的输出量又不至于长时间地偏离给定值,因而对正常生产的影响较小。目前,这种方法也是测取对象动态特性的常用方法之一。

机理法与实验法建模各有特点,使用时可以将两者结合起来,称为混合建模方法。这种方法是先由机理分析法提供数学模型的结构形式,然后对其中某些未知的或不确定的参数利用实测的方法来确定。这种在已知模型结构的基础上,通过实测数据来确定其中的某些参数,称为参数估计。

对于有些对象来说,不宜施加人为干扰来测取对象的动态特性。这时可以根据正常生产积累下来的各种参数的记录数据或曲线,用随机理论进行分析和计算来获取对象的动态特性。为了计算方便和提高测试精度,也可以利用专用仪器在系统中施加对正常生产基本没有影响的特殊信号(如伪随机信号),然后对系统的输入输出数据进行分析处理,得到比较准确的对象特性。

2.3 过程模型的特点

过程控制中所涉及的被控对象所进行的过程几乎都离不开物质或能量的流动,只有流入量与流出量保持平衡时对象才会处于稳定的平衡工况。过程控制对象大多具有以下特点:

(1) 对象的动态特性是非振荡的慢变过程

对象的阶跃响应通常是单调曲线,被控变量变化比较缓慢,时间常数往往以若干分钟甚至若干小时计。

(2) 对象动态特性有延迟

工业过程被控对象往往具有纯延迟,即传输延迟,所以调节阀动作的效果往往需要经过一段延迟时间后才会在被控量上表现出来。延迟的主要来源是多个容积的存在,容积的数目可能有多个。容积越大或数目越多,容积延迟时间越长。有些被控对象还具有传输延迟。

(3) 被控对象具有非线性特性

严格说来,几乎所有被控对象的动态特性都具有非线性特性,只是程度不同而已。例如许多被控对象的增益就不是常数。有些对象的动态参数还表现非线性特性。实际上,在控制系统中还存在另一类非线性,如调节阀、继电器等元件的饱和、死区和滞环等典型的非线性特性。虽然这些非线性通常不是被控对象本身所固有的,但考虑到在过程控制过程中,往往把被控对象、测量变送单元和调节阀三部分串联在一起统称为广义对象,因而它包含了这部分非线性特性。

对于被控对象的非线性特性,如果控制精度要求不高或者负荷变化不大,则可用线性化方法进行处理。但是如果非线性不可忽略,则必须采用其他方法,例如分段线性化法、非线性补偿法或者利用非线性控制理论来进行系统的分析和设计。

思考题与习题

2.1 被控过程的数学模型是什么?建立对象数学模型的目的是什么?

2.2 建立对象数学模型的方法有哪些?

2.3 反映一阶对象特性的参数有哪些?它们对自动控制系统有哪些影响?

2.4 获取被控对象阶跃响应曲线的基本步骤是什么?获取对象阶跃响应曲线时应该注意哪些问题?

2.5 图 2-6 是阶跃响应曲线 $y(t)$,如果对象的输入增量 $\Delta x=0.5$,$T=1$,则对象的传递函数是什么?

2.6 图 2-7 是阶跃响应曲线 $y(t)$,如果输入增量 $\Delta x=1$,则对象的传递函数是什么?

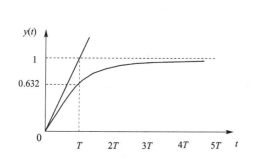

图 2-6 习题 2.5 的阶跃响应曲线

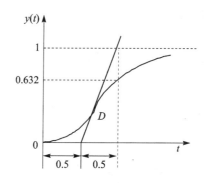

图 2-7 习题 2.6 的阶跃响应曲线

2.7 过程控制对象大多具有哪些特点?

2.8 为确定某对象的动态特性,实验测得其响应曲线如图 2-8 所示,已知 Δx 为对象输入增量,Δy 为对象输出增量。

(1) 试判断被控对象有无自衡能力?

(2) 根据图中所给数据,试估算该对象的特性参数 K,T,τ 值。

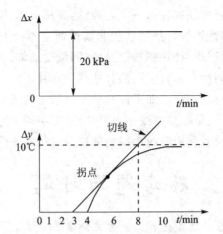

图 2-8　习题 2.8 中实验测得对象响应曲线

第 3 章 控制技术

3.1 模拟控制技术

控制器的控制规律是指控制器的输出与输入之间的函数关系,用数学公式表示为

$$u(t) = f[e(t)] \tag{3-1}$$

式中:$e(t)$为控制器的输入,即偏差信号;

$u(t)$为控制器的输出。

工业生产过程中,选取适当的控制规律非常重要,因为它关系到系统的控制效果,甚至关系到系统的安全性。只有充分了解被控对象的特性和工艺对控制系统过渡过程的品质指标要求,才能做出正确的选择。

在工业自动控制系统中最基本的控制规律有:比例控制(P)、积分控制(I)和微分控制(D)。实际生产中常用的控制规律有:比例控制(P)、比例积分控制(PI)、比例微分控制(PD)和比例积分微分控制(PID)。

3.1.1 比例控制规律(P)

1. 比例控制规律及控制过程

比例控制规律(P)可以用下列数学式来表示

$$u(t) = K_P e(t) \tag{3-2}$$

式中:$u(t)$为控制器输出;

$e(t)$为控制器的输入,即偏差;

K_P为控制器的比例增益或比例系数。

由式(3-2)可以看出,比例控制是按被控参数的偏差方向及其大小成比例地改变控制机构,即偏差越大,控制量也越大;偏差越小,控制量也越小。

图3-1所示是一个简单的比例控制系统。被控变量是水槽的液位。O为杠杆的支点,杠杆的一端固定着浮球,另一端和控制阀阀杆相连接。浮球的升降通过杠杆带动阀芯,浮球升高,阀门关小,输入流量减小;浮球下降,阀门开大,输入流量增加。

假定系统原来处于稳定状态,进入储槽的流量和储槽排出的流量相等,浮球稳定在图3-1所示的实线位置上。当某一时刻排出流量突然增加以后,液位就会下降,浮球也随之下降,通过杠杆的作用使阀杆上移,从而进水阀门开大,进水量增加。当进水量增加到与排出量相等时,液位不再变化,此时系统达到新的平衡状态。假定

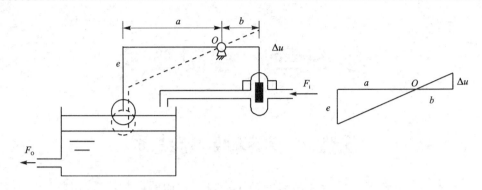

图 3-1　简单的比例控制系统示意图

图 3-1 中的虚线位置代表新的平衡状态，e 表示液位的变化量（即偏差），这就是该控制器的输入变化量；Δu 表示阀杆的位移量，即控制器的输出变化量。由相似三角形的关系可得：$\dfrac{a}{e}=\dfrac{b}{\Delta u}$，所以

$$\Delta u = \frac{b}{a}e = K_P e \tag{3-3}$$

式中：K_P 为控制器的比例系数，$K_P=\dfrac{b}{a}$。

2. 比例控制的特点

① 作用快。比例控制的优点是反应快，无滞后。只要一有偏差，立即有一个相应的控制作用，能及时克服扰动，使被控参数稳定在给定值附近。

② 有余差。扰动出现后（如负荷变化），比例控制的结果只能使被控参数回到给定值附近，而不能回到给定值，因而造成了系统的余差，即控制精度不高。

比例控制存在余差的原因是，由于比例控制规律的偏差大小与阀门的开度是一一对应的，有一个阀门开度就有一个对应的偏差值。从图 3-1 所示的简单比例控制系统来看，在负荷变化前，控制阀有一个特定的开度。而某一时刻，出水量有一阶跃增加后，若想重新达到平衡状态的话，进水量 F_i 必须增加，即控制阀开度必须增大，也就是要求阀杆必须上升。然而，杠杆是一种刚性的结构，要使阀杆上升，浮球杆一定要下移，这说明浮球所在的位置要比原来低，即液位会稳定在一个比原来的稳态值（即给定值）要低的一个位置上，其差值就是余差。

产生余差的原因也可以用比例控制规律本身的特性来说明。由于 $u=K_P e$，要克服干扰对被控变量的影响，控制器的输出必须改变，即偏差 $e\neq 0$，才能使控制阀动作。如果 $e=0$，则控制器的输出 $u(t)=0$，调节器失去控制作用。所以在比例控制系统中，当负荷改变以后，使控制阀动作的信号 $u(t)$ 的获得是以存在偏差为代价的。因此，比例控制系统存在余差。

3. 比例度

在工业上所使用的常规控制器，习惯上采用比例度 δ（也称比例带）来衡量比例控制作用的强弱,而不用比例系数 K_P 衡量。

比例度指的是控制器输入的相对变化量与相应的输出相对变化量之比的百分数,其表达式为

$$\delta = \frac{\dfrac{e}{x_{\max} - x_{\min}}}{\dfrac{\Delta u}{u_{\max} - u_{\min}}} \times 100\% \tag{3-4}$$

式中:$x_{\max} - x_{\min}$ 为控制器输入的变化范围,即仪表的量程;

$u_{\max} - u_{\min}$ 为控制器输出的变化范围。

下面研究一下比例度和比例系数之间的关系。可以将式(3-4)改写成

$$\delta = \frac{e}{\Delta u} \frac{u_{\max} - u_{\min}}{x_{\max} - x_{\min}} \times 100\% = \frac{1}{K_P} \frac{u_{\max} - u_{\min}}{x_{\max} - x_{\min}} \times 100\%$$

令 $K = \dfrac{u_{\max} - u_{\min}}{x_{\max} - x_{\min}}$,则有

$$\delta = \frac{K}{K_P} \times 100\% \tag{3-5}$$

由式(3-5)可以看出:比例度 δ 和比例系数 K_P 成反比,即比例度 δ 越小,比例系数 K_P 越大,比例控制作用越强。

在单元组合仪表中,控制器的输入信号是由变送器来的,而控制器和变送器的输出信号都是统一的标准信号(4～20 mA 或 0～10 mA),即 $K=1$。所以在单元组合式仪表中,比例度 δ 和比例系数 K_P 互为倒数关系,即

$$\delta = \frac{1}{K_P} \times 100\% \tag{3-6}$$

比例度 δ 的物理意义是,比例度 δ 表示阀开度改变 100%(即从全开到全关或从全关到全开)时,所需控制器输入信号 $e(t)$ 的变化范围占控制器输入量程的百分数。当设定值不变,比例度 δ 代表了阀开度改变 100%时,所需系统被控参数的允许变化范围相对于测量仪表量程的百分数。

4. 比例度对系统过渡过程的影响

一个比例控制系统,由于对象特性的不同或比例控制器比例度的不同,往往会得到各种不同的过渡过程形式。一般来说,对象特性因受工艺设备的限制,是不能任意改变的。那么如何通过改变比例度来获得所希望的过渡过程形式呢? 这就要分析比例度 δ 的大小对过渡过程的影响。

比例度对余差的影响是:比例度 δ 越大,余差越大;反之,比例度越小,余差也越小。比例度 δ 越大,比例系数 K_P 越小。由 $u = K_P e$ 可知,要获得同样的控制作用,所需的偏差就越大。因此,在同样的负荷变化下,控制过程的余差就越大。

从图 3-2 中可以看出比例度对系统稳定性的影响:比例度 δ 越大,控制作用越弱,过渡过程曲线越平稳;比例度 δ 越小,控制作用越强,则过渡过程曲线越振荡;比

例度过小时,就可能出现发散振荡的情况。

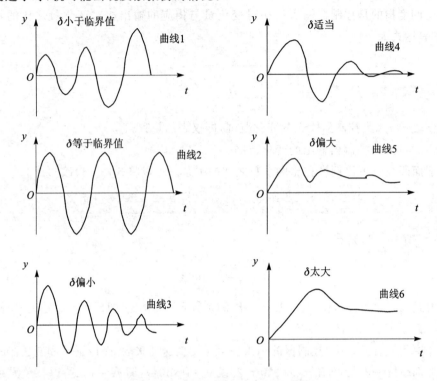

图3-2 比例度对控制过程的影响

为什么比例度对控制过程有这种影响呢?这是因为当比例度大时,控制器比例系数小,控制作用弱,在干扰加入后,控制器的输出变化较小,因而控制阀开度变化也小,这样被控制量的变化就很缓慢(见曲线6)。当比例度减小时,控制器比例系数增加,控制作用加强,即在同样的偏差下,控制器输出变化较大,控制阀开度变化就大,被控变量变化也比较迅速,开始有些振荡(见曲线5、曲线4)。当比例度再减小,控制阀开度变化就更大,被控变量也就跟着过大地变化,等到再拉回来时,又拉过了头,结果会出现剧烈的振荡(见曲线3)。当比例度减小到某一数值时,系统出现等幅振荡(见曲线2),这时的比例度δ称为临界比例度δ_K。比例度为何值时会出现等幅振荡,这随系统的特性不同而不同。一般除反应很快的流量及管道压力等系统外,大多出现在比例度δ小于20%的时候。当比例度小于临界比例度δ_K时,系统在干扰加入后,将出现不稳定的发散振荡过程(见曲线1),这是很危险的,甚至会造成重大事故。

工艺生产通常要求比较平稳而余差又不太大的控制过程(见曲线4),一般要求衰减比为4∶1～10∶1的衰减振荡过渡过程。所以对于比例控制器来说,只有充分了解比例度对控制过程的影响,才能正确地选用它,最大限度地发挥控制器的作用。一般来说,对象的滞后较小、时间常数较大及放大系数较小时,控制器的比例度可以选得小一些,以提高整个系统的灵敏度,使反应加快一些,这样就可以得到比较平稳且余差又不太大的衰减过渡过程曲线。反之,若对象滞后较大、时间常数较小以及放大系数较大时,比例度就必须选得大些,否则由于控制作用过强,会达不到稳定要求。

3.1.2 积分控制规律(I)

比例控制的结果不能使被控变量恢复到给定值而存在余差,控制精度不高。所以,有时把比例控制比作"粗调",只限于负荷变化不大和允许偏差存在的情况下使用,如液位控制等。当对控制精度有更高要求时,必须在比例控制的基础上,再加上能消除余差的积分控制作用。

1. 积分控制规律(I)及其特点

积分控制规律就是控制器的输出变化量 Δu 与输入偏差 e 随时间的积分成比例的控制规律,一般用字母 I 表示。

积分控制规律的数学表示式为

$$\Delta u = K_I \int_0^t e \mathrm{d}t = \frac{1}{T_I} \int e \mathrm{d}t \qquad (3-7)$$

式中:K_I 为积分增益或积分速度,T_I 为积分时间。

由式(3-7)可以看出,积分控制作用输出信号的大小不仅取决于偏差信号的大小,还取决于偏差存在的时间长短。只要有偏差,尽管偏差可能很小,但它存在的时间越长,输出信号变化就越大。

积分控制作用的特性可以由阶跃输入下的输出来说明。当控制器的输入偏差 e 是一常数 A 时,式(3-7)可以写为

$$\Delta u = K_I \int_0^t e \mathrm{d}t = K_I A t \qquad (3-8)$$

根据式(3-8)可得在阶跃输入作用下的输出变化曲线,如图3-3所示。从图中可以看出,当积分控制器的输入是幅值为 A 的阶跃作用时,输出是一直线,其斜率与 K_I 有关。从图中还可以看出,只要偏差存在,积分控制器的输出是随着时间不断增大的。

对式(3-8)进行微分,可得

$$\frac{\mathrm{d}\Delta u}{\mathrm{d}t} = K_I e \qquad (3-9)$$

从式(3-8)可以看出,积分控制器输出的变化速度与偏差成正比。这就进一步说明了积分控制规律的特点是:只要偏差存在,控制器输出就会变化,控制机构就要动作,系统不可能稳定;只有当偏差消除时(即 $e=0$),输出信号才不再继续变化,控制机构才停止动作,系统才可能稳定下来。也就是说,积分控制作用在最后达到稳定时,偏差是等于零的,这是它的一个显著特点,也是它的一个主要优点。但是积分控制动作相对缓慢,这也是它的一个缺点,原因是它的输出信号 Δu 是从零开始积分的,并随时间逐渐积累。在偏差出现的瞬间,无控制作用,它的控制作用在时间上总是落后于偏差信号的变化。从某种意义上说,积分控制对扰动具有较强的可抗干扰能力。

总之,积分控制的特点就是:能消除余差,但控制动作相对较慢。

2. 比例积分控制规律(PI)

比例控制规律是输出信号与输入偏差成比例,因此作用快,但有余差;而积分控制规律能消除余差,但作用较慢。比例积分控制规律是这两种控制规律的结合,也就吸取了两者的优点,是实际生产中常用的一种控制规律,一般用字母 PI 表示。比例积分控制规律可用下式表示为

$$\Delta u = K_P \left(e + \frac{1}{T_I} \int e \mathrm{d}t \right) \tag{3-10}$$

当输入偏差是一幅度为 A 的阶跃变化时,比例积分控制器的输出是比例作用和积分作用两部分之和,其控制特性如图 3-4 所示。从图上可以看出,控制器的输出 Δu 开始是一阶跃变化,其值为 $K_P A$,这是比例作用的结果;然后随时间逐渐上升,这是积分作用的结果。从曲线上可以看出,比例作用是及时的、快速的,主要作用就是使被控变量快速到达给定值附近,而积分作用是缓慢的、渐近的,主要作用就是消除余差。

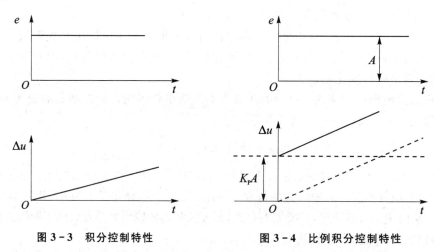

图 3-3　积分控制特性　　　　图 3-4　比例积分控制特性

由于比例积分控制是在比例控制的基础上,又加上积分控制,所以既具有比例控制及时的特点,又具有积分消除余差的性能。

3. 积分时间及其对系统过渡过程的影响

在比例积分控制器中,经常用积分时间 T_I 来表示积分速度 K_I 的大小。它们之间的关系为 $T_I = \dfrac{1}{K_I}$,所以有

$$\Delta u = K_P \left(e + K_I \int e \mathrm{d}t \right) = K_P \left(e + \frac{1}{T_I} \int e \mathrm{d}t \right) \tag{3-11}$$

积分时间 T_I 越小,表示积分速度 K_I 越大,积分特性曲线的斜率越大,即积分作用越强;反之,积分时间 T_I 越大,表示积分作用越弱。若积分时间无穷大,则没有积分作用,此时就成为纯比例控制器了。

在比例积分控制器中,比例度和积分时间都是可以调整的。比例度大小对过渡过程的影响前面已经分析过,这里着重分析积分时间对过渡过程的影响。在相同的比例度下,积分时间对过渡过程的影响如图3-5所示。

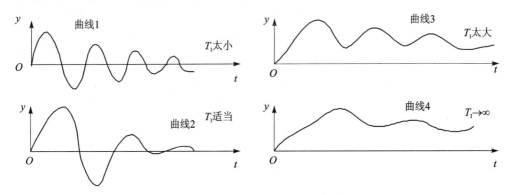

图3-5 积分时间对过渡过程的影响

从图3-5可以看出,积分时间过大或过小均不合适。积分时间过大,积分作用太弱,余差消除很慢(见曲线3),当$T_I \to \infty$时,成为纯比例控制器,不能消除余差(见曲线4);积分时间太小,过渡过程振荡太剧烈(见曲线1);只有当T_I适当时,过渡过程能较快地衰减而且没有余差(见曲线2)。

积分时间对过渡过程的影响具有两重性。当减小积分时间,加强积分控制作用时,一方面消除余差的能力增加,这是有利的一面。但另一方面会使过程振荡加剧,稳定性降低,甚至会成为不稳定的发散振荡,这是不利的一面。所以若要系统保持原来的稳定性,必须增大比例度δ,但这样又会使系统的其他性能指标有所下降,如超调量增大,振荡周期变长,过渡过程变慢等。所以比例积分适用于控制通道滞后较小、负荷不大、工艺参数不允许有余差的场合。

积分作用会加剧振荡,这种振荡对于滞后大的对象更为明显。所以,控制器的积分时间应按控制对象的特性来选择,对于管道压力、流量等滞后不大的对象,T_I可选得小些;温度对象一般滞后较大,T_I可选大些。

3.1.3 微分控制规律(D)

比例积分控制规律由于同时具有比例和积分控制规律的优点,因此适用范围较宽,工业上多数系统都可采用。但当对象滞后特别大时,控制时间会较长,最大偏差会较大,或者当对象负荷变化比较大时,由于积分作用的缓慢特性,使控制作用不够及时,系统的稳定性较差。在上述情况下,可以再增加微分作用,以改善系统控制质量。

1. 微分控制规律(D)及其特点

比例控制规律的控制量大小是根据已经出现的被控变量与给定值的偏差来改变

的。偏差大时,控制阀的开度就多改变一些;偏差小时,控制阀的开度就少改变一些。对于某些惯性很大的对象,如反应釜的温度控制,在氯乙烯聚合阶段,由于是放热反应,一般通过改变进入夹套的冷却水量来维持反应釜温为某一给定值。有经验的工人师傅不仅根据温度偏差来改变冷水阀开度的大小,而且同时考虑偏差的变化速度。例如,当看到反应釜温度上升很快,虽然这时偏差可能还很小,但估计很快就会有很大的偏差,为了抑制温度的迅速增加,就预先过分地开大冷水阀,这种按被控变量变化的速度来确定控制作用的大小,就是微分控制规律,一般用字母 D 来表示。

具有微分控制规律的控制器,其输出 Δu 与偏差 e 的关系可用下式表示

$$\Delta u = T_D \frac{de}{dt} \tag{3-12}$$

式中:$\frac{de}{dt}$ 为偏差对时间的导数,即偏差信号的变化速度;

T_D 为微分时间,可以表征微分作用的强弱,T_D 越大,微分作用越强;反之,T_D 越小,微分作用越弱。

由式(3-12)可知,偏差变化的速度越大,控制器的输出变化也越大,即微分作用的输出大小与偏差变化的速度成正比。对于一个固定不变的偏差,不管这个偏差有多大,微分作用的输出总是零。

如果控制器的输入是阶跃信号,如图3-6中曲线1所示,那么微分控制器的输出就会呈现出如图3-6中曲线2所示。在输入变化的瞬间,输出趋于无穷大,之后,由于输入不再变化,输出立即降到零。这种控制作用称为理想微分控制作用。事实上,实现理想的纯微分控制作用是很难的(或不可能的),也没有什么实用价值。实际中经常使用近似微分来代替,如图3-6中曲线3就是一种近似的微分作用,在阶跃输入发生时刻,输出 Δu 突然上升到一个较大的有限数值,然后呈指数规律衰减直至为零。

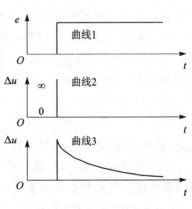

图3-6 微分控制特性

不管是理想的微分作用,还是近似的微分作用,都有以下特点:

① 控制超前、作用快。由于微分作用是根据偏差的变化速度来控制的,在干扰作用的瞬间,尽管开始偏差很小,但如果它的变化速度较快,微分控制器就有较大的输出,其作用较比例控制作用还要及时,还要大。对于一些滞后较大、负荷变化较快的对象,当较大的干扰施加以后,由于对象的惯性,偏差在开始一段时间内都是比较小的,如果仅采用比例控制作用,则偏差小,控制作用也小,控制作用就不能及时加大以克服已经加入的干扰作用的影响。但是,如果加入微分作用,它就可以在偏差尽管不大,但偏差开始剧烈变化的时刻,立即产生一个较大的控制作用,及时抑制偏差的

继续增长,从而减小超调量,加快动态响应速度,提高系统稳定性。所以,微分作用具有一种抓住"苗头"预先控制的性质,这种性质是一种"超前"性质,因此微分控制也可称为"超前控制"。

② 不能单独使用。实际的控制器都有一定的不灵敏区,如果控制对象受到一个小的扰动,被控参数则以极小的而为控制器不能察觉的速度缓慢变化,此时控制器不会动作。但是经过一段较长时间之后,被控参数的偏差却可以累积到较大数值而得不到校正,因而不能满足生产需要。因此,微分控制器不能单独使用,微分控制作用总是与比例作用或比例积分控制作用同时使用的。

③ 对高频干扰敏感,易受噪声影响。高频干扰频繁或噪声比较严重的场合,应尽量避免使用微分作用。

2. 比例微分控制规律(PD)

比例作用是控制作用中最基本、最主要的作用,当比例作用和微分作用结合时,构成比例微分控制规律,一般用字母"PD"表示。实际的比例微分控制规律,可用下式表示

$$\Delta u = \Delta u_P + \Delta u_D = K_P \left(e + T_D \frac{de}{dt} \right) \tag{3-13}$$

由式(3-13)可以看出,比例微分控制器的输出 Δu 等于比例作用的输出 Δu_P 与微分作用的输出 Δu_D 之和。改变比例度 δ(或 K_P)和微分时间 T_D 可以改变 PD 控制器的输出。由于微分作用的加入,比例度 δ 可以适当调小一些。

3. 微分时间对系统过渡过程的影响

微分作用的强弱可以通过改变微分时间 T_D 的大小来改变。T_D 越大,微分作用越强;T_D 越小,微分作用越弱。在一定的比例度下,由于微分作用的输出是与被控变量的变化速度成正比的,而且总是力图阻止被控变量的任何变化的(这是由于负反馈作用的结果)。当被控变量增大时,微分作用改变控制阀开度去阻止它增大;反之,当被控变量减小时,微分作用就改变控制阀开度去阻止它减小。由此可见,微分作用具有抑制振荡的效果。所以,在控制系统中比例度不变的情况下,适当地增加微分作用(即适当增大 T_D),可以提高系统的稳定性,减少被控变量的波动幅度;但是,微分作用也不能过大(即 T_D 不能过大),否则由于控制作用过强,控制器的输出剧烈变化,不仅不能提高系统的稳定性,反而会引起被控变量大幅度地振荡。特别对于噪声比较严重的系统,采用微分作用要特别慎重。

一般说来,由于微分控制的"超前"控制作用,是能够改善系统的控制质量的,特别适用于一些惯性较大的对象,例如温度对象。但微分作用对象的纯滞后不起作用,因为在滞后时间内,系统输出不会变化,所以 $\Delta u_D = 0$。

3.1.4 比例积分微分控制(PID)

同时具有比例、积分、微分三种控制作用的控制器称为比例积分微分控制器,简

称为三作用控制器,习惯上常用 PID 表示。PID 控制规律的数学表达式为

$$\Delta u = \Delta u_P + \Delta u_I + \Delta u_D = K_P \left(e + \frac{1}{T_I} \int_0^t e \mathrm{d}t + T_D \frac{\mathrm{d}e}{\mathrm{d}t} \right) \quad (3-14)$$

由式(3-14)可以看出,PID 控制作用就是比例、积分、微分三种控制作用的叠加。当有一个阶跃偏差信号输入时,PID 控制器的输出信号 Δu 就等于比例输出 Δu_P、积分输出 Δu_I 与微分输出 Δu_D 三部分之和,如图 3-7 所示。由图可见,PID 控制器在阶跃输入下,开始时微分作用的输出变化最大,使总的输出大幅度地变化,产生一个强烈的"超前"控制作用,这种控制作用可看成为"预调"。然后微分作用逐渐消失,积分输出逐渐占主导地位,只要余差存在,积分作用就不断增加,这种控制作用可看成为"细调",一直到余

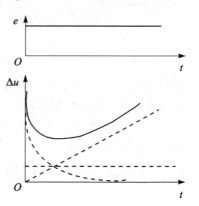

图 3-7 PID 控制器的输出特性

差完全消失,积分作用才停止。而比例作用是自始至终与偏差相对应的,它是一种最基本的控制作用。

PID 控制器中,有三个可以调整的参数,即比例度 δ、积分时间 T_I 和微分时间 T_D。适当选取这三个参数的数值,可以获得良好的控制质量。对于一台 PID 控制器来说,如果把微分时间调到零,就成为 PI 控制器;如果把积分时间放到最大,就成为 PD 控制器;如果把微分时间调到零,同时把积分时间放到最大,就成为纯比例控制器了。

由于 PID 控制规律综合了三种控制规律的优点,因此具有较好的控制性能。但这并不意味着在任何条件下,采用这种控制规律都是最合适的。一般来说,当对象滞后较大、负荷变化较快、不允许有余差的情况下,可以采用 PID 控制规律。如果采用比较简单的控制规律也能满足生产要求,就不必采用 PID 控制规律。

3.2 数字控制技术

由于计算机具有强大的计算功能、逻辑判断功能及存储信息量大等特点,因此计算机可以实现模拟控制器难以实现的许多复杂的先进控制策略。在模拟控制系统中是将被测参数与给定值进行比较,然后把差值经控制器运算后送到执行机构去改变控制量,从而达到控制目的。而在数字控制系统中,则使用数字控制器代替模拟控制器来实现控制,其控制过程如图 3-8 所示。先把过程参数进行采样,通过模拟输入通道将模拟量变成数字量,这些数字量通过计算机按一定的控制算法进行处理,运算结果由模拟量输出通道输出,并通过执行机构达到控制目的。

DDC(Direct Digital Control)控制的主要任务就是设计一种数字控制器 $D(z)$,

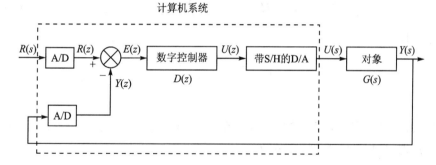

图 3-8　典型数字控制系统

其通常有两种方法:模拟化设计和离散域直接设计。

3.2.1　数字控制器的模拟化设计

数字控制器的模拟化设计方法,是指在一定条件下把计算机控制系统近似地看成模拟系统,忽略控制回路中所有的采样开关和保持器,在 s 域中按连续系统进行初步设计,求出模拟控制器 $D(s)$,然后通过某种近似,将模拟控制器离散化为数字控制器 $D(z)$,并由计算机实现。由于工程技术人员对连续域设计有丰富经验,因此数字控制器的模拟化设计方法得到了广泛应用。

1. 数字控制器的模拟化设计步骤

如图 3-9 所示的数字控制系统中,$G_P(s)$ 是被控对象的传递函数,$H_0(s)$ 是零阶保持器,$D(z)$ 是数字控制器。现在的问题是:根据已知的系统性能指标和 $G_P(s)$ 来设计数字控制器 $D(z)$。

(1) 设计假想的连续控制器 $D(s)$

设计控制器 $D(s)$,一种方法是事先确定控制器的结构,如后面将要重点介绍的 PID 算法等,然后通过控制器参数的整定完成设计;另一种设计方法是用连续控制系统设计方法设计,如用频率特性法、根轨迹法等设计 $D(s)$ 的结构和参数。

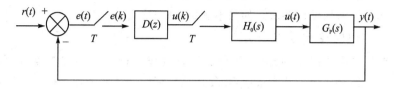

图 3-9　数字控制系统结构图

(2) 选择采样周期 T

无论采用哪种设计方法,设计时都需要知道广义被控对象 $G(s)$。广义被控对象包含零阶保持器和被控对象,其传递函数为 $H_0(s)G_P(s)$。在计算机控制系统中,零阶保持器完成信号恢复功能。零阶保持器的传递函数为

$$H_0(s) = \frac{1-e^{-Ts}}{s} \quad (3-15)$$

其频率特性为

$$H_0(j\omega) = \frac{1-e^{-j\omega T}}{j\omega} = T \frac{\sin\frac{\omega T}{2}}{\frac{\omega T}{2}} \angle -\frac{\omega T}{2} \quad (3-16)$$

从式(3-16)可以看出,零阶保持器将对控制信号产生附加相移(滞后)。对于小的采样周期,可把零阶保持器近似为

$$H_0(s) = \frac{1-e^{-Ts}}{s} \approx \frac{1-1+sT-\left(\frac{sT}{2}\right)^2+\cdots}{s} = T\left[1-s\left(\frac{T}{2}\right)^2+\cdots\right] \approx Te^{-s\frac{T}{2}} \quad (3-17)$$

式(3-17)表明,零阶保持器可用半个采样周期的时间滞后环节来近似。假定相位裕量可减少 $5°\sim 10°$,则采样周期应选为

$$T \approx (0.15 \sim 0.5)\frac{1}{\omega_c} \quad (3-18)$$

式中,ω_c 是连续控制系统的剪切频率。

按式(3-18)的经验法选择的采样周期相当短。因此,采用连续化设计方法,用数字控制器去近似模拟控制器,要有相当短的采样周期。

(3) 将 $D(s)$ 离散化为 $D(z)$

将 $D(s)$ 离散化为 $D(z)$ 方法有很多,如双线性变换法、差分法、冲击响应不变法、零阶保持法和零极点匹配法等。

(4) 设计由计算机实现的控制方法

将 $D(z)$ 表示成差分方程的形式,编制程序,由计算机实现数字调节规律。

(5) 校验

设计好的数字控制器能否达到系统设计指标,必须进行检验。可以采用数学分析方法,在 z 域内分析、检验系统性能指标;也可采用仿真技术,即利用计算机来检验系统的指标是否满足设计要求。如果不满足,则需要重新设计。

2. 数字 PID 控制算法

按反馈控制系统偏差的比例、积分和微分规律进行控制的控制器,简称为 PID 控制器。它是连续系统中技术最成熟、使用最广泛的一种调节器,这是由于该调节器具有结构简单、参数整定方便、易于工业实现、适用面广等优点。随着计算机技术迅猛发展,由计算机实现的数字 PID 控制器正在逐步取代模拟 PID 控制器。下面从最基本的模拟 PID 控制原理出发,讨论数字 PID 控制的计算机实现方法。

在模拟控制系统中,PID 算法的表达式为

$$u(t) = K_P\left(e(t) + \frac{1}{T_I}\int_0^t e(t)\mathrm{d}t + T_D \frac{\mathrm{d}e(t)}{\mathrm{d}t}\right) \quad (3-19)$$

式中：$u(t)$ 为控制器输出信号；

$e(t)$ 为控制器的偏差信号，等于测量值与给定值之差；

K_P 为控制器的比例系数；

T_I 为控制器的积分时间；

T_D 为控制器的微分时间。

由于计算机控制是一种采样控制，只能根据采样时刻的偏差值来计算控制量。因此，在计算机控制系统中，必须首先对上式进行离散化处理，用数字形式的差分方程代替连续系统的微分方程。

(1) 数字 PID 位置型控制算法

为了用数字形式的差分方程代替连续系统的微分方程，以便计算机实现，可用累加代替积分，用一阶差分代替一阶微分，即

$$\int_0^t e(t)\mathrm{d}t = \sum_{j=0}^{k} e(j)\Delta t = T\sum_{j=0}^{k} e(j)$$

$$\frac{\mathrm{d}e(t)}{\mathrm{d}t} \approx \frac{e(k)-e(k-1)}{\Delta t} = \frac{e(k)-e(k-1)}{T}$$

式中：$\Delta t = T$ 为采样周期，必须使 T 足够小，才能保证系统有一定的精度；$e(k)$ 为第 k 次采样时的偏差值；$e(k-1)$ 为第 $k-1$ 次采样时的偏差值；k 为采样序号，$k=0,1,2\cdots$。这时可用矩形或梯形积分来求连续积分的近似值。若采用矩形积分可得

$$u(k) = K_P\left\{e(k) + \frac{T}{T_I}\sum_{j=0}^{k}e(j) + \frac{T_D}{T}[e(k)-e(k-1)]\right\} \quad (3-20)$$

式中：$u(k)$ 为第 k 次采样时调节器的输出。

由于式(3-20)的输出值与阀门开度的位置一一对应，因此，通常把式(3-20)称为位置型 PID 算式。

由式(3-20)可以看出，要计算 $u(k)$，不仅需要本次与上次的偏差信号 $e(k)$ 和 $e(k-1)$，还要在积分项中把历次的偏差信号 $e(j)$ 进行相加，即 $\sum_{j=0}^{k}e(j)$。这样，不仅计算烦琐，而且为保存 $e(j)$ 还要占用很多内存。因此，用式(3-20)直接进行控制很不方便。

(2) 数字 PID 增量型控制算法

在很多控制系统中，由于执行机构是由步进电机或多圈电位器进行控制的，所以只要给一个增量信号即可。

根据递推原理，可写出第 $k-1$ 次的 PID 输出表达式，即

$$u(k-1) = K_P\left\{e(k-1) + \frac{T}{T_I}\sum_{j=0}^{k-1}e(j) + \frac{T_D}{T}[e(k-1)-e(k-2)]\right\}$$

$$(3-21)$$

用式(3-20)减去式(3-21)可得

$$\Delta u(k) = u(k) - u(k-1) =$$
$$K_P[e(k) - e(k-1)] + K_I e(k) + K_D[e(k) - 2e(k-1) + e(k-2)] =$$
$$(K_P + K_I + K_D)e(k) - (K_P + 2K_D)e(k-1) + K_D e(k-2) \quad (3-22)$$

式中：$K_I = K_P \dfrac{T}{T_I}$ 为积分系数；$K_D = K_P \dfrac{T_D}{T}$ 为微分系数。

式(3-22)表示第 k 次输出的增量 $\Delta u(k)$，等于第 k 次与第 $k-1$ 次控制器输出差值，所以式(3-22)称为增量型 PID 控制算式。通过上式可以看出，要计算第 k 次输出的增量 $\Delta u(k)$，只需知道 $e(k)$、$e(k-1)$、$e(k-2)$ 即可，比用式(3-20)计算要简单得多。

(3) 增量型 PID 算法与位置型 PID 算法比较

增量型算法与位置型算法相比，具有如下优点：

① 算式中不需要累加，增量只与最近几次采样值有关，所以节省内存空间，运算速度快。

② 由于计算机输出增量，所以误差动作影响小。

③ 在位置型控制算法中，由手动到自动切换时，必须首先使计算机的输出值等于阀门的原始开度，即 $u(k-1)$，才能保证手动/自动无扰动切换，这将给程序设计带来困难；而增量设计只与本次的偏差值有关，与阀门原来的位置无关，因而增量算法易于实现手动/自动无扰动切换。

④ 增量型 PID 算法中没有累加项，因此不会产生由于积分项而引起饱和。

增量控制因其特有的优点已得到了广泛的应用。但是，这种控制也有不足之处，即：积分截断效应大，有静态误差；溢出的影响大。因此，应该根据被控对象的实际情况加以选择。一般认为，在以晶闸管或伺服电机作为执行器件，或对控制精度要求高的系统中，应当采用位置型算法，而在以步进电机或多圈电位器做执行器件的系统中，则应采用增量式算法。

3. 数字 PID 控制算法的改进

在数字控制系统中，PID 控制规律是用计算机程序实现的，它的灵活性很大，易于改进。因此，可通过改进算法满足不同控制系统的要求，解决一些模拟 PID 控制器中无法实现的问题。下面介绍几种常用的数字 PID 算法的改进措施。

(1) 积分分离数字 PID 控制算法

系统引入积分控制的目的是提高控制精度。但在过程的启动或停止工作瞬间，或大幅度增减给定值的短时间内，系统输出会产生很大偏差，故在积分项的作用下，会导致系统有很大超调，甚至引起系统的振荡。

为了避免这种情况，可采用积分分离方法，大偏差时取消积分项，而在小偏差时引进积分项，从而改善系统的控制性能。

积分分离 PID 控制算法可以表示为

$$u(k) = K_P e(k) + K_L K_I \sum_{j=1}^{k} e(j) + K_D [e(k) - e(k-1)] \qquad (3-23)$$

式中：K_L 为逻辑系数，$K_L = \begin{cases} 1, |e(j)| \leqslant E_0 \\ 0, |e(j)| > E_0 \end{cases}$，$E_0$ 为预先设定的阈值。

(2) 带死区的数字 PID 控制算法

在数字制系统中，有时不希望控制系统频繁动作，如中间容器的液面控制及减少执行机构的机械磨损等，这时可采用带死区的 PID 控制算法。所谓的带死区的 PID，是在计算机中人为地设置一个不灵敏区（也称死区）e_0，当偏差的绝对值小于等于 e_0 时，其控制输出维持上次的输出；当偏差的绝对值大于 e_0 时，则进行正常的 PID 控制输出。其系统框图如图 3-10 所示，相应的控制算式为

$$p(k) = \begin{cases} e(k) & |e(k)| > e_0 \\ 0 & |e(k)| \leqslant e_0 \end{cases} \qquad (3-24)$$

死区 e_0 是一个可调的参数，具体数值可根据时间对象由实验确定。若 e_0 值太小，控制动作过于频繁，达不到稳定被控对象的目的；若 e_0 值太大，系统将产生很大的滞后。

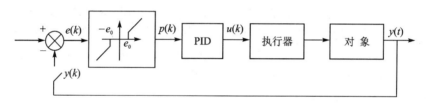

图 3-10　带死区的数字 PID 控制系统框图

(3) 不完全微分数字 PID 控制算法

微分控制反映的是误差信号的变化率，是一种超前控制。正确使用微分控制可以改善系统的动态特性。但微分控制有放大噪声信号的缺点，对具有高频干扰的生产过程，微分作用过于敏感，控制系统很容易产生振荡，反而会降低控制系统性能。例如，当被控量突然变化时，偏差的变化率很大，因而微分输出很大；由于计算机对每个控制回路输出时间是短暂的，执行机构因惯性或动作范围的限制，动作位置不能达到控制量的要求值，限制了微分正常的校正作用，使输出产生失真，即所谓的微分失控（饱和）。这种情况的实质是丢失了控制信息，后果是降低了控制品质。为了克服这一缺点，可采用不完全微分 PID 控制器，结构图如图 3-11 所示。

不完全微分数字 PID 控制器的控制性能好，因为其微分作用能缓慢地持续多个采样周期，使得一般的工业执行机构能比较好地跟踪微分作用输出；而且算式中含有一阶惯性环节，具有数字滤波作用，抗干扰作用也强。近年来，不完全微分数字 PID 控制算法得到越来越广泛的应用。

(4) 微分先行 PID 控制算法

微分先行 PID 控制算法的特点是只对输出量 $y(t)$ 进行微分，而对给定值 $r(t)$ 不

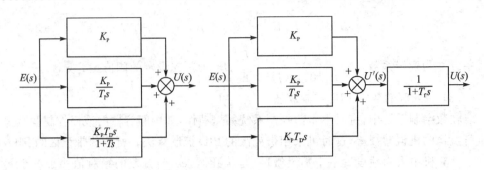

图 3 - 11　不完全微分算法结构图

作微分。微分先行的增量控制算式为

$$\Delta u(k) = K_P[e(k)-e(k-1)] + K_I e(k) - K_D[y(k)-2y(k-1)+y(k-2)] \tag{3-25}$$

这样,在改变给定值时,对系统的输出影响是比较缓和的。这种对输出量先行微分的控制算法特别适用于给定值频繁变化的场合,可以避免因给定值升降时所引起的超调量过大、阀门动作过分振荡,明显改善了系统的动态特性。

以上介绍了几种自动控制系统中常用的数字 PID 控制算法的改进方法。除此之外,还有很多改进的数字 PID 控制算法,如遇限削弱积分 PID 算法、变速积分 PID 控制算法、带滤波器的 PID 算法及基于前馈补偿的 PID 算法等。在实际应用中,可根据不同的场合灵活地选用这些改进的数字 PID 控制算法。

4. 数字 PID 控制器的参数整定

各种数字 PID 控制算法用于实际系统时,必须确定算法中各参数的具体数值,如比例增益 K_P、积分时间常数 T_I、微分时间常数 T_D 和采样周期 T,以全面满足各项控制指标,这一过程称为数字控制器的参数整定。数字 PID 控制器参数整定的任务是确定 K_P、T_I、T_D 和 T。

(1) 采样周期 T 的选择

采样周期 T 在数字控制系统中是一个重要参数。从信号的保真度来考虑,采样周期 T 不宜太大,也就是采样角频率 $\left(\omega_s = \dfrac{2\pi}{T}\right)$ 不能太低,采样定理给出了下限频率,即 $\omega_s \geqslant 2\omega_m$,$\omega_m$ 是原来信号的最高频率。从控制性能来考虑,采样周期 T 应尽可能地短,也即 ω_s 应尽可能地高,但是采样频率越高,对计算机的运算速度要求越高,存储器容量要求越大,计算机的工作时间和工作量随之增加。另外,采样频率高到一定程度,对系统性能的改善已经不显著了。

采样周期 T 的选择与以下一些因素有关:

① 作用于系统的扰动信号频率 f_n。通常,f_n 越高,要求采样频率 f_s 也要相应提高,即采样周期 $(T=1/f_s)$ 缩短。

② 对象的动态特性。当系统中仅是惯性时间常数起作用时,$\omega_s \geqslant 10\omega_m$,$\omega_m$ 为系

统的通频带；当系统中纯滞后时间 τ 占有一定份量时,应该选择 $T \approx \tau/10$；当系统中纯滞后 τ 占主导地位时，$T \approx \tau$。表 3-1 列出了几种常见的对象及采样周期选择的经验数据。

表 3-1 常用被控参数的经验采样周期

被控参数	采样周期 T/s	备注
流量	1～5	优先用 1～2 s
压力	3～10	优先用 6～8 s
液位	6～8	优先用 7 s
温度	15～20	取纯滞后时间常数
成分	15～20	优先用 18 s

③ 测量控制回路数。测量控制回路数 n 越多，采样周期 T 越长。若采样时间为 t，则采样周期 $T \geqslant nt$。

④ 与计算字长有关。计算字长越长，计算时间越多，采样频率就不能太高；反之，若计算字长较短，便可适当提高采样频率。

采样周期可在比较大的范围内选择，另外，确定采样周期的方法也较多，应根据实际情况选择合适的采样周期。

(2) 数字 PID 参数的工程整定

数字 PID 参数整定有理论计算和工程整定等多种方法。理论计算法确定 PID 控制器参数需要知道被控对象的精确模型，这在一般工业过程中是很难做到的。而工程整定法简单易行，虽然较为粗糙，但很实用，不必依赖于被控对象准确的数学模型。

由于数字 PID 控制系统的采样周期 T 一般远远小于系统的时间常数，是一种准连续控制，因此，可以按模拟 PID 控制器参数整定的方法来选择数字 PID 控制参数，并考虑采样周期 T 对参数整定的影响，对控制参数做适当调整，然后在系统运行中加以检验和修正。

下面介绍扩充临界比例度法和扩充响应曲线法。

① 扩充临界比例度法　此法是模拟控制器中所用的临界比例度法的扩充，其整定步骤如下：

● 选择合适的采样周期 T，控制器作纯比例 K_P 的闭环控制，逐步加大 K_P，使控制过程出现临界振荡。如图 3-12 所示，由临界振荡求得临界振荡周期 T_u 和临界振荡增益 K_u（即临界振荡时的 K_P 值）。

● 选择控制度。控制度的意义是数字控制器和模拟控制器所对应的过渡过程的误差平方的积分之比，即

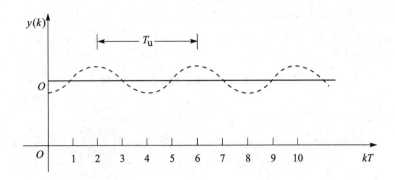

图 3-12 扩充临界比例度实验曲线

$$控制度 = \frac{\left[\min\int e^2 dt\right]_D}{\left[\min\int e^2 dt\right]_A}$$

实际应用中并不需要计算出两个误差平方积分,控制度仅表示控制效果的物理概念。例如,当控制度为 1.05 时,数字调节器的效果和模拟调节器相同,当控制度为 2 时,数字控制较模拟控制的质量差一倍。

● 选择控制度后,按表 3-2 求 K_P、T_I、T_D 和 T 值。

● 按求得的参数值,在实际系统上运行,并观察控制效果。如果效果不好,需再经过实际调整,直到获得满意的控制效果为止。

表 3-2 扩充临界比例度法整定计算表

控制度	控制规律	T/T_u	K_P/K_u	T_I/T_u	T_D/T_u
1.05	PI	0.03	0.55	0.88	—
	PID	0.014	0.63	0.49	0.14
1.2	PI	0.05	0.49	0.91	—
	PID	0.043	0.47	0.47	0.16
1.50	PI	0.41	0.42	0.99	—
	PID	0.09	0.34	0.43	0.20
2.0	PI	0.22	0.36	1.05	—
	PID	0.16	0.27	0.40	0.22
模拟调节器	PI	—	0.57	0.83	—
	PID		0.70	0.50	0.13

② 扩充响应曲线法 在上述方法中,不需要事先知道对象的动态特性,而是直接在闭环系统中进行整定。如果已知系统的动态特性曲线,就可以与模拟调节方法一样,采用扩充响应曲线法进行整定,其步骤如下:

● 断开数字调节器,使系统在手动状态下工作。当系统在给定值处达到平衡后,给一阶跃输入。

- 用仪表记录下被调参数在此阶跃作用下的变化过程曲线,如图3-13所示。

③ 在曲线最大斜率处,求得滞后时间 τ 和被控对象的时间常数 T_g,以及它们的比值 $R_\tau = T_g/\tau$。

④ 根据所求得的 τ、T_g、R_τ 值选择合适的控制度。若 T_g/τ 较小,即 τ 较大,宜选较大的控制度;若 T_g/τ 较大,即 τ 较小,宜选较小的控制度。

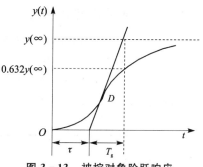

图 3-13 被控对象阶跃响应

⑤ 根据所选择的控制度,可查表 3-3,即可求出 K_P、T_I、T_D 和 T 值,并检验效果。

表 3-3 扩充响应曲线法 PID 参数整定计算表

控制度	控制规律	T/τ	K_P/R_τ	T_I/τ	T_D/τ
1.05	PI	0.10	0.84	3.40	—
	PID	0.05	1.15	2.00	0.45
1.2	PI	0.20	0.78	3.60	—
	PID	0.16	1.00	1.90	0.55
1.50	PI	0.50	0.68	3.90	—
	PID	0.34	0.85	1.62	0.65
2.0	PI	0.80	0.57	4.20	—
	PID	0.60	0.60	1.50	0.82
模拟调节器	PI	—	0.90	3.30	—
	PID	—	1.20	2.00	0.13

3.2.2 数字控制器的离散化设计

数字控制器的模拟化设计方法是以连续控制系统设计为基础,然后离散化控制器,变为能在数字计算机上实现的算法,进而构成数字控制系统。其缺点是,系统的动态性能与采样频率的选择关系很大;若采样频率选得太低,则离散后失真较大,整个系统的性能显著降低,甚至不能达到要求。在这种情况下应采用离散化设计方法。

离散化设计法是在 z 平面上设计的方法,对象可以用离散模型表示,或者用离散化模型的连续对象,以采样理论为基础,以 z 变换为工具,在 z 域中直接设计出数字控制器 $D(z)$,这种设计法也称直接设计法或 z 域设计法。

由于直接设计法无须离散化,也就避免了离散化误差。又因为它是在采样频率给定的前提下进行设计的,可以保证系统性能在此采样频率下达到品质指标要求,所以采样频率不必选得太高。因此,离散化设计法比模拟设计法更具有一般意义。

1. 数字控制器的离散化设计步骤

图 3-14 是一个数字控制系统原理框图。图中 $D(z)$ 为数字控制器,$\Phi(z)$ 为系统的闭环脉冲传递函数,$G(z)$ 为广义对象的脉冲传递函数,$H_0(s)$ 为零阶保持器(zero-order holder)传递函数,$G_P(s)$ 为被控对象传递函数,$Y(z)$ 为系统输出信号的 z 变换,$R(z)$ 为系统输入信号的 z 变换。

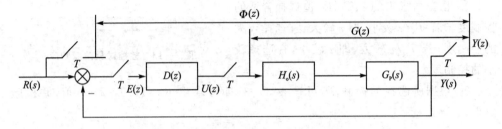

图 3-14 数字控制系统原理框图

广义对象的脉冲传递函数为

$$G(z) = Z[H_0(s)G_P(s)] = Z\left[\frac{1-e^{-Ts}}{s}G_P(s)\right] \quad (3-26)$$

可得到对应图 3-14 的闭环脉冲传递函数为

$$\Phi(z) = \frac{Y(z)}{R(z)} = \frac{D(z)G(z)}{1+D(z)G(z)} \quad (3-27)$$

误差脉冲传递函数为

$$G_e(z) = \frac{E(z)}{R(z)} = 1 - \Phi(z) \quad (3-28)$$

$$D(z) = \frac{U(z)}{E(z)} = \frac{\Phi(z)}{G(z)[1-\Phi(z)]} = \frac{\Phi(z)}{G(z)G_e(z)} \quad (3-29)$$

当 $G_P(s)$ 已知,并根据控制系统性能指标要求构造出 $\Phi(z)$,则可由式(3-26)和式(3-29)求得 $D(z)$,由此可得出数字控制器的离散化设计步骤如下:

① 根据 $H_0(s)$ 和 $G_P(s)$ 求取广义对象的脉冲传递函数 $G(z)$;
② 根据控制系统的性能指标及实现的约束条件构造闭环脉冲传递函数 $\Phi(z)$;
③ 根据式(3-29)确定数字控制器的脉冲传递函数 $D(z)$;
④ 由 $D(z)$ 确定控制算法并编制程序。

2. 最少拍数字控制器设计

在数字随动系统中,通常要求系统输出能够尽快准确地跟踪给定值变化,最少拍控制就是适应这种要求的一种直接离散化设计法。

在数字控制系统中,通常把一个采样周期称为一拍。最少拍控制就是要求设计的数字调节器能使闭环系统在典型输入作用下,经过最少拍数达到输出无静差。显然这种系统对闭环脉冲传递函数的性能要求是快速和准确。实质上最少拍控制是时间最优控制,系统的性能指标是调节时间最短(或尽可能地短)。对于最少拍控制器设计来说,除了要求满足快速性和准确性,还必须满足系统稳定性和物理可实现性。

(1) 根据快速性和准确性设计最少拍数字控制器 $D(z)$

设计最少拍控制系统的数字控制器 $D(z)$,最重要的就是要研究如何根据性能指标要求,构造一个理想的闭环脉冲传递函数。

一般误差表达式为

$$E(z) = G_e(z)R(z) = e_0 + e_1 z^{-1} + e_2 z^{-2} + \cdots \qquad (3-30)$$

由误差表达式(3-30)可知,要实现系统无静差、最小拍,则 $E(z)$ 应在最短时间内趋近于零,即 $E(z)$ 应为有限项多项式。因此,在输入 $R(z)$ 一定的情况下,必须对 $G_e(z)$ 提出要求。

对于典型输入的 z 变换具有如下形式

① 单位阶跃输入

$$R(t) = u(t), \quad R(z) = \frac{1}{1 - z^{-1}} \qquad (3-31)$$

② 单位速度输入

$$R(t) = t, \quad R(z) = \frac{Tz^{-1}}{(1 - z^{-1})^2} \qquad (3-32)$$

③ 单位加速度输入

$$R(t) = \frac{1}{2} t^2, \quad R(z) = \frac{T^2 z^{-1}(1 + z^{-1})}{2(1 - z^{-1})^3} \qquad (3-33)$$

由此可得出典型输入共同的 z 变换形式

$$R(z) = \frac{A(z)}{(1 - z^{-1})^m} \qquad (3-34)$$

式中,$A(z)$ 是不含有 $(1-z^{-1})$ 因子的 z^{-1} 的多项式,且 $A(z)$ 的幂次为 $m-1$,m 的数值与输入有关。单位阶跃输入时,$m=1$;单位速度输入时,$m=2$;单位加速度输入时,$m=3$。

根据 z 变换的终值定理,系统的稳态误差为

$$\lim_{t \to \infty} e(t) = \lim_{z \to 1}(1 - z^{-1})E(z) = \lim_{z \to 1}(1 - z^{-1})G_e(z)R(z) =$$
$$\lim_{z \to 1}(1 - z^{-1})G_e(z) \frac{A(z)}{(1 - z^{-1})^m} \qquad (3-35)$$

很明显,要使稳态误差为零,$G_e(z)$ 中必须含有 $(1-z^{-1})$ 因子,且其幂次不能低于 m,即

$$G_e(z) = (1 - z^{-1})^M F(z) \qquad (3-36)$$

式中,$M \geq m$,$F(z)$ 是关于 z^{-1} 的有限多项式。为了实现最少拍,要求 $G_e(z)$ 中关于 z^{-1} 的幂次尽可能低。令 $M=m$,$F(z)=1$,所得 $G_e(z)$ 既可满足准确性的要求,又能满足快速性要求,这样就有

$$G_e(z) = (1 - z^{-1})^m \qquad (3-37)$$
$$\Phi(z) = 1 - G_e(z) = 1 - (1 - z^{-1})^m \qquad (3-38)$$

由于对象 $G_P(s)$ 已知，所以 $G(z)$ 可求，按照式(3-29)和式(3-38)便可求出数字控制器 $D(z)$。

(2) 典型输入下的最小拍控制系统分析

① 单位阶跃输入：

$$G_e(z) = (1-z^{-1}), \Phi(z) = 1-(1-z^{-1}) = z^{-1}$$

$$E(z) = R(z)G_e(z) = \frac{1}{1-z^{-1}}(1-z^{-1}) = 1 = 1 \cdot z^0 + 0 \cdot z^{-1} + 0 \cdot z^{-2} + \cdots$$

$$Y(z) = R(z)\Phi(z) = \frac{1}{1-z^{-1}}z^{-1} = z^{-1} + z^{-2} + z^{-3} + \cdots$$

所以有 $e(0)=1, e(T)=e(2T)=e(3T)=\cdots=0$，这说明开始一个采样点上有偏差，一个采样周期后，系统在采样点上不再有偏差，这时过渡过程为一拍。

② 单位速度输入：

$$G_e(z) = (1-z^{-1})^2, \Phi(z) = 1-(1-z^{-1})^2 = 2z^{-1} - z^{-2}$$

$$E(z) = R(z)G_e(z) = \frac{Tz^{-1}}{(1-z^{-1})^2}(1-z^{-1})^2 = Tz^{-1}$$

$$Y(z) = R(z)\Phi(z) = 2Tz^{-2} + 3Tz^{-3} + 4Tz^{-4} + \cdots$$

所以有 $e(0)=0, e(T)=T, e(2T)=e(3T)=\cdots=0$，这说明经过两拍后，偏差采样值达到并保持为零，这时过渡过程为两拍。

③ 单位加速度输入：

$$G_e(z) = (1-z^{-1})^3, \Phi(z) = 1-(1-z^{-1})^3 = 3z^{-1} - 3z^{-2} + z^{-3}$$

$$E(z) = R(z)G_e(z) = \frac{T^2z^{-1}(1+z^{-1})}{2(1-z^{-1})^3}(1-z^{-1})^3 = \frac{T^2z^{-1}}{2} + \frac{T^2z^{-2}}{2}$$

$e(0)=0, e(T)=e(2T)=\frac{T^2}{2}, e(3T)=e(4T)=\cdots=0$，这说明经过三拍后，偏差采样值达到并保持为零，这时过渡过程为三拍。

[例 3-1] 数字控制系统如图 3-14 所示，对象的传递函数 $G_P(s) = \frac{2}{s(0.5s+1)}$，采样周期 $T=0.5$ s，系统输入为单位速度输入，试设计最少拍控制器 $D(z)$。

解：广义对象传递函数为

$$G(z) = Z\left[\frac{1-e^{-Ts}}{s}\frac{2}{s(0.5s+1)}\right] = Z\left[(1-e^{-Ts})\frac{4}{s^2(s+2)}\right] =$$

$$(1-z^{-1})Z\left[\frac{4}{s^2(s+2)}\right] = (1-z^{-1})Z\left[\frac{2}{s^2} - \frac{1}{s} + \frac{1}{s+2}\right] =$$

$$(1-z^{-1})\left[\frac{2Tz^{-1}}{(1-z^{-1})^2} - \frac{1}{(1-z^{-1})} + \frac{1}{(1-e^{-2T}z^{-1})}\right] =$$

$$\frac{0.368z^{-1}(1+0.717z^{-1})}{(1-z^{-1})(1-0.368z^{-1})}$$

由于系统输入 $r(t)=t$，得 $G_e(z)=(1-z^{-1})^2$，所以 $\Phi(z)=1-G_e(z)=2z^{-1}-z^{-2}$。

由上式可写出控制器的脉冲传递函数为

$$D(z) = \frac{\Phi(z)}{G(z)G_e(z)} = \frac{5.435(1-0.5z^{-1})(1-0.368z^{-1})}{(1-z^{-1})(1+0.717z^{-1})}$$

检验：$E(z)=G_e(z)R(z)=Tz^{-1}$，则有

$$e(0) = 0, \quad e(T) = T, \quad e(2T) = e(3T) = \cdots = 0$$

由此可见，误差经过两拍达到并保持为零。

$$Y(z) = \Phi(z)R(z) = (2z^{-1} - z^{-2})\frac{Tz^{-1}}{(1-z^{-1})^2} = 2Tz^{-2} + 3Tz^{-3} + 4Tz^{-4} + \cdots$$

上式中各项系数，即为 $y(t)$ 在各个采样时刻的数值。其输出响应曲线如图 3-15(b) 所示。从图中可以看出，当系统为单位速度输入时，经过两拍以后，输出在采样点时完全等于输入采样值，即 $y(kT)=r(kT)$。

下面介绍，当系统输入为其他函数值时，输出相应的情况。输入为单位阶跃函数时，系统输出序列的 z 变换为

$$Y(z) = \Phi(z)R(z) = (2z^{-1} - z^{-2})\frac{1}{1-z^{-1}} = 2z^{-1} + z^{-2} + z^{-3} + z^{-4} + \cdots$$

输出序列为

$$y(0) = 0, \, y(T) = 2, \, y(2T) = 1, \, y(3T) = 1, \, y(4T) = 1, \cdots$$

其输出响应曲线如图 3-15(a) 所示。由图可见，按单位速度输入设计的最小拍系统的输入为单位阶跃输入时，有 100% 的超调量。

若输入为单位加速度，输出量的 z 变换为

$$Y(z) = \Phi(z)R(z) = (2z^{-1} - z^{-2})\frac{T^2z^{-1}(1+z^{-1})}{2(1-z^{-1})^3} =$$
$$T^2z^{-2} + 3.5T^2z^{-3} + 7T^2z^{-4} + 11.5T^2z^{-5} + \cdots$$

输出序列为

$$y(0) = 0, \, y(T) = 0, \, y(2T) = T^2, \, y(3T) = 3.5T^2, \, y(4T) = 7T^2, \cdots$$

其输出响应曲线如图 3-15(c) 所示。由图可见，按单位速度输入设计的最小拍系统的输入为加速度输入时，系统有静差。

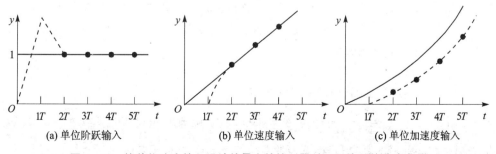

(a) 单位阶跃输入　　　　　(b) 单位速度输入　　　　　(c) 单位加速度输入

图 3-15　按单位速度输入设计的最小拍控制器对不同输入的响应曲线

由上述分析可知,按照某种典型输入设计的最小拍系统的输入函数改变时,输出响应不理想,说明最小拍系统对输入信号的变化适应性较差。

(3) 根据物理可实现性和稳定性设计最少拍数字控制器 $D(z)$

设计最少拍控制器 $D(z)$ 时,除了要求满足快速性和准确性的要求外,同时还必须满足物理可实现性和稳定性要求,否则设计出来的最少拍数字控制器 $D(z)$ 毫无意义。

$D(z)$ 的物理可实现条件是:$D(z)$ 的幂级数展开式中不能含有正幂次项 z^d。

若被控对象 $G_p(s)$ 包含纯滞后环节 $e^{-\tau s}$ 项,则 $G(z)$ 中一定包含 z^{-d} 项。由 $D(z)=\dfrac{\Phi(z)}{G(z)[1-\Phi(z)]}$ 可以看出,如果 $G(z)$ 中包含 z^{-d} 项,那么 $D(z)$ 中一定包含 z^d 项,此时 $D(z)$ 是物理不可实现的。若想抵消 $G(z)$ 中的 z^{-d},就必须使 $\Phi(z)$ 包含 z^d 项,这样就可以保证 $D(z)$ 是物理可实现的。

稳定性包括最少拍数字控制器 $D(z)$ 的稳定性和闭环控制系统的稳定性。

由式 $D(z)=\dfrac{\Phi(z)}{G(z)[1-\Phi(z)]}$ 可以看出,要想保证最少拍数字控制器 $D(z)$ 是稳定的,只有广义对象的脉冲传递函数 $G(z)$ 不含有单位圆上和圆外的零点。

由式 $\Phi(z)=\dfrac{D(z)G(z)}{1+D(z)G(z)}$ 可以看出,要想保证闭环控制系统是稳定的,只有广义对象的脉冲传递函数 $G(z)$ 是稳定的(即在 z 平面不含有单位圆上和圆外的极点)。由于 $D(z)$ 和 $G(z)$ 总是成对出现的,那么能否允许它们的零点、极点互相对消呢?答案是不行的。这是因为,简单地利用 $D(z)$ 的零点去对消 $G(z)$ 的不稳定极点,虽然从理论上可以得到一个稳定的闭环系统,但这种稳定是建立在零极点完全对消的基础上。当系统的参数产生漂移,或辨识的参数有误差时,这种零极点对消不可能准确实现,从而将引起闭环系统不稳定。

所以要想保证稳定性要求,对广义对象的脉冲传递函数 $G(z)$ 的要求是,在 z 平面上不含有单位圆上和圆外的零点,且不含有单位圆上和圆外的极点。

如果被控对象 $G_p(s)$ 不含有纯滞后环节,且广义对象的脉冲传递函数 $G(z)$ 满足上面的稳定性要求的话,那么就可以按照只考虑快速性和准确性的方法来设计最少拍数字控制器 $D(z)$。如果 $G(z)$ 不满足上面的稳定性要求的话,就要求在选择 $G_e(z)$ 和 $\Phi(z)$ 时必须加约束条件,这个约束条件称为稳定条件。那么,加什么样的约束条件才能满足稳定性的要求呢?

由 $\Phi(z)=D(z)G(z)G_e(z)$ 可以看出,$G(z)$ 的不稳定极点可以由 $G_e(z)$ 抵消掉,即让 $G_e(z)$ 的零点包含 $G(z)$ 的不稳定极点。

由 $D(z)=\dfrac{\Phi(z)}{G(z)[1-\Phi(z)]}$ 可以看出,$G(z)$ 的单位圆上和圆外的零点可以由 $\Phi(z)$ 抵消掉,即让 $\Phi(z)$ 的零点包含 $G(z)$ 的单位圆上和圆外的零点。

所以,这个约束条件就是:使 $G_e(z)$ 的零点包含 $G(z)$ 的不稳定极点,且使 $\Phi(z)$ 的

零点包含 $G(z)$ 的单位圆上和圆外的零点。

具体设计方法如下:

设 $G(z)$ 含有纯滞后环节 z^{-d} (在 $G_p(s)$ 中含有 $e^{-\tau s}$ 项时,$G(z)$ 中就含有纯滞后环节);u 个单位圆上或圆外的零点 $b_1, b_2, \cdots, b_u$;v 个单位圆上或圆外的极点 $a_1, a_2, \cdots, a_v$,其中有 j 个单位圆上极点;$G'(z)$ 是 $G(z)$ 不含有单位圆上或圆外的零极点部分,则 $G(z)$ 可以写成如下形式

$$G(z) = \frac{z^{-d}\prod_{i=1}^{u}(1-b_i z^{-1})}{\prod_{i=1}^{v}(1-a_i z^{-1})}G'(z) = \frac{z^{-d}\prod_{i=1}^{u}(1-b_i z^{-1})}{\prod_{i=1}^{v-j}(1-a_i z^{-1})(1-z^{-1})^j}G'(z) \quad (3-39)$$

为了满足稳定性要求,构造 $G_e(z)$ 时,应使 $G_e(z)$ 的零点包含 $G(z)$ 的不稳定极点,即

$$G_e(z) = \prod_{i=1}^{v-j}(1-a_i z^{-1})(1-z^{-1})^j F_1(z) \quad (3-40)$$

式中:$F_1(z) = 1 + f_1 z^{-1} + f_2 z^{-2} + \cdots + f_p z^{-p}$。

根据 Z 变换的终值定理,系统的稳态偏差为

$$e(\infty) = \lim_{t \to \infty} e(t) = \lim_{z \to 1}(1-z^{-1})E(z) = \lim_{z \to 1}(1-z^{-1})G_e(z)R(z) =$$
$$\lim_{z \to 1}(1-z^{-1})G_e(z)\frac{A(z)}{(1-z^{-1})^m}$$

若还想保证准确性,则应使稳态偏差为零,所以 $G_e(z)$ 至少要包含 $(1-z^{-1})^m$ 项。

① 若 $j > m$,则 $G_e(z) = \prod_{i=1}^{v-j}(1-a_i z^{-1})(1-z^{-1})^j F_1(z)$,且 $G_e(z)$ 的阶数为 $v+p$。

② 若 $j \leqslant m$,则 $G_e(z) = \prod_{i=1}^{v-j}(1-a_i z^{-1})(1-z^{-1})^m F_1(z)$,且 $G_e(z)$ 的阶数为 $v-j+m+p$。

为了满足物理可实现性和稳定性要求,构造 $\Phi(z)$ 时,应使 $\Phi(z)$ 的零点包含 $G(z)$ 的单位圆上和圆外的零点,并且包含纯滞后环节 z^{-d},即

$$\Phi(z) = z^{-d}\prod_{i=1}^{u}(1-b_i z^{-1})F'_1(z) \quad (3-41)$$

因为 $\Phi(z) = 1 - G_e(z)$,所以 $F'_1(z)$ 的首项不是 1,即 $F'_1(z) = f'_1 z^{-1} + f'_2 z^{-2} + \cdots + f'_q z^{-q}$,所以 $\Phi(z)$ 的阶数为 $d+u+q$。

如果 $F_1(z)$ 和 $F'_1(z)$ 可以确定,那么 $G_e(z)$ 和 $\Phi(z)$ 就可以确定,则 $D(z)$ 就可求。所以剩下的问题就是确定 $F_1(z)$ 和 $F'_1(z)$ 的阶数和系数。

由于设计的是最少拍控制器,所以要求满足快速性,因此 $G_e(z)$ 的阶数应为最低。又因为 $\Phi(z) = 1 - G_e(z)$,所以 $G_e(z)$ 和 $\Phi(z)$ 的阶数还应该相等,可以通过逐项比较系数来确定 $f_1, f_2, \cdots, f_p$ 和 $f'_1, f'_2, \cdots, f'_q$。

[例 3 - 2] 若已知 $G_p(s)$ 不含有 $e^{-\tau s}$,变换后的 $G(z) = \dfrac{z^{-1}(1+1.4815z^{-1})(1+0.053z^{-1})}{(1-z^{-1})(1-0.6065z^{-1})(1-0.0067z^{-1})}$,系统输入为单位阶跃输入,试确定满足

最少拍要求的 $G_e(z)$ 和 $\Phi(z)$。

解：由 $G_P(s)$ 可知，系统对象不含纯滞后环节，所以 $d=0$。由 $G(z)$ 可知，$G(z)$ 含有 1 个单位圆外的零点，所以 $u=1$；$G(z)$ 含有 1 个单位圆上或圆外的极点，即 $v=1$，且一个极点在单位圆上，即 $j=1$；由于是单位阶跃输入，所以 $m=1$。

因为 $j=m$，所以 $G_e(z)$ 的阶数为 $v+p$，而 $\Phi(z)$ 的阶数为 $d+u+q$。又因为 $\Phi(z)=1-G_e(z)$，所以 $G_e(z)$ 和 $\Phi(z)$ 的阶数应该相等，即 $v+p=d+u+q$，所以 $p=d+u=1, q=v=1$。由此可以确定 $F_1(z)=1+f_1z^{-1}$，$F'_1(z)=f'_1z^{-1}$。

所以对于单位阶跃输入来说，选择

$$G_e(z) = \prod_{i=1}^{v-j}(1-a_iz^{-1})(1-z^{-1})^m F_1(z) = (1-z^{-1})(1+f_1z^{-1}) = 1+(f_1-1)z^{-1}-f_1z^{-2}$$

$$\Phi(z) = z^{-d}\prod_{i=1}^{u}(1-b_iz^{-1})F'_1(z) = (1+1.4815z^{-1})F'_1(z) = (1+1.4815z^{-1})f'_1z^{-1}$$

由于 $\Phi(z)=1-G_e(z)=-(f_1-1)z^{-1}+f_1z^{-2}$，通过比较 $\Phi(z)$ 的系数可以得到两个方程

$$\begin{cases} -(f_1-1) = f'_1 \\ f_1 = 1.4815f'_1 \end{cases}$$

解得 $f_1=0.597, f'_1=0.403$。

所以，$F_1(z)=1+f_1z^{-1}=1+0.597z^{-1}$，$F'_1(z)=f'_1z^{-1}=04.03z^{-1}$。

$G_e(z) = (1-z^{-1})F_1(z) = (1-z^{-1})(1+f_1z^{-1}) = (1-z^{-1})(1+0.597z^{-1})$

$\Phi(z) = (1+1.4815z^{-1})F'_1(z) = (1+1.4815z^{-1})f'_1z^{-1} = 0.403z^{-1}(1+1.4815z^{-1})$

[例 3-3] 数字控制系统如图 3-14 所示，对象的传递函数 $G_P(s)=\dfrac{1}{s(s+1)}$，采样周期 $T=1$ s，系统输入为单位速度输入，试设计最少拍有波纹控制器 $D(z)$，并画出数字控制器和系统输出波形。

解：广义对象传递函数为

$$G(z) = Z\left[\frac{1-e^{-Ts}}{s}\frac{1}{s(s+1)}\right] = (1-z^{-1})Z\left[\frac{1}{s^2(s+1)}\right] =$$

$$(1-z^{-1})Z\left[\frac{1}{s^2}-\frac{1}{s}+\frac{1}{s+1}\right] =$$

$$(1-z^{-1})\left[\frac{Tz^{-1}}{(1-z^{-1})^2}-\frac{1}{(1-z^{-1})}+\frac{1}{(1-e^{-T}z^{-1})}\right] =$$

$$\frac{0.368z^{-1}+0.264z^{-2}}{(1-z^{-1})(1-0.368z^{-1})} = \frac{0.368z^{-1}(1+0.717z^{-1})}{(1-z^{-1})(1-0.368z^{-1})}$$

由 $G_P(s)$ 可知，系统对象不含纯滞后环节，所以 $d=0$。由 $G(z)$ 可知，$G(z)$ 不含有单位圆上和圆外的零点，即 $u=0$；$G(z)$ 含有一个单位圆上或圆外的极点，即 $v=1$，且一个极点在单位圆上，即 $j=1$；由于是单位速度输入，所以 $m=2$。

因为 $j<m$，所以 $G_e(z)$ 的阶数为 $v-j+m+p$，而 $\Phi(z)$ 的阶数为 $d+u+q$。又因

为 $\Phi(z)=1-G_e(z)$,所以 $G_e(z)$ 和 $\Phi(z)$ 的阶数应该相等,即 $v-j+m+p=d+u+q$,所以 $p=d+u=0, q=v-j+m=2$。由此可以确定 $F_1(z)=1, F_1'(z)=f_1'z^{-1}+f_2'z^{-2}$。

所以对于单位速度输入来说,选择

$$G_e(z) = \prod_{i=1}^{v-j}(1-a_iz^{-1})(1-z^{-1})^m F_1(z) = (1-z^{-1})^2$$

$$\Phi(z) = z^{-d}\prod_{i=1}^{u}(1-b_iz^{-1})F_1'(z) = F_1'(z) = f_1'z^{-1}+f_2'z^{-2}$$

由于 $\Phi(z)=1-G_e(z)=1-(1-z^{-1})^2=2z^{-1}-z^{-2}$,通过比较系数可以确定 $f_1'=2, f_2'=-1$。所以 $F_1'(z)=2z^{-1}-z^{-2}$,即 $\Phi(z)=2z^{-1}-z^{-2}$。因此

$$D(z) = \frac{\Phi(z)}{G(z)G_e(z)} = \frac{5.435(1-0.5z^{-1})(1-0.368z^{-1})}{(1-z^{-1})(1+0.717z^{-1})}$$

检验

$$E(z) = G_e(z)R(z) = (1-z^{-1})^2\frac{Tz^{-1}}{(1-z^{-1})^2} = z^{-1}$$

所以,$e(0)=0, e(T)=T, e(2T)=e(3T)=\cdots=0$,这说明经过两拍后,偏差采样值达到并保持为零,这时过渡过程为两拍。

系统输出为

$$Y(z) = R(z)\Phi(z) = \frac{Tz}{(1-z^{-1})^2}(2z^{-1}-z^{-2}) = 2z^{-2}+3z^{-3}+4z^{-4}+\cdots$$

$$U(z) = E(z)D(z) = z^{-1}\frac{5.435(1-0.5z^{-1})(1-0.368z^{-1})}{(1-z^{-1})(1+0.717z^{-1})} =$$
$$5.4z^{-1}-3.2z^{-2}+4.0z^{-3}-1.2z^{-4}+2.0z^{-5}+\cdots$$

数字控制器和系统输出波形如图 3-16 所示。由图 3-16(b)可以看出,系统输出在采样点上无误差,而在采样点之间存在误差,既有波纹。

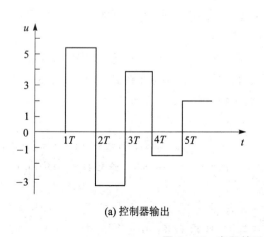
(a) 控制器输出

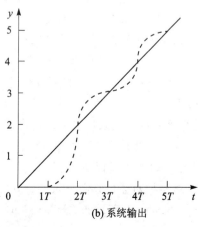
(b) 系统输出

图 3-16 有限拍系统输出序列波形

值得注意的是：若 $G(z)$ 只含有单位圆上的极点（即 $v=j$），且极点个数 $j\leqslant m$ 的话，$G_e(z)$ 的选择就和前面只考虑快速性和准确性的方法一样，即 $G_e(z)=(1-z^{-1})^m F_1(z)$。若 $G(z)$ 也不含有单位圆上和圆外的零点，而且也不包含纯滞后环节 z^{-d} 的话，$\Phi(z)$ 的选择也和前面只考虑快速性和准确性的方法一样，即只要求 $\Phi(z)$ 满足 $\Phi(z)=1-G_e(z)$ 即可。

观察[例 3-3]中的 $G(z)$。$G(z)$ 只含有 1 个单位圆上的极点，所以 $j=1$。因为系统输入为单位速度输入，所以 $m=2$。满足极点个数 $j<m$。同时 $G(z)$ 也不含有单位圆上和圆外的零点，而且也不包含纯滞后环节 z^{-d}，所以[例 3-3]也可以按前面只考虑快速性和准确性的方法来设计，具体如下：

广义对象传递函数为

$$G(z) = Z\left[\frac{1-e^{-Ts}}{s}\frac{1}{s(s+1)}\right] = (1-z^{-1})Z\left[\frac{1}{s^2(s+1)}\right] =$$

$$(1-z^{-1})Z\left[\frac{1}{s^2} - \frac{1}{s} + \frac{1}{s+1}\right] =$$

$$(1-z^{-1})\left[\frac{Tz^{-1}}{(1-z^{-1})^2} - \frac{1}{(1-z^{-1})} + \frac{1}{(1-e^{-T}z^{-1})}\right] =$$

$$\frac{0.368z^{-1} + 0.264z^{-2}}{(1-z^{-1})(1-0.368z^{-1})} = \frac{0.368z^{-1}(1+0.717z^{-1})}{(1-z^{-1})(1-0.368z^{-1})}$$

因为系统输入为单位速度输入，所以 $m=2$，根据 m 值可直接得到

$$G_e(z) = (1-z^{-1})^2, \Phi(z) = 1 - G_e(z) = 2z^{-1} - z^{-2}$$

所以有

$$D(z) = \frac{\Phi(z)}{G(z)G_e(z)} = \frac{5.435(1-0.5z^{-1})(1-0.368z^{-1})}{(1-z^{-1})(1+0.717z^{-1})}$$

由此可以看出，两种解法所得结果一致。

(4) 最少拍无波纹控制器设计

有限拍无波纹设计的要求是：在典型的输入作用下，经过尽可能少的采样周期后，系统输出跟踪上输入，且采样点之间没有波纹。

① 波纹产生的原因 由[例 3-3]可知，系统经过两拍后输出便跟踪输入，即在采样点上无稳态误差。而控制量在两拍后并未进入稳态，而是在不停地波动，如图 3-16(a)所示。这个波动的控制量作用在保持器的输入端，保持器的输出也必然波动，于是系统的输出在采样点之间也出现了波纹，如图 3-16(b)所示。

② 消除波纹的附加条件 由上面分析可知，产生波纹的原因是偏差为零时，控制量 $u(k)$ 并不是恒值（常数或零）。但是当控制量 $u(k)$ 为恒值时，要想让输出跟踪输入，对被控对象也是有要求的，即

● 对于阶跃输入，当 $t\geqslant nT$ 时，$y(t)=$ 常数；

● 对于速度输入，当 $t\geqslant nT$ 时，$\dot{y}(t)=$ 常数，要求 $G_P(s)$ 中必须至少含有一个积分环节；

第 3 章 控制技术

- 对于加速度输入,当 $t \geqslant nT$ 时,$\ddot{y}(t)=$ 常数,要求 $G_P(s)$ 中必须至少含有两个积分环节。

被控对象只有满足上面的要求,才能进行有限拍无波纹设计。

根据 $U(z) = \dfrac{R(z)\Phi(z)}{G(z)}$ 可知,要使稳态时控制信号 $u(k)$ 恒值,$\dfrac{\Phi(z)}{G(z)}$ 应为有限项,即 $\dfrac{\Phi(z)}{G(z)}$ 能够整除,这就要求 $\Phi(z)$ 应包含 $G(z)$ 的全部零点(包括单位圆内的、单位圆上的和单位圆外的零点)以及纯滞后环节 z^{-d}。那么,在确定的典型输入作用下经过有限拍以后,$U(z)$ 达到相对稳定,从而保证系统输出无波纹。

因此,使 $\Phi(z)$ 包含 $G(z)$ 单位圆内的零点,就是消除波纹的附加条件,也是有波纹和无波纹设计的唯一区别。而 $G_e(z)$ 的选择方法与前面有波纹的一样。

确定最少拍(有限拍)无波纹 $\Phi(z)$ 的方法如下:

- 先按有波纹设计方法确定 $\Phi(z)$;
- 再按无波纹附加条件确定 $\Phi(z)$。

③ 最少拍无波纹数字控制器 $D(z)$ 的设计方法

- 检验被控对象是否有足够的积分环节;
- 按有波纹的方法选择 $G_e(z)$;
- 先按有波纹设计方法确定 $\Phi(z)$,再按无波纹附加条件确定 $\Phi(z)$;
- 确定 $F_1(z)$ 和 $F_1'(z)$ 的阶数和系数。

确定原则:使 $G_e(z)$ 和 $\Phi(z)$ 的阶数相等,且具有最低次幂。

[例 3-4] 已知条件与[例 3-3]相同,试设计无波纹数字控制器 $D(z)$,并检查 $U(z)$。

解:由于是典型速度输入,所以要求被控对象至少含有 1 个积分环节。观察被控对象可以看出,它满足积分环节的要求。

广义对象的脉冲传递函数为

$$G(z) = \frac{0.368 z^{-1}(1+0.717 z^{-1})}{(1-z^{-1})(1-0.368 z^{-1})}$$

由于系统对象不含纯滞后环节,所以 $d=0$。由 $G(z)$ 可知,$G(z)$ 含有 1 个零点,即 $w=1$;$G(z)$ 含有一个单位圆上或圆外的极点,即 $v=1$,且一个极点在单位圆上,即 $j=1$。由于是单位速度输入,所以 $m=2$。

因为 $j<m$,所以 $G_e(z)$ 的阶数为 $v-j+m+p$,而 $\Phi(z)$ 的阶数为 $d+w+q$。又因为 $\Phi(z)=1-G_e(z)$,所以 $G_e(z)$ 和 $\Phi(z)$ 的阶数应该相等,即 $v-j+m+p=d+w+q$,所以 $p=d+w=0+1=1$,$q=v-j+m=1-1+2=2$。由此可以确定 $F_1(z)=1+f_1 z^{-1}$,$F_1'(z)=f_1' z^{-1}+f_2' z^{-2}$。

对于单位速度输入来说,选择 $G_e(z) = \prod\limits_{i=1}^{v-j}(1-a_i z^{-1})(1-z^{-1})^m F_1(z) =$

$(1-z^{-1})^2(1+f_1z^{-1}), \Phi(z) = z^{-d}\prod_{i=1}^{u}(1-b_iz^{-1})F'_1(z) = (1+0.717z^{-1})F'_1(z) =$
$(1+0.717z^{-1})(f'_1z^{-1}+f'_2z^{-2})$。

利用 $\Phi(z)=1-G_e(z)$，可求得 $f_1 = 0.592, f'_1 = 1.408, f'_2 = -0.826$，则有

$$G_e(z) = (1-z^{-1})^2(1+f_1z^{-1}) = (1-z^{-1})^2(1+0.592z^{-1})$$

$$\Phi(z) = (1+0.717z^{-1})(f'_1z^{-1}+f'_2z^{-2}) = (1+0.717z^{-1})(1.408z^{-1}-0.826z^{-2})$$

$$D(z) = \frac{\Phi(z)}{G(z)G_e(z)} = \frac{0.383(1-0.368z^{-1})(1-0.587z^{-1})}{(1-z^{-1})(1+0.592z^{-1})}$$

$$U(z) = E(z)D(z) = 0.38z^{-1}+0.02z^{-2}+0.10z^{-3}+0.10z^{-4}+\cdots$$

由此可知，经过三拍后，$u(k)$恒定，因此输出量稳定在稳态值，而不会有波纹了。无波纹比有波纹设计的调节时间延长了一拍，也就是说无波纹是靠牺牲时间来换取的，如图3-17所示。

有限拍无波纹设计能消除系统采样点之间的波纹，而且在一定程度上减少了能量控制，降低了对参数的灵敏度。但它仍然是针对某一特定输入设计的，对其他输入的适应性仍然不好。

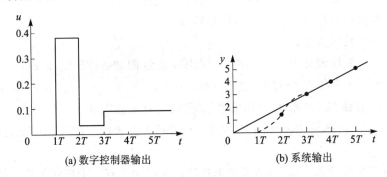

(a) 数字控制器输出　　(b) 系统输出

图3-17　无波纹系统输出序列波形

3.3　模糊控制技术

模糊控制在一定程度上模仿了人的控制。它不需要知道对象的数学模型，而是建立在人工经验的基础上，可以对具有复杂任务和要求的系统进行控制。实践表明，模糊控制有以下几个特点：

① 不需知道被控对象的数学模型；
② 易于实现对具有不确定性对象和有强非线性对象进行控制；
③ 对被控对象特性参数变化具有较强的鲁棒性；
④ 对控制系统的干扰具有较强的抑制能力。

3.3.1 模糊控制的预备知识

1. 模糊集合定义

在讨论模糊集合之前,需先回顾一下经典集合的概念。集合是指具有共同特征群体的称谓,通常用大写字母表示,如 A。集合中的个体称为元素,通常用小写字母表示,如 u。在经典集合中,一个事物要么属于这个集合,要么不属于这个集合,两者必有其一。也就是说,经典集合具有明确的边界,如大于 5.7 的实数构成的集合可以表示为

$$A = \{u \mid u > 5.7\}$$

式中,集合 A 的边界是明确的,即 5.7,大于 5.7 就属于这个集合,否则就不属于这个集合。

精确集合不能完全反映人的思维方法和概念。人们在表达某一事物或对象时,往往是抽象的和不精确的,没有明确的边界。比如说个高或个矮,高矮之间没有精确的界限。再有温度的高与低,速度的快与慢等都具有这样的模糊特性。那么如何描述这些模糊概念呢?美国教授扎德(L. A. Zadeh)于 1965 年提出了模糊集合的概念。

模糊集合的定义为:给定论域 U 中的一个模糊集 A,是指对任意 $u \in U$,都为其指定一个数 $\mu_A(u) \in [0,1]$ 与之对应,这个数称为 u 对 A 的隶属度。这意味着存在一个映射

$$\mu_A : U \to [0,1]$$
$$u \to \mu_A(u)$$

μ_A 这个映射称为 A 的隶属函数。模糊集 A 就是以这个隶属函数为特征的集合。论域 U 表示被研究对象的全体。$\mu_A(u)$ 为 u 对 A 的隶属度,$\mu_A(u)$ 越接近 1,表示 u 属于 A 的程度越高,$\mu_A(u)$ 越接近 0,表示 u 属于 A 的程度越低。论域 U 中所有元素对于模糊集合 A 的隶属度的全体构成模糊集合 A 的隶属度函数 μ_A。

例如年龄论域 $U=\{5,25,50,70,85\}$,在论域 U 上定义一个模糊集合 A 表示"年老",则它的隶属函数为

$$\mu_A : U \to [0,1]$$
$$5 \to 0.01 \quad 25 \to 0.15 \quad 50 \to 0.5 \quad 70 \to 0.9 \quad 85 \to 1.0$$

结果表明年龄 5、25、50、70、85 属于"年老"的隶属度分别为 0.01、0.15、0.5、0.9、1.0,即年龄 5 属于 A 的程度最低,年龄 85 属于 A 的程度最高。

2. 模糊集合表示

(1) Zadeh 表示法(或称扎德表示法)

设论域 U 为离散有限集 $U=\{u_1,u_2,\cdots,u_n\}$,A 为 U 上的一个模糊集,即 $A \in F(U)$($F(U)$ 表示论域 U 上模糊子集的全体),论域中的任一元素 $u_i(i=1,2,\cdots,n)$,对模糊集合 A 的隶属度为 $\mu_A(u_i)(i=1,2,\cdots,n)$,则模糊集合 A 表示为

$$A = \frac{\mu_A(u_1)}{u_1} + \frac{\mu_A(u_2)}{u_2} + \cdots + \frac{\mu_A(u_n)}{u_n}$$

其含义是:分母表示元素名称,分子表示该元素属于模糊集合的隶属度。当隶属度为 0 时,该项可以省略。

注意:式中的每项分式也不是表示相除,而是元素 u_i 对于模糊集合 A 的隶属度与元素 u_i 的对应关系;式中的"+"号并不是求和,而表示列举。

如上例中的模糊集"年老"A 可表示如下

$$A = \frac{0.01}{5} + \frac{0.15}{25} + \frac{0.5}{50} + \frac{0.9}{70} + \frac{1.0}{85}$$

若论域 U 为连续有限域时,按 Zadeh 表示法则有

$$A = \int_U \frac{\mu_A(u)}{u}$$

注意:这里的"$\int$"符号不表示"求积"运算,而表示连续域 U 上的元素 u 与隶属度 $\mu_A(u)$ 一一对应关系的总体集合。

(2) 序偶表示法

此法用一个二维有序对来表示,有序对中的第一项表示论域中的元素,第二项表示该元素对模糊集的隶属度,即模糊集合 $A = \{(u_1, \mu_A(u_1)), (u_2, \mu_A(u_2)), \cdots, (u_n, \mu_A(u_n))\}$。

如上例中的模糊集"年老"A 用序偶法可表示如下

$$A = \{(5, 0.01), (25, 0.15), (50, 0.5), (70, 0.9), (80, 1.0)\}$$

(3) 矢量表示法

将有限论域 U 中的元素 $u_i(i=1,2,\cdots,n)$ 所对应的隶属度值 $\mu_A(u_i)$ 按序写成矢量形式来表示模糊集合 $A = (\mu_A(u_1), \mu_A(u_2), \cdots \mu_A(u_n))$,式中向量的顺序不能颠倒,隶属度为零的项也不能省略。如上例中的模糊集"年老"A 用矢量法可表示如下

$$A = (0.01, \ 0.15, \ 0.5, \ 0.9, \ 1.0)$$

(4) 函数描述法

根据模糊集合的定义,论域 U 上的模糊子集 A 可以用隶属度函数 $\mu_A(u)$ 来表示。

例如,以年龄作为论域,取 $U=[0,150]$,Zadeh 给出了年老 O 和年轻 Y 两个模糊集的隶属度函数式,分别为

$$\mu_O(u) = \begin{cases} 0 & 0 \leqslant u \leqslant 50 \\ \left[1 + \left(\frac{e-50}{5}\right)^{-2}\right]^{-1} & 50 < u \leqslant 150 \end{cases}$$

$$\mu_Y(u) = \begin{cases} 1 & 0 \leqslant u \leqslant 25 \\ \left[1 + \left(\frac{e-25}{5}\right)^{2}\right]^{-1} & 25 < u \leqslant 150 \end{cases}$$

采用连续有限域的 Zadeh 表示法，年老 O 和年轻 Y 两个模糊子集可分别表示为

$$O = \int_{0 \leqslant u \leqslant 50} \frac{0}{u} + \int_{50 < u \leqslant 150} \frac{\left[1 + \left(\frac{e-50}{5}\right)^{-2}\right]^{-1}}{u}$$

$$Y = \int_{0 \leqslant u \leqslant 25} \frac{0}{u} + \int_{25 < u \leqslant 150} \frac{\left[1 + \left(\frac{e-25}{5}\right)^{2}\right]^{-1}}{u}$$

3. 模糊集合的运算

两个模糊集合的运算，实际上是逐点将两者的隶属度进行相应的运算。设 A、$B \in F(U)$。

① 相等　隶属函数完全相等的两个模糊集合定义为相等，即对任意 $u \in U$，都有 $\mu_A(u) = \mu_B(u)$，则模糊集 A 与 B 相等，记为 $A = B$。

② 包含　对任意 $u \in U$，都有 $\mu_A(u) \geqslant \mu_B(u)$，则称模糊集 A 包含模糊集 B，记为 $A \supseteq B$。

③ 并　模糊集 A 与 B 的并集 $A \cup B$ 的隶属函数定义为：$\mu_{A \cup B}(u) = \mu_A(u) \vee \mu_B(u)$，式中的符号"$\vee$"为取极大值运算。

④ 交　模糊集 A 与 B 的交集 $A \cap B$ 的隶属函数定义为：$\mu_{A \cap B}(u) = \mu_A(u) \wedge \mu_B(u)$，式中的符号"$\wedge$"为取极小值运算。

⑤ 补　模糊集 A 的补集 $\overline{A}$（或 A^c）定义为：$\mu_{\overline{A}}(u) = 1 - \mu_A(u)$，记为 $\overline{A} = U - A$。

4. 模糊关系和模糊关系矩阵

客观世界中的各种事物之间一般都存在某种联系，而描述事物间联系的数学模型之一就是"关系"。模糊关系一般不考虑关系的有无，而是考虑关系的程度。例如，家庭成员的"相像关系"，这时就很难绝对地说"像"或"不像"，只能评论他们的"相像程度"。再比如，师生之间的友好关系，也不能绝对地说"好"或"不好"，只能评论他们的"友好程度"。模糊关系的定义为设 U、V 是两个论域，由 U、V 作出一个新的论域 $U \times V$，$U \times V$ 上的一个模糊子集 $R \in F(U \times V)$ 称为 U 与 V 之间的模糊关系，又称二元模糊关系，其特性可用隶属度函数来描述：

$$\mu_R : U \times V \to [0,1]$$
$$(u,v) \to \mu_R(u,v)$$

式中，$\mu_R(u,v)$ 称为 u 与 v 关于 R 的关系程度。当论域 $U = V$ 时，称 R 为 U 上的模糊关系。当论域为 n 个集合 U_i 的直积 $U_1 \times U_2 \times \cdots \times U_n$ 时，它们所对应的模糊关系 R 称为 n 元模糊关系。

例如，有一组学生 $U = \{甲,乙,丙\}$，它们可以选学 $V = \{英,法,韩,日\}$ 中的任几门。他们的考试成绩如表 3-4 所列。

若把他们的成绩除以 100，表示他们对该门课"掌握"的程度，记作 $\mu_R(u,v)$，则得 U 与 V 之间的模糊关系 R 如表 3-5 所列。

表 3-4 学习成绩

学　生	语　种	成　绩
甲	日文	80
甲	法文	64
乙	英文	93
丙	韩文	85
丙	英文	90

表 3-5 μ_R 与语种之关系

$\mu_R(u,v)$	英 文	法 文	韩 文	日 文
甲	0	0.64	0	0.8
乙	0.93	0	0	0
丙	0.9	0	0.85	0

模糊关系可以用模糊关系矩阵表示,对于矩阵的每个元素 r_{ij},有 $0 \leqslant r_{ij} \leqslant 1$。若令 U 为 m 个元素组成的集合,V 为 n 个元素组成的集合,则 U 与 V 之间的模糊关系 R 表示为

$$R = \begin{bmatrix} r_{11} & r_{12} & \cdots & r_{1n} \\ r_{21} & r_{22} & \cdots & r_{2n} \\ \vdots & & \vdots & \\ r_{m1} & r_{m2} & \cdots & r_{mn} \end{bmatrix} = (r_{ij})_{m \times n}$$

式中,$r_{ij} = \mu_R(u,v), u \in U, v \in V$。

上例中学生对课程掌握程度的模糊关系 R 可以表示为

$$R = \begin{bmatrix} 0 & 0.64 & 0 & 0.8 \\ 0.93 & 0 & 0 & 0 \\ 0.9 & 0 & 0.85 & 0 \end{bmatrix}$$

模糊关系除了可以用模糊关系矩阵表示,还可以用模糊图和模糊集表示法表示。

模糊图表示法是采用做图的方法表示模糊关系。上例中学生对课程掌握程度的模糊关系 R 采用做图的方法进行表示,如图 3-18 所示。

当 $U \times V$ 为连续有限域时,二元模糊

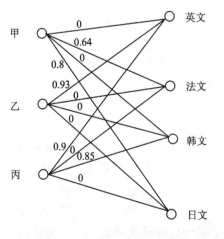

图 3-18 学生对课程掌握程度的模糊关系图

关系 R 的模糊集表示法为

$$R = \int_{U \times V} \mu_R(u,v)/(u,v) \quad u \in U, v \in V$$

模糊关系是一种特殊的模糊集。因此对模糊关系同样具有相等、包含、以及并、交、补运算等。另外,由于模糊关系的特殊性,它还具有合成运算。下面主要介绍一下模糊关系的合成运算。

设 R 和 S 为 U 上的两个模糊关系,分别表示为

$$R = \begin{bmatrix} r_{11} & r_{12} & \cdots & r_{1n} \\ r_{21} & r_{22} & \cdots & r_{2n} \\ \vdots & & & \vdots \\ r_{n1} & r_{n2} & \cdots & r_{nn} \end{bmatrix} = (r_{ij})_{n \times n} \quad S = \begin{bmatrix} s_{11} & s_{12} & \cdots & s_{1n} \\ s_{21} & s_{22} & \cdots & s_{2n} \\ \vdots & & & \vdots \\ s_{n1} & s_{n2} & \cdots & s_{nn} \end{bmatrix} = (s_{ij})_{n \times n}$$

R 与 S 的合成,表示为 $R \circ S$,则 $R \circ S = (q_{ij})_{n \times n}$。

式中,$q_{ij} = \bigvee_{k}(r_{ik} \wedge s_{kj}) = (r_{i1} \wedge s_{1j}) \vee (r_{i2} \wedge s_{2j}) \vee \cdots \vee (r_{in} \wedge s_{nj})$,$(i = 1, 2, \cdots, n; j = 1, 2, \cdots, n)$,"$\vee$"为取极大值运算,"$\wedge$"为取极小值运算。这种合成关系即为最大值—最小值合成(max - min composition)。

注意:对于模糊关系的合成运算,不要求 R 和 S 的矩阵具有相同的行数和相同的列数,只要求 R 矩阵的列数与 S 的行数相等。模糊关系的合成是多种多样的,因使用的运算不同而有各种定义。

3.3.2 模糊控制系统的构成

模糊控制系统是一种自动控制系统,是以模糊数学、模糊语言形式的知识表示和模糊逻辑的规则推理为理论基础,采用计算机控制技术构成的一种具有反馈通道和闭环结构的数字控制系统。它的组成核心是具有智能性的模糊控制器,这也是它与其他控制系统的不同之处。模糊控制系统通常由模糊控制器、输入/输出接口、执行机构、被控对象和测量装置等五部分组成,如图 3-19 所示。

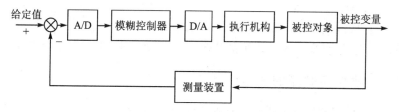

图 3-19 模糊控制系统

模糊控制器是模糊逻辑控制器的简称,其控制规则以模糊条件语句描述的语言控制规则为基础,因此又称为模糊语言控制器,它是控制系统的核心。模糊控制器的组成框图如图 3-20 所示,包含输入量模糊化接口、数据库、规则库、模糊推理和输出解模糊接口五个部分。

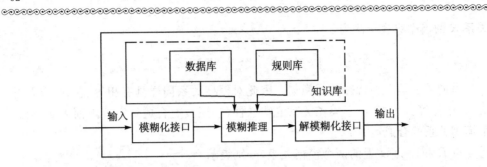

图 3-20 模糊控制器组成框图

1. 模糊化接口

模糊控制器的输入必须通过模糊化才能用于模糊控制输出的求解,实际上是模糊控制器的输入接口。它的主要作用是将真实的确定量输入转换成一个模糊矢量。

2. 数据库

数据库就是存放所有输入、输出变量的全部模糊子集的隶属度矢量值(即经过论域等级的离散化以后对应值的集合)。

3. 规则库

模糊控制器的规则是基于专家知识或手动操作熟练人员长期积累的经验,是按人的直觉推理的一种语言的形式。模糊规则通常由一系列的关系词连接而成,如if—then、else、also、end(或 or),关键词必须经过"翻译"才能将模糊规则数值化。规则库是用来存放全部模糊控制规则的,在推理时为"推理机"提供控制规则。

4. 模糊推理

模糊推理是模糊控制器的核心,它基于模糊概念,并用模糊逻辑中模糊蕴含和推理规则获得模糊控制作用,模拟人的决策过程。

5. 解模糊化接口

它的主要作用是将模糊推理所产生的控制量(模糊量)转化为实际用于控制的清晰量,包含以下两部分内容:

① 将模糊的控制量经解模糊化变换成清晰量;

② 将表示在语言变量论域范围的清晰量经尺度变换,变为实际的控制量。

3.3.3 模糊控制器的基本设计方法

一般而言,模糊控制器的设计主要有以下几个步骤:

① 模糊控制器的结构选择;

② 输入模糊化;

③ 模糊规则的选取和模糊推理;

④ 确定模糊控制器解模糊化方法;

⑤ 模糊控制器算法程序的编写。

1. 模糊控制器的结构选择

模糊控制器的结构选择就是确定模糊控制器的输入变量和输出变量。模糊控制系统中,通常把模糊控制器的输入个数称为模糊控制器的维数。

(1) 一维模糊控制器

一维模糊控制器的输入变量往往是被控变量和输入给定的偏差量 E。由于仅仅采用偏差值,很难反映受控过程的动态特性品质,因此,所能获得的系统动态特性是不能令人满意的。这种一维模糊控制器往往被用于一阶被控对象。

(2) 二维模糊控制器

二维模糊控制器的两个输入变量基本上都选用被控变量和输入给定的偏差量 E 和偏差变化 EC,由于它们能够较严格的反映受控过程中输出变量的动态特性,因此在控制效果上要比一维模糊控制器好得多,也是目前采用较广泛的一类模糊控制器。

(3) 三维模糊控制器

三维模糊控制器的三个输入变量分别选用系统偏差量 E、偏差变化 EC 和偏差变化的变化率 ECC。由于这类模糊控制器结构较复杂,推理运算时间长,除非对动态特性要求特别高的场合,一般较少选用三维模糊控制器。

2. 输入模糊化

输入模糊化就是把实际测得的精确量变成模糊量。在具体设计时,主要有以下几个步骤:

(1) 选择论域

在模糊控制系统中,变量的基本论域是实际系统中该变量的变化范围。以双输入单输出系统为例,设定误差的基本论域为 $[-|e_{max}|, |e_{max}|]$,误差变化的基本论域为 $[-|ec_{max}|, |ec_{max}|]$,控制量的变化范围为 $[-|u_{max}|, |u_{max}|]$。输入变量的基本论域可以通过实验或理论指导来确定,它在控制过程中往往是不变化的。但由于对被控对象缺乏先验知识,所以对偏差及偏差变化的基本论域只能进行初步选择,待系统调整时再进一步确定。

类似地,设误差的模糊论域为
$$E = \{-n_1, -(n_1-1)\cdots, 0, 1, \cdots, n_1-1, n_1\}$$
式中,n_1 是 $0\sim|e_{max}|$ 范围内连续变化的误差离散化(或量化)后分成的档数,是构成论域 E 的一个元素。

同样,误差变化的模糊论域为
$$EC = \{-n_2, -(n_2-1)\cdots, 0, 1, \cdots, n_2-1, n_2\}$$
控制量的模糊论域为
$$U = \{-m, -(m-1)\cdots, 0, 1, \cdots, (m-1), m\}$$

一般常取 $n_1 \geq 6, n_2 \geq 6, m \geq 6$,原因是语言变量的语言值多半选为七个或八个,这样能保障模糊论域中所含元素个数为模糊语言值的二倍以上,确保模糊集能较好地覆盖论域,避免出现失控现象。值得一提的是,论域的量化等级越细,控制精度就越高,但过细的量化等级将使控制算法复杂化,而且也没有必要。

(2) 确定比例因子和量化因子

在确定了变量的基本论域和模糊集论域后,量化因子和比例因子也就确定了。若用 α_e 和 α_{ec} 分别表示误差和误差变化的量化因子,α_u 表示控制量的比例因子,则有

$$\alpha_e = n_1/|e_{\max}|, \quad \alpha_{ec} = n_2/|ec_{\max}|, \quad \alpha_u = |u_{\max}|/m$$

α_e、α_{ec} 和 α_u 对模糊控制系统的动静态性能有较大的影响。一般来说,α_e 越大,系统的超调越大,过渡过程就越长;α_e 越小,系统变化越慢,稳态精度就会降低。α_{ec} 越大,系统输出变化率越小,系统变化越慢;α_{ec} 越小,系统反应加快,但超调变大。α_u 在系统上升和稳定阶段有不同的影响。在上升阶段,α_u 越大,上升越快,但也容易引起超调;α_u 越小,系统反应变慢。在稳定阶段,α_u 过大会引起振荡。

为改善模糊控制器的性能,常常需要根据系统的误差和误差变化等信息对控制器的参数进行在线修正。如果同时调整三个参数会使控制算法过于复杂,而调整 α_u 最终也能起到调整 α_e 和 α_{ec} 的作用。因此,常用的办法是离线整定 α_e 和 α_{ec},在线调整 α_u。

(3) 对输入的精确量进行量化

对输入的精确量进行量化是指将输入的精确量数值变换成模糊论域里的数值。若第 k 个采样时刻的实际误差大小为 $e(k)$,误差变化为 $ec(k)$,对其进行量化可得到其对应模糊论域中的两个数值

$$E(k) = \text{int}(\alpha_e e(k) + 0.5), \quad EC(k) = \text{int}(\alpha_{ec} ec(k) + 0.5)$$

式中:int 为取整运算符。

对于误差的基本论域为 $[a,b]$,误差的模糊论域为 $[-n,n]$ 的情况,对输入的精确量进行量化也可以按下式进行

$$E = \frac{2n}{b-a}\left(e - \frac{a+b}{2}\right)$$

若求得的 E 为小数,则可以就近取整。这样就可以将 $[a,b]$ 中的数值量化成 $[-n,n]$ 中的数值。

(4) 确定模糊语言变量的语言值

模糊控制器的语言变量是指其输入变量和输出变量,它们是以自然语言形式,而不是以数值形式给出的变量,因此有模糊之称。如模糊控制器中,通常将误差及误差变化作为输入语言变量,而将控制量的变化作为输出语言变量。

确定模糊语言变量的语言值时,首先要确定其基本语言值(或称为语言变量的元值)。例如,在描述误差的大小时,先确定语言变量的三个元值:"正","零","负"。如果需要的话,还可以生成"负大","负小","零","正小","正大"等。一般来说,一个语言变量的语言值越多,对事物的描述就越准确,可能得到的控制效果就越好。当然,过细的划分有可能使控制规则变得复杂。因此,应根据具体情况而定。通常情况下,

像误差和误差变化等语言变量的语言值一般取为{负大,负小,零,正小,正大}(记为{NB,NS,Z,PS,PB})5个语言值,或{负大,负中,负小,零,正小,正中,正大}(记为{NB,NM,NS,Z,PS,PM,PB})7个语言值,或{负大,负中,负小,负零,正零,正小,正中,正大}(记为{NB,NM,NS,NZ,PZ,PS,PM,PB})8个语言值。不管模糊语言值如何选取,有一点是肯定的,即所有语言值形成的模糊子集应构成该模糊变量的一个模糊划分。

(5) 确定语言值的隶属函数

模糊语言值实际上是一个模糊子集,而模糊子集最终是通过隶属函数来描述的。隶属函数可以通过总结操作者的操作经验或采用模糊统计方法来确定。语言值的隶属函数又称为语言值的语义规则,它有时以连续函数的形式出现,有时以离散的量化等级形式出现。应该说,连续的隶属函数和离散的量化等级各有自己的特色,连续的隶属函数描述比较准确,而离散的量化等级简洁直观。

常用的连续隶属函数有三角形型和高斯型(又称正态型)。

① 三角形型 这种隶属函数的形状和分布由三个参数表示,一般可描述为

$$\mu(x) = \begin{cases} (x-a)/(b-a) & 若 \quad a < x < b \\ (x-c)/(b-c) & 若 \quad b < x < c \end{cases}$$

隶属函数的形状和分布如图3-21所示。

② 高斯型 高斯型隶属函数是描述模糊子集一种比较合理的形式,这在概率统计中已得到某种体现。它用两个参数来描述,一般可描述为

$$\mu(x) = exp[-(x-c)^2/2\sigma^2]$$

隶属函数的形状和分布如图3-22所示。这种隶属函数特点是连续且点点可求导,比较适用于自适应、自学习模糊控制的隶属函数修正。

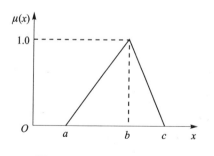

图3-21 三角形隶属函数

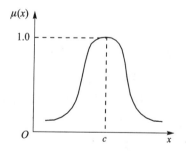

图3-22 高斯型隶属函数

隶属函数的选择对模糊控制性能有影响,一般来说,隶属函数的形状越陡,分辨率就越高,控制灵敏度也较高;相反,若隶属函数的变化很缓慢,则控制特性也较平缓,系统的稳定性较好。因此,一般误差较大的范围内,采用变化较快的隶属函数,而在误差较小时或者接近零时,应采用变化较慢的隶属函数。

若采用离散的量化等级形式表示隶属函数的话,可以用表3-4的形式进行表

示,该表有时也称为语言变量的赋值表。表3-6中,对误差变化 EC 这个语言变量取七个语言值,模糊论域为:{−6,+6}。

表3-6 离散形式表示的隶属函数

$\mu(x)$ 语言值	EC												
	−6	−5	−4	−3	−2	−1	0	+1	+2	+3	+4	+5	+6
NB	1	0.8	0.4	0.1	0	0	0	0	0	0	0	0	0
NM	0.2	0.7	1	0.7	0.2	0	0	0	0	0	0	0	0
NS	0	0	0.2	0.7	1	0.9	0	0	0	0	0	0	0
ZO	0	0	0	0	0	0.5	1	0.5	0	0	0	0	0
PS	0	0	0	0	0	0	0	0.9	1	0.7	0.2	0	0
PM	0	0	0	0	0	0	0	0	0.2	0.7	0.9	0.7	0.2
PB	0	0	0	0	0	0	0	0	0	0.1	0.4	0.8	1

(6) 精确数模糊化

若误差变化 EC 的一个精确数为 ec_1,根据精确数 ec_1 及误差变化 EC 的量化因子 α_{ec},由 $n_i = \alpha_{ec} \cdot ec_1$ 可以求取 ec_1 在误差变化 EC 模糊论域中的量化等级 n_i;其次查找语言变量误差变化 EC 的赋值表,找出在元素 n_i 上与最大隶属度对应的语言值所决定的模糊集合,该集合便代表精确数 ec_1 的模糊化。

例如,若根据精确数 ec_1,由 $n_i = \alpha_{ec} \cdot ec_1$ 计算出 $n_i = +4$,查语言变量 EC 的赋值表(见表3-4)可知,+4级上的隶属度为 0.2,0.9,0.4,与最大者 0.9 对应的语言值为 PM,所以模糊集合 PM 就是精确数 ec_1 的模糊化结果。表3-4中的 PM 如下

$$PM = \frac{0.2}{2} + \frac{0.7}{3} + \frac{0.9}{4} + \frac{0.7}{5} + \frac{0.2}{6} = \{0 \ 0 \ 0 \ 0 \ 0 \ 0 \ 0 \ 0 \ 0.2 \ 0.7 \ 0.9 \ 0.7 \ 0.2\}$$

3. 模糊规则的选取和模糊推理

(1) 建立模糊控制规则

模糊控制规则可以由经验归纳法确定,经验归纳法就是根据人的控制经验和直觉推理,经加工、整理和提炼后构成模糊规则的方法。常见的模糊条件语句及其相对应的关系有:

① if A then B(若 A 则 B),模糊关系 $R = A \times B$;

② if A then B else C(若 A 则 B,否则 C),模糊关系 $R = (A \times B) + (\bar{A} \times C)$;

③ if A and B then C(若 A 且 B 则 C),模糊关系 $R = (A \times B) \times C$。

模糊控制规则的设计原则是:当误差较大时,控制量的变化应尽快使误差迅速减少。当误差较小时,除了要消除误差外,还要考虑系统的稳定性,防止系统产生不必要的超调,甚至振荡。

第3章 控制技术

除了经验归纳法外，推理合成法也是建立模糊规则的另一种较为常用的有效方法。其主要思想是根据已有的输入输出数据对，通过模糊推理合成求取被控系统的模糊控制规则。

(2) 模糊推理

每条模糊规则对应一个模糊关系，模糊规则确定后，接着进行模糊推理。在模糊控制中，最常用的推理方法是马丹尼(Mamdani)方法，下面对其进行介绍。

假设有如下 n 条模糊规则：

$$R_1: \text{if } x \text{ is } A_1 \text{ and } y \text{ is } B_1, \quad \text{then } z \text{ is } C_1$$
$$R_2: \text{if } x \text{ is } A_2 \text{ and } y \text{ is } B_2, \quad \text{then } z \text{ is } C_2$$
$$\vdots \qquad\qquad \vdots$$
$$R_n: \text{if } x \text{ is } A_n \text{ and } y \text{ is } B_n, \quad \text{then } z \text{ is } C_n$$

则对应 n 个模糊关系

$$R_1 = A_1 \times B_1 \times C_1$$
$$R_2 = A_2 \times B_2 \times C_2$$
$$\vdots \qquad \vdots$$
$$R_n = A_n \times B_n \times C_n$$

那么总的模糊关系是

$$R = R_1 \cup R_2 \cup \cdots \cup R_n = \bigcup_{i=1}^{n} R_i$$

若已知新的输入 A_0 和 B_0，就可以按照事先规定的推理运算规则合成新的输出，即

$$C_0 = (A_0 \times B_0) \circ R$$

[例3-5] 有两条模糊规则分别为

$$R_1: \text{if } x \text{ is } A_1 \text{ and } y \text{ is } B_1, \quad \text{then } z \text{ is } C_1$$
$$R_2: \text{if } x \text{ is } A_2 \text{ and } y \text{ is } B_2, \quad \text{then } z \text{ is } C_2$$

式中：$A_1 = 0.4/1 + 0.8/2$；　　　　$B_2 = 0.3/1 + 0.6/2 + 0.8/3$；
$A_2 = 0.2/1 + 0.5/2$；　　　　$C_1 = 0.2/1 + 0.8/2$；
$B_1 = 0.1/1 + 0.5/2 + 0.7/3$；　　$C_2 = 0.6/1 + 1/2$；

求模糊关系 R。又若新的输入为

$$A_0 = 0.3/1 + 0.6/2, \quad B_0 = 0.2/1 + 0.4/2 + 0.9/3$$

求新的输出 C_0。

解：$R_1 = A_1 \times B_1 \times C_1$，令 $D_1 = A_1 \times B_1$，先求 D_1。

$$D_1 = A_1 \times B_1 = A_1^T \cdot B_1 =$$

$$\begin{pmatrix} 0.4 \\ 0.8 \end{pmatrix} (0.1 \quad 0.5 \quad 0.7) = \begin{pmatrix} 0.4 \wedge 0.1 & 0.4 \wedge 0.5 & 0.4 \wedge 0.7 \\ 0.8 \wedge 0.1 & 0.8 \wedge 0.5 & 0.8 \wedge 0.7 \end{pmatrix} =$$

$$\begin{pmatrix} 0.1 & 0.4 & 0.4 \\ 0.1 & 0.5 & 0.7 \end{pmatrix}$$

将 D_1 写成 $\mathbf{D}_1$ 形式,即 $\mathbf{D}_1 = (0.1 \quad 0.4 \quad 0.4 \quad 0.1 \quad 0.5 \quad 0.7)$

$$R_1 = A_1 \times B_1 \times C_1 = \mathbf{D}_1 \times C_1 = (\mathbf{D}_1)^T \cdot C_1 =$$

$$\begin{pmatrix} 0.1 \\ 0.4 \\ 0.4 \\ 0.1 \\ 0.5 \\ 0.7 \end{pmatrix} (0.2 \quad 0.8) = \begin{pmatrix} 0.1 \wedge 0.2 & 0.1 \wedge 0.8 \\ 0.4 \wedge 0.2 & 0.4 \wedge 0.8 \\ 0.4 \wedge 0.2 & 0.4 \wedge 0.8 \\ 0.1 \wedge 0.2 & 0.1 \wedge 0.8 \\ 0.5 \wedge 0.2 & 0.5 \wedge 0.8 \\ 0.7 \wedge 0.2 & 0.7 \wedge 0.8 \end{pmatrix} = \begin{pmatrix} 0.1 & 0.1 \\ 0.2 & 0.4 \\ 0.2 & 0.4 \\ 0.1 & 0.1 \\ 0.2 & 0.5 \\ 0.2 & 0.7 \end{pmatrix}$$

同理可求 R_2

$$R_2 = A_2 \times B_2 \times C_2 = = \begin{pmatrix} 0.2 & 0.2 \\ 0.2 & 0.2 \\ 0.2 & 0.2 \\ 0.3 & 0.3 \\ 0.5 & 0.5 \\ 0.5 & 0.5 \end{pmatrix}$$

所以
$$R = R_1 \bigcup R_2 = \begin{pmatrix} 0.1 \vee 0.2 & 0.1 \vee 0.2 \\ 0.2 \vee 0.2 & 0.4 \vee 0.2 \\ 0.2 \vee 0.2 & 0.4 \vee 0.2 \\ 0.1 \vee 0.3 & 0.1 \vee 0.3 \\ 0.2 \vee 0.5 & 0.5 \vee 0.5 \\ 0.2 \vee 0.5 & 0.7 \vee 0.5 \end{pmatrix} = \begin{pmatrix} 0.2 & 0.2 \\ 0.2 & 0.4 \\ 0.2 & 0.4 \\ 0.3 & 0.3 \\ 0.5 & 0.5 \\ 0.5 & 0.7 \end{pmatrix}$$

因为 $C_0 = (A_0 \times B_0) \circ R$,所以想求 C_0 的话,还要再求 $A_0 \times B_0$。令 $D_0 = A_0 \times B_0$,则有

$$D_0 = A_0 \times B_0 = A_0^T \cdot B_0 =$$

$$\begin{pmatrix} 0.3 \\ 0.6 \end{pmatrix} (0.2 \quad 0.4 \quad 0.9) = \begin{pmatrix} 0.3 \wedge 0.2 & 0.3 \wedge 0.4 & 0.3 \wedge 0.9 \\ 0.6 \wedge 0.2 & 0.6 \wedge 0.4 & 0.6 \wedge 0.9 \end{pmatrix} =$$

$$\begin{pmatrix} 0.2 & 0.3 & 0.3 \\ 0.2 & 0.4 & 0.6 \end{pmatrix}$$

将 D_0 写成 $\mathbf{D}_0$ 形式,即 $\mathbf{D}_0 = (0.2 \quad 0.3 \quad 0.3 \quad 0.2 \quad 0.4 \quad 0.6)$

$$C_0 = \mathbf{D}_0 \circ R =$$

$$(0.2 \quad 0.3 \quad 0.3 \quad 0.2 \quad 0.4 \quad 0.6) \circ \begin{pmatrix} 0.2 & 0.2 \\ 0.2 & 0.4 \\ 0.2 & 0.4 \\ 0.3 & 0.3 \\ 0.5 & 0.5 \\ 0.5 & 0.7 \end{pmatrix} =$$

$$\begin{pmatrix} (0.2 \wedge 0.2) \vee (0.3 \wedge 0.2) \vee (0.3 \wedge 0.2) \vee (0.2 \wedge 0.3) \vee (0.4 \wedge 0.5) \vee (0.6 \wedge 0.5) \\ (0.2 \wedge 0.2) \vee (0.3 \wedge 0.4) \vee (0.3 \wedge 0.4) \vee (0.2 \wedge 0.3) \vee (0.4 \wedge 0.5) \vee (0.6 \wedge 0.7) \end{pmatrix} =$$

$$\begin{pmatrix} 0.2 \vee 0.2 \vee 0.2 \vee 0.2 \vee 0.4 \vee 0.5 \\ 0.2 \vee 0.3 \vee 0.3 \vee 0.2 \vee 0.4 \vee 0.6 \end{pmatrix} = (0.5 \quad 0.6)$$

即 $C_0 = 0.5/1 + 0.6/2$。

4. 解模糊化

由于模糊推理的结果在一般情况下都是模糊值,不能直接用于控制被控对象,需要先转化成一个执行机构可执行的精确量。此过程一般称为解模糊化过程,或称模糊判决。目前常用的方法有三种:

(1) 最大隶属度法

这种方法直接选择模糊子集中隶属度最大的元素(或该模糊子集隶属度最大处的真值)作为控制量。如果有两个以上的元素均为最大,则可取它们的平均值作为控制量。

例如模糊集 $U = 0.2/-4 + 0.8/-3 + 1/-2 + 0.8/-1 + 0.2/0$,则输出控制量为 $u = -2$。

又如模糊集 $U = 0.2/-4 + 0.8/-3 + 1/-2 + 1/-1 + 0.2/0$,则输出控制量为 $u = (-2-1)/2 = -1.5$。

最大隶属度法能够突出主要信息,而且计算简单,但很多次信息丢失,显得比较粗糙,只能用于控制性能要求一般的系统。

(2) 中位数法

论域 U 上把隶属函数曲线与坐标围成的面积平分为两部分的元素称为模糊集的中位数。中位数法就是把模糊集中位数作为系统控制量。此法概括了更多的信息,但计算比较复杂,在连续隶属函数时,需求解积分方程,因此应用场合要比加权平均法少。

(3) 加权平均法

加权平均法是模糊控制系统中较为广泛的一种模糊判决方法,其计算公式如下

$$u = \frac{\sum_{j=1}^{n} \mu_{C_j}(u_j) u_j}{\sum_{j=1}^{n} \mu_{C_j}(u_j)}$$

例如模糊集 $U = 0.2/-4 + 0.8/-3 + 1/-2 + 0.8/-1 + 0.2/0$,则输出控制量为

$$u = \frac{0.2 \times (-4) + 0.8 \times (-3) + 1 \times (-2) + 0.8 \times (-1) + 0.2 \times 0}{0.2 + 0.8 + 1 + 0.8 + 0.2} = -2$$

加权平均法比中位数法具有更佳的性能,而中位数法的动态性能要优于加权平均法,静态性能要略逊于加权平均法。一般情况下,两种方法都优于最大隶属度法。

对模糊控制器来说,要完成一次控制动作,只要将测量值输入模糊控制器,经模

糊化、模糊推理和解模糊化,将解模糊化后的值再乘以比例因子 $α_u$ 就可以得到一个确切的控制量并作用于被控对象上。然而在很多情况下,为减少在线计算量,往往通过离线计算,形成观测值和与之相对应的控制值为内容的模糊控制表。这样,已知一个实测值,经适当转换后,即可以从表中查到相应的控制值。这种方法在实际应用中很有效。

3.3.4 模糊控制器设计实例

下面以锅炉汽包水位模糊控制系统为例,介绍模糊控制器的设计。

锅炉是一个较复杂的调节对象,为保证提供合格的蒸气以适应负荷的需要,生产过程各主要工艺参数必须严格控制。图3-23所示为锅炉工艺流程图。燃料和空气按一定比例进入燃烧室燃烧,生成的热量传递给蒸气发生系统,产生饱和蒸气 D_S,然后经过热器,形成一定蒸气温度的过热蒸气 D,汇集至蒸气母管。压力为 P_M 的过热蒸气,经负荷设备调节阀供给负荷设备。与此同时,燃烧过程中产生的烟气,除将饱和蒸气变成过热蒸气外,还经省煤器预热锅炉给水和空气预热器预热空气,最后经引风机送往烟囱排入大气。锅炉汽包水位是主要工艺参数之一。

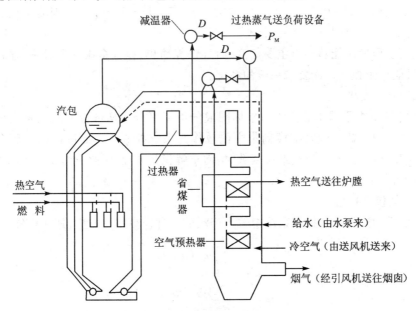

图3-23 锅炉工艺流程图

由于汽包水位对象的复杂性,其精确的数学模型往往无法获得,而模糊控制系统不需要知道被控对象精确的数学模型,因此,此处对锅炉汽包水位采用模糊控制。

模糊控制器设计步骤如下:

1. 模糊控制器的结构设计

本例中需要检测的量只有汽包水位,所以采用二维模糊控制器,即输入变量选择液位误差 e（液位测量值－液位给定值）和液位误差变化率 ec（本次偏差值－上次偏差值＝本次液位测量值－上次液位测量值），给水阀的开度作为输出变量 u。

2. 确定误差、误差变化和控制量的基本论域和模糊论域

根据锅炉汽包的实际工作情况，考虑到传感器的误差，假设要求水位误差 e 的范围在 $-50 \sim +50$ mm 之间，水位误差变化 ec 的范围在 $-10 \sim +10$ mm 之间。控制量 u，即电动阀的开度范围在 $0 \sim 100\%$ 之间。

因此，锅炉汽包水位模糊控制器误差 e 的基本论域为：$[-50,50]$，误差变化 ec 的基本论域为：$[-10,10]$，输出变量 u 的基本论域为：$[0\%,100\%]$。

液位误差 e、液位误差变化率 ec 经过尺度变换及量化，转换成对应的语言变量 E 和 EC，设误差的模糊论域为 X，误差变化率的模糊论域为 Y，将它们都量化为 13 个等级，即

$$X = \{-6,-5,-4,-3,-2,-1,0,1,2,3,4,5,6\}$$
$$Y = \{-6,-5,-4,-3,-2,-1,0,1,2,3,4,5,6\}$$

控制器输出为控制量 u，其语言变量为 U，模糊论域为 Z，并将它量化为 15 个等级，即

$$Z = \{-7,-6,-5,-4,-3,-2,-1,0,1,2,3,4,5,6,7\}$$

所以误差的量化因子 $\alpha_e = 6/50 = 0.12$，误差变化的量化因子 $\alpha_{ec} = 6/10 = 0.6$。

3. 确定模糊语言变量的语言值

定义论域 X 上的模糊集为 $A_i (i=1,2,\cdots,7)$，其对应的语言值取为｛负大，负中，负小，零，正小，正中，正大｝（简写为｛NB,NM,NS,Z,PS,PM,PB｝），分别表示当前水位相对于设定值"极低"、"很低"、"偏低"、"正好"、"偏高"、"很高"、"极高"。

定义论域 Y 上的模糊集为 $B_i (i=1,2,\cdots,7)$，其对应的语言值取为｛负大，负中，负小，零，正小，正中，正大｝（简写为｛NB,NM,NS,Z,PS,PM,PB｝），分别表示当前水位的变化为"下降极快"、"下降很快"、"下降偏快"、"不变"、"上升偏快"、"上升很快"、"上升极快"。

定义论域 Z 上的模糊集为 $C_i (i=1,2,\cdots,7)$，其对应的语言值取为｛负大，负中，负小，零，正小，正中，正大｝（简写为｛NB,NM,NS,Z,PS,PM,PB｝），分别表示为"阀门全关"、"阀门开度减小量大"、"阀门开度减小量小"、"阀门开度不变"、"阀门开度增加量小"、"阀门开度增加量大"、"阀门开度为最大"。

4. 选择隶属函数

由于三角形函数不仅曲线形状简单，计算工作量小，可节约存储空间，而且当输入值变化时，三角形状的隶属函数比其他形状的隶属函数具有更高的灵敏度，当存在与给定值的偏差时，就能很快反应并产生一个相应的调整量。所以本例中的水位误差、水位误差的变化和输出控制量的语言值的隶属函数都选用三角形隶属函数，其隶属函数曲线如图 3-24 所示。

5. 模糊控制规则表

控制规则是设计模糊控制器的关键,在锅炉气包水位控制系统中,根据操作经验总结出如表3-7所列出的控制规则。

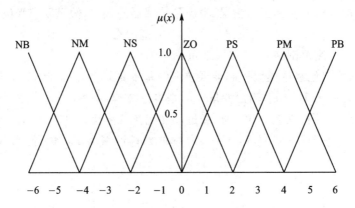

图3-24 全叠交的三角形隶属函数

表3-7 模糊控制的规则

EC \ U	E						
	NB	NM	NS	ZO	PS	PM	PB
NB	PB	PB	PB	PB	PM	ZO	ZO
NM	PB	PB	PB	PB	PM	ZO	ZO
NS	PM	PM	PM	PM	ZO	NS	NS
ZO	PM	PM	PS	ZO	NS	NM	NM
PS	PS	PS	ZO	NM	NM	NM	NM
PM	ZO	ZO	NM	NB	NB	NB	NB
PB	ZO	ZO	NM	NB	NB	NB	NB

6. 模糊推理和输出清晰化

选择第一类推理方式,即马丹尼极小运算法,其合成方式直接采用极大极小方式。由于加权平均法比最大隶属度法和中位数法具有更佳的性能,所以本例采用加权平均法进行解模糊化,即把模糊量变成清晰量。

7. 建立控制表

对于离散论域,经过量化后的输入量的可能取值情况是有限的,可以针对多输入变量的所有组合情况离线计算出相应的控制量,从而组成一张控制表。实际控制时,根据相应的输入查模糊控制查询表3-8就可以了。

表 3-8　锅炉汽包水位模糊控制的查询

EC\U	-6	-5	-4	-3	-2	-1	0	1	2	3	4	5	6
-6	7	6	7	6	7	7	7	4	4	2	0	0	0
-5	6	6	6	6	6	6	6	4	4	2	0	0	0
-4	7	4	7	4	7	7	7	4	4	2	0	0	0
-3	7	6	6	6	6	6	6	3	2	0	-1	-1	-1
-2	4	4	4	5	4	4	4	1	0	0	-1	-1	-1
-1	4	4	4	5	4	4	4	0	0	0	-3	-2	-1
0	4	4	4	5	1	1	0	-1	-1	-1	-4	-4	-4
1	2	2	2	2	0	0	-1	-4	-4	-3	-4	-4	-4
2	1	2	1	2	0	-3	-4	-4	-4	-3	-4	-4	-4
3	0	0	0	0	-3	-3	-6	-6	-6	-6	-6	-6	-6
4	0	0	0	-2	-4	-4	-7	-7	-7	6	-7	-6	-7
5	0	0	0	0	-4	-4	-6	-6	-6	-6	-6	-6	-6
6	0	0	0	-2	-4	-4	-7	-7	-7	-6	-7	-6	-7

注意：上述表格中得到的 U 值是输出在量化论域中的值,最后还要进行变换(即乘以相应的比例因子)求得实际的控制量,施加到被控对象上去。

3.4　人工神经网络技术

人工神经网络简称神经网络,指利用工程技术手段模拟人脑神经网络的结构和功能的一种技术。它是大量简单的处理单元广泛连接所组成的复杂网络,用以模拟人类大脑神经网络结构和行为。因此人工神经网络具有人脑功能的一些基本特征：学习、记忆和归纳,从而打破了智能控制中的某些局限性,为控制领域的研究开辟了新的途径。目前人工神经网络在系统辨识、模式识别、信号处理、图像处理、故障诊断以及智能控制等许多领域得到广泛的应用。

神经网络具有以下特点：
① 以大规模并行处理信息；
② 具有较强的鲁棒性和容错性；
③ 具有较强的自学习能力；
④ 是一个大规模自适应非线性动力学系统。

3.4.1　人工神经元模型

人工神经网络的研究首先是从人工神经元开始的。应该指出,这里所指的人工神经元及由它所构造的人工神经网络并不是人脑神经系统的真实描写,而是对其结构和功能进行简化并保留其主要特性的某种抽象与模拟。

从网络连接的角度,人工神经元可以看作是一个多输入单输出的非线性处理元件,结构模型如图 3-25 所示。其中,u_i 为神经元的内部状态,θ_i 为阈值,x_j($j=1$,$2,\cdots,n$)为来自其他神经元的输入信号,w_{ij} 为神经元 j 与神经元 i 之间的连接权值,s_i 为来自网络环境的外部输入信号,y_i 为神经元的输出。

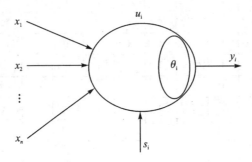

图 3-25 神经元结构模型

神经元处理过程的数学描述如下:

传递规则为

$$\text{net}_i = \sum_{j=1}^{n} w_{ij} x_j + s_i - \theta_i \qquad (3-42)$$

激活规则为

$$u_i = g(\text{net}_i) \qquad (3-43)$$

$$y_i = f(u_i) = h(\text{net}_i) \qquad (3-44)$$

$$h = gf$$

式中:net_i 为神经元的净输入,$g(\cdot)$ 称为激活函数,$f(\cdot)$ 称为输出函数或转移函数。

当来自其他神经元的输入信号和来自网络环境的输入信号统一考虑时,都用 x_j 表示,则传递规则变为

$$\text{net}_i = \sum_{j=1}^{n} w_{ij} x_j - \theta_i \qquad (3-45)$$

进一步,$w_{i0} = -\theta$,并令 $x_0 = 1$,则

$$\text{net}_i = \sum_{j=0}^{n} w_{ij} x_j \qquad (3-46)$$

当令激活函数 $g(\text{net}_i) = \text{net}_i$ 时,神经元模型被简化为

$$y_i = f(u_i) = f(\text{net}_i) = f\left(\sum_{j=0}^{n} w_{ij} x_j\right) \qquad (3-47)$$

它表示了由输出函数 $f(\cdot)$ 确定的输出与输入的某种映射关系,这种关系可以是线

性的,也可以是非线性的。

常用的转移函数主要有 3 种:线性转移函数、阈值型转移函数和非线性转移函数。

1. 线性转移函数

数学表达式为

$$y = f(u) = ku \tag{3-48}$$

式中,y 为输出值,u 为神经元的净输入,k 为常数,表示直线的斜率。

一般情况下很少采用线性转移函数,而是采用非线性分段函数,其数学表达式为

$$y = f(u) = \begin{cases} r & u \geqslant r \\ ku & |u| < r \\ -r & u \leqslant -r \end{cases} \tag{3-49}$$

式中,r 和 $-r$ 分别表示神经元的最大输出值和最小输出值,一般情况下,$|r|=1$。

2. 阈值型转移函数

阈值型转移函数有两种,一种是阶跃函数,另一种是符号函数。

阶跃函数数学表达式为

$$y = f(u) = \begin{cases} 1 & u > 0 \\ 0 & u \leqslant 0 \end{cases} \tag{3-50}$$

符号函数数学表达式为

$$y = f(u) = \begin{cases} 1 & u > 0 \\ -1 & u \leqslant 0 \end{cases} \tag{3-51}$$

阶跃函数和符号函数非常相似,输出均为两种状态:输出 1 时,神经元为兴奋状态;输出为 0 和 -1 时,神经元为抑制状态。如果输入输出是二进制,可以采用阶跃函数;如果是双极型输入输出的话,可以采用符号函数。

3. 非线性转移函数

常用的非线性转移函数有两种:一种是 Sigmoid 函数,另一种是双曲正切函数。

Sigmoid 函数(或 S 型函数)数学表达式为

$$y = f(u) = \frac{1}{1 + e^{-ku}} \tag{3-52}$$

Sigmoid 函数的特点是函数输出为 $0 \sim 1$ 之间的连续值,且其一阶导数连续可微,其函数形状如图 3-26 所示。

双曲正切函数数学表达式为

$$y = \tanh(s) = \frac{e^x - e^{-x}}{e^x + e^{-x}} \tag{3-53}$$

双曲正切函数的特点是其形状与 Sigmoid 函数相似,但双曲正切函数形状是关于原点对称的,且函数输出为 $-1 \sim 1$ 之间的连续值,其一阶导数也是连续可微,其函数形状如图 3-27 所示。

当要求为-1~1范围内的信号时,常选用双曲正切函数。当要求为0~1范围内的信号时,常选用Sigmoid函数。

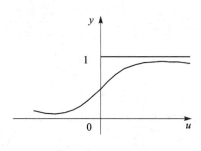

图3-26 Sigmoid函数

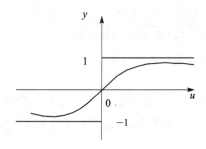

图3-27 双曲正切函数

3.4.2 人工神经网络的拓扑结构

单个神经元的功能并不强大,但由多个神经元以各种形式构成的人工神经网络,则是一个并行分布式的网络结构,具有强大的信息处理能力。神经元的不同连接形式构成了具有各种拓扑结构的神经网络,其中前馈网络和反馈网络是两种典型的结构模型。

1. 前馈神经网络

前馈神经网络是应用最广泛的神经网络,结构如图3-28所示。在前馈网络中,神经元分层排列,可以有多层,同层神经元之间无连接。网络输入模式从输入层起,经过各层变换后传向输出层,信息流向由入到出,无反馈。

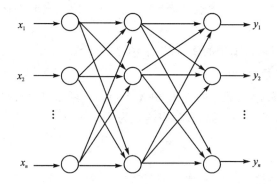

图3-28 前馈神经网络结构

2. 反馈神经网络

反馈神经网络结构如图3-29所示。在反馈神经网络中存在着信息的反馈,即输入节点会接收来自输出神经元的信息。这种神经网络是一种反馈动力学系统,需要工作一段时间才能达到稳定。Hopfield网络是简单且应用广泛的一种反馈网络。

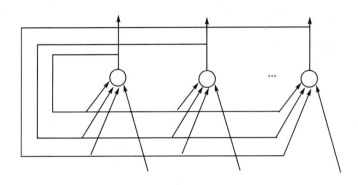

图 3-29 反馈神经网络结构

3.4.3 神经网络的学习

神经网络的学习功能是神经网络智能特性的重要标志,通过学习算法具有了自适应、自组织、自学习等能力。神经网络的学习过程实际上就是调整权值的过程,改变权值的方法和规则就称为学习规则或学习算法。不同的学习算法意味着调整权值的方式不同。目前神经网络的学习算法有多种,按有、无"教师"信号来分类,学习方式可分为有监督学习、无监督学习、再励学习等几大类。在有监督学习方式中,网络的实际输出和期望输出(即教师信号)进行比较,然后根据两者之间的差异调整网络的权值,最终使偏差减小至规定的范围内。在无监督学习方式中,输入模式进入网络后,网络按照预先设定的规则自动调整权值,使网络最终具有模式分类等功能。再励学习是介于上述两者之间的一种学习方式。Hebb 学习规则和 δ 学习规则是神经网络中最常用的两种基本的学习方法。

1. Hebb 学习规则

Hebb 学习规则是最早提出的一种学习规则,是一种联想式学习方法。生物学家 D. Hebb 基于对生物学和心理学的研究,提出了学习行为的突触联系和神经群理论,认为突触前与突触后二者同时兴奋,即两个神经元同时处于激发状态时,它们之间的连接强度将得到加强。这一论述的数学描述为

$$w_{ij}(k+1) = w_{ij}(k) + \eta x_i(k) y_j(k)$$

式中,$w_{ij}(k)$ 为第 $k+1$ 次调整前神经元 i 到神经元 j 之间的连接权值;$w_{ij}(k+1)$ 为第 $k+1$ 次调整后神经元 i 到神经元 j 之间的连接权值;η 为学习速率参数,$\eta>0$;$y_j(k)$ 为节点 j 在第 k 时刻的输出;$x_i(k)$ 为节点 i 在第 k 时刻的输出,它是节点 j 的输入之一。

Hebb 学习规则是一种无教师的学习方法,它只根据神经元连接间的激活水平改变权值,又称为相关学习或并联学习。

2. δ 学习规则

δ 学习规则是一种有教师的学习方法。学习的目的是通过调整权值,使误差准

则函数最小。设 δ 学习规则的学习信号为

$$e = (d_j - y_j)y_j' = \left[d_j - f\left(\sum_{i=1}^{n} w_{ij}x_i\right)\right]f'\left(\sum_{i=1}^{n} w_{ij}x_i\right)$$

式中，d_j 为神经元 j 的期望输出，y_j 为神经元 j 的实际输出，$y_j = f\left(\sum_{i=1}^{n} w_{ij}x_i\right)$，$f'\left(\sum_{i=1}^{n} w_{ij}x_i\right)$ 是转移函数的导数，也就是说，δ 学习规则要求转移函数可导。

为了调整神经元 i 到神经元 j 之间的连接权值 w_{ij}，定义神经元 j 的期望输出与实际输出之间的平方误差为 $E = \frac{1}{2}(d_j - y_j)^2 = \frac{1}{2}\left[d_j - f\left(\sum_{i=1}^{n} w_{ij}x_i\right)\right]^2$，由此可得误差梯度为

$$\nabla E = -(d_j - y_j)f'\left(\sum_{i=1}^{n} w_{ij}x_i\right)x_i$$

调整连接权值时，应使误差 E 最小，所以连接权值的调整应该与误差 E 的负梯度成正比，即

$$\Delta w_{ij}(n) = -\eta \nabla E = \eta(d_j - y_j)f'\left(\sum_{i=1}^{n} w_{ij}x_i\right)x_i(n)$$

式中，η 为学习速率，$\eta > 0$。

3.4.4 典型神经网络

1. 感知器

单层感知器网络是最简单的前馈网络，仅具有输入层和输出层，具有学习功能，主要用于线性可分的模式分类。但是在非线性不可分问题上却有局限性。后来人们在单层感知器网络的基础上又提出多层感知器网络，是在原有的输入层和输出层之间加上隐含层，隐含层可以是一层，也可以是多层。

单层感知器结构如图 3-30 所示。输入层神经元接收 n 个输入信号 $x_i(i=1,2,\cdots,n)$，由于输入层神经元不具有信息处理能力，只是简单地将信息进行输出，所以输入层神经元的输出信号也为 $x_i(i=1,2,\cdots,n)$。设输入神经元 i 至输出神经元 j 的连接权值为 w_{ij}，输出神经元 j 的阈值为 θ_j，则可以得到输出神经元 j 的净输入 $u_j = \sum_{i=1}^{n} x_i w_{ij} - \theta_j = \sum_{i=0}^{n} x_i w_{ij}$，则输出神经元 j 的输出便由转移函数决定。通常感知器模型采用阈值型函数作为转移函数，若此处采用阶跃函数，则输出神经元 j 的输出 $y_j = f(u_j) = \begin{cases} 1 & u_j > 0 \\ 0 & u_j \leqslant 0 \end{cases}$。

在单层感知器模型中，可以对输入层和输出层之间的连接权值进行调整；而在多层感知器模型中，输入层和隐含层之间的连接权值是固定不变的，只能调整隐含层和输出层之间的连接权值，且调整算法与单层感知器模型相同。下面以单层感知器模

型为例,对感知器模型的学习算法进行详细介绍。

设感知器模型的输入层有 n 个神经元,输出层有 p 个神经元,共有 m 个学习模式对,设第 k 个输入模式为 $X^k = (x_1^k, x_2^k, \cdots, x_n^k)^T$,期望输出模式 $D = (d_1^k, d_2^k, \cdots, d_p^k)^T$,$k = 1, 2, \cdots, m$。$t$ 表示学习次数,$t = 0$ 为学习初始状态,则感知器模型的学习算法步骤如下:

① 对输入层和输出层神经元之间的连接权值和输出层神经元的阈值进行初始化。设输入层和输出层神经元之间的初始连接权值为 $w_{ij}(0)$($i = 1, 2, \cdots, n; j = 1, 2, \cdots, p$),输出层神经元的阈值为 $\theta_j(0)$($j = 1, 2, \cdots, p$),将 $w_{ij}(0)$($i = 1, 2, \cdots, n; j = 1, 2, \cdots, p$)和 $\theta_j(0)$($j = 1, 2, \cdots, p$)赋予 $[-1, 1]$ 之间的随机值。

② 对任意一个学习模式对 (X^k, D^k),学习过程有以下三步。

● 计算输出层各个神经元的实际输出为

$$y_j^k(t) = f\left(\sum_{i=1}^n x_i^k w_{ij}(t) - \theta_j(t)\right), i = 1, 2, \cdots, n; \quad j = 1, 2, \cdots, p \quad (3-54)$$

● 计算输出层各个神经元的实际输出 $y_j^k(t)$ 与期望输出 d_j^k 之间的差值为

$$e_j^k(t) = d_j^k - y_j^k(t), j = 1, 2, \cdots, p \quad (3-55)$$

● 对输入层和输出层神经元之间的连接权值和输出层各个神经元的阈值进行调整,调整方式如下

$$w_{ij}(t+1) = w_{ij}(t) + \Delta w_{ij}(t) = w_{ij}(t) + \alpha x_i^k e_j^k(t) \quad (3-56)$$

$$\theta_j(t+1) = \theta_j(t) + \Delta \theta_j(t) = \theta_j(t) + \beta e_j^k(t) \quad (3-57)$$

式中,α 和 β 分别为输入层和输出层神经元之间的连接权值和输出层各个神经元阈值的学习速率,用于控制连接权值和阈值的调整速度。学习速率太大,稳定性差;学习速率太小,调整速度慢。所以,通常取 $0 < \alpha < 1, 0 < \beta < 1$。有一点值得注意,若输出层各个神经元的阈值作为输入处理的话,此处可以考虑一个学习速率 α 即可。

③ 对 m 个学习模式对重复步骤(2),直到误差趋于零或满足规定的误差限,此时学习完毕。

2. BP 神经网络

BP 网络的拓扑结构与多层感知器网络拓扑结构相同,但由于网络的学习采用误差反向传播算法(Error Back Propagation),因此称之为 BP 神经网络。BP 神经网络拓扑结构图如图 3-31 所示,由输入层、若干隐层和输出层相互连接构成。连接的结构是:前后相邻层的任意两节点均相连,非相邻层和同层的节点无任何连接,从输入层开始逐层连接,到输出层连接结束。对于输入信号,要经过输入层,向前传递到隐层节点,经过作用函数后,再把隐层节点的输出传到输出层节点,最后由输出层输出结果。在 BP 网络中,除了输入层节点外,其余神经元的作用函数可以选用 S 型函数,即 $f(x) = \dfrac{1}{1 + e^{-x}}$。

BP 神经网络的工作过程通常由两个阶段组成。一个阶段是工作期,在该阶段,

网络各节点的连接权值固定不变,网络的计算从输入层开始,逐层逐个节点地计算每个节点的输出,直到输出层中的各节点计算完毕,所以该阶段又称为正向传播过程。另一阶段是学习期,在这一阶段,各节点的输出保持不变,网络学习则是从输出层开始,反向逐层逐个节点计算连接权值的修改量,以修改各连接权值,直到输入层为止,所以这一阶段又称为反向传播过程。

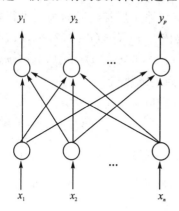

图 3-30　单层感知器结构图　　　　图 3-31　BP 网络结构

学习过程的主要思想是利用网络输出层中各个节点的实际输出与相应的期望输出之间的差值,从输出层开始,对网络中各节点间的互相连接权值进行适当的调整,以使得网络的实际输出与期望输出之间的差值能够逐渐减小,最终获得最优输出。

下面以三层 BP 神经网络为例,对 BP 算法进行介绍。

设输入模式向量 $X^k=(x_1^k, x_2^k, \cdots, x_n^k)^T (k=1,2,\cdots,m)$,$m$ 为学习模式对个数,对应输入模式向量的期望输出向量为 $D^k=(d_1^k, d_2^k, \cdots, d_q^k)^T$,输入层神经元个数为 n,隐含层神经元个数为 p,输出层神经元个数为 q,BP 算法如下:

① 初始化。对输入层和隐含层神经元之间的连接权值、隐含层和输出层神经元之间的连接权值、隐含层和输出层神经元的阈值初始化。

② 选取一个模式样本提供给网络。

③ 计算输入层的输出。输入层神经元不具有信息处理能力,只是简单地将信息进行输出,所以输入层神经元的输出信号也为输入模式。

④ 按照式(3-58)、式(3-59)计算隐含层各个神经元的净输入 s_j^k 和输出 b_j^k,即

$$s_j^k = \sum_{i=1}^{n} w_{ij} x_i^k - \theta_j \qquad j=1,2,\cdots,p \qquad (3-58)$$

$$b_j^k = f(s_j^k) \qquad j=1,2,\cdots,p \qquad (3-59)$$

⑤ 按照式(3-60)、式(3-61)计算输出层各个神经元的净输入 l_t^k 和实际输出 y_t^k,即

$$l_t^k = \sum_{i=1}^{n} v_{ji} b_j^k - \gamma_t \qquad t=1,2,\cdots,q \qquad (3-60)$$

$$y_t^k = f(l_t^k) \qquad t = 1, 2, \cdots, q \qquad (3-61)$$

⑥ 按照式(3-62)、式(3-63)计算输出层各个神经元的校正误差 e_t^k 和隐含层各个神经元的校正误差 g_j^k，即

$$e_t^k = (d_t^k - y_t^k) f'(l_t^k) \qquad t = 1, 2, \cdots, q \qquad (3-62)$$

$$g_j^k = \Big[\sum_{t=1}^{q} v_{jt} e_t^k\Big] f'(s_j^k) \qquad j = 1, 2, \cdots, p \qquad (3-63)$$

⑦ 按照式(3-64)、式(3-65)对输入层和隐含层各神经元之间的连接权值 w_{ij}、隐含层各个神经元的阈值 θ_j 进行修正，即

$$\Delta w_{ij} = \beta g_j^k x_i^k \qquad i = 1, 2, \cdots, n; \quad j = 1, 2, \cdots, p \qquad (3-64)$$

$$\Delta \theta_j = \beta g_j^k \qquad j = 1, 2, \cdots, p \qquad (3-65)$$

⑧ 按照式(3-66)、式(3-67)对隐含层和输出层各神经元之间的连接权值 v_{jt}、输出层各个神经元的阈值 γ_t 进行修正，即

$$\Delta v_{jt} = \alpha e_t^k b_j^k \qquad j = 1, 2, \cdots, p, \; t = 1, 2, \cdots, q \qquad (3-66)$$

$$\Delta \gamma_t = \alpha e_t^k \qquad t = 1, 2, \cdots, q \qquad (3-67)$$

⑨ 选取下一个模式样本对提供给网络，重复步骤③~⑧，直到 m 个样本模式对全部训练完毕。

⑩ 判断网络全局误差 E 是否满足精度要求，若满足精度要求，则结束；若不满足精度要求，则更新学习次数。判断学习次数是否小于规定学习次数，若小于规定学习次数，则返回步骤②；若大于规定学习次数，则训练失败，结束训练。

BP 学习算法仍然是基于最小均方误差准则，采用误差函数按梯度下降的方法进行学习。下面推导 BP 学习算法，即隐含层和输出层神经元之间的连接权值修正式(3-66)、输入层和隐含层神经元之间的连接权值修正公式(3-64)、隐含层和输出层各个神经元的阈值修正式(3-65)和式(3-67)。

由前面可知，第 k 个样本模式(或学习模式)的期望输出与实际输出的偏差为

$$\delta_t^k = d_t^k - y_t^k \qquad t = 1, 2, \cdots, q \qquad (3-68)$$

所以，δ_t^k 的均方差为

$$E^k = \frac{1}{2}\Big(\sum_{t=1}^{q} \delta_t^k\Big)^2 \qquad t = 1, 2, \cdots, q \qquad (3-69)$$

误差函数按梯度下降原则，则有隐含层和输出层神经元之间的连接权值 v_{jt} 的调整公式如下

$$\Delta v_{jt} = -\alpha \frac{\partial E^k}{\partial v_{jt}} \qquad j = 1, 2, \cdots, p, \; t = 1, 2, \cdots, q \qquad (3-70)$$

由式(3-60)、(3-61)、(3-62)、(3-68)和(3-69)可得

$$\Delta v_{jt} = -\alpha \frac{\partial E^k}{\partial v_{jt}} = -\alpha \frac{\partial E^k}{\partial y_t^k} \frac{\partial y_t^k}{\partial v_{jt}} = -\alpha \frac{\partial E^k}{\partial y_t^k} \frac{\partial y_t^k}{\partial l_t^k} \frac{\partial l_t^k}{\partial v_{jt}} = -\alpha(-\delta_t^k) f'(l_t^k) b_j^k =$$

$$\alpha \delta_t^k f'(l_t^k) b_j^k = \alpha e_t^k b_j^k \qquad (3-71)$$

在式 (3-71) 中，$j=1,2,\cdots,p$，$t=1,2,\cdots,q$。

隐含层和输出层神经元之间的连接权值修正式(3-66)推导完毕。

同理，输入层和隐含层神经元之间的连接权值 w_{ij} 也基于误差函数按梯度下降原则，w_{ij} 的调整公式如下

$$\Delta w_{ij} = -\beta \frac{\partial E^k}{\partial w_{ij}} \quad i=1,2,\cdots,n;\quad j=1,2,\cdots,p \tag{3-72}$$

由式(3-58)、(3-59)、(3-60)、(3-61)、(3-68)和(3-69)可得

$$\Delta w_{ij} = -\beta \frac{\partial E^k}{\partial w_{ij}} = -\beta \frac{\partial E^k}{\partial b_j^k}\frac{\partial b_j^k}{\partial s_j^k}\frac{\partial s_j^k}{\partial w_{ij}} = -\beta \left[\sum_{t=1}^{q}\frac{\partial E^k}{\partial l_t^k}\frac{\partial l_t^k}{\partial b_j^k}\right]\frac{\partial b_j^k}{\partial s_j^k}\frac{\partial s_j^k}{\partial w_{ij}} =$$

$$-\beta\left[\sum_{t=1}^{q}(-(d_t^k - y_t^k)f'(l_t^k)v_{jt}\right]f'(s_j^k)x_i^k =$$

$$-\beta\left[\sum_{t=1}^{q}(-e_t^k)v_{jt}\right]f'(s_j^k)x_i^k = \beta g_j^k x_i^k \tag{3-73}$$

输入层和隐含层神经元之间的连接权值修正公式(3-64)推导完毕。

BP 模型虽然系统结构简单易于编程，但它仍存在以下不足：

① 从数学上看，它是一个非线性优化问题，因此不可避免地存在着局部极小问题。影响 BP 学习算法产生局部极小点的主要因素之一就是初始连接权值选取不当。如果初始连接权值太大，则有可能在训练开始就使网络处于 S 型函数的饱和区，从而使网络陷入局部极小点。所以，通常设置较小的初始连接权值，以便使每个神经元状态值接近零。

② 学习算法收敛速度很慢，通常需要迭代几千步或更多。影响学习算法收敛速度的主要因素之一就是学习速率。若学习速率太小，则网络收敛速度很慢；若学习速率太大，网络可能会处于不稳定状态而无法收敛。但学习速率的取值目前没有理论指导值，通常的取值范围为 0.01～1。

③ 网络运行是单向传播，没有反馈，因此目前这种网络并不是一个非线性的动力学系统，而只是一个非线性映射系统。

④ 网络的隐层节点个数的选取目前尚无理论指导，只能根据经验来选取。

目前已经有很多改进算法来解决以上不足，BP 网络在控制系统中仍然得到广泛应用。

3. RBF 网络

RBF 网络即径向基函数神经网络，是由 J. Moody 和 C. Darken 于 20 世纪 80 年代末提出的一种神经网络。它是具有单隐层的 3 层前馈网络，输入层节点只是传递信号到隐层，隐层节点的转换函数采用高斯基函数，输出层节点通常是简单的线性函数。

RBF 网络的学习过程分为两个阶段：

① 根据所有的输入样本决定隐层节点的高斯函数的中心值和标准化参数。

② 确定隐层参数后,根据样本,利用最小二乘原则,求输出层的连接权值。

4. Hopfield 网络

Hopfield 网络是一个动态的反馈网络,其输入是网络的状态初值,输出是网络的稳定状态。根据网络的输出是离散量还是连续量,Hopfield 网络可以分为离散和连续两种。离散 Hopfield 网络实质上是一个离散的非线性动力学系统,可以实现联想记忆的功能。连续 Hopfield 网络可以实现优化计算的功能。

3.4.5 神经网络控制

神经网络控制或神经控制是指在控制系统中,应用神经网络技术,对难以精确建模的复杂非线性对象进行神经网络模型辨识,或作为控制器,或进行优化计算,或进行推理,或进行故障诊断,或同时兼有上述多种功能。这样的系统称为基于神经网络的控制系统,这种控制方式称为神经网络控制。尽管神经网络控制技术有许多潜在优势,但单纯使用神经网络的控制方法及研究仍有待进一步发展。通常需将人工神经网络技术与传统的控制理论或智能技术综合使用。神经网络在控制中的作用有以下几种:

① 在传统的控制系统中用以动态系统建模,充当对象模型;
② 在反馈控制系统中直接充当控制器的作用;
③ 在传统控制系统中起优化计算作用;
④ 与其他智能控制方法,如模糊逻辑、遗传算法、专家控制等相融合。

3.5 预测控制

模型预测控制(Model Predictive Control,MPC)是 20 世纪 70 年代提出的一种计算机控制算法,最早应用于工业过程控制领域。预测控制的优点是对数学模型要求不高,能直接处理具有纯滞后的过程,具有良好的跟踪性能和较强的抗干扰能力,对模型误差具有较强的鲁棒性。因此,预测控制目前已在多个行业得以应用,如炼油、石化、造纸、冶金、汽车制造、航空和食品加工等,尤其是在复杂工业过程中得到了广泛的应用。在分类上,模型预测控制(MPC)属于先进过程控制,其基本出发点与传统 PID 控制不同。传统 PID 控制,是根据过程当前的和过去的输出测量值与设定值之间的偏差来确定当前的控制输入,以达到所要求的性能指标。而预测控制不但利用当前时刻的和过去时刻的偏差值,而且还利用预测模型来预估过程未来的偏差值,以滚动优化确定当前的最优输入策略。因此,从基本思想看,预测控制优于 PID 控制。

3.5.1 预测控制的基本原理

各类预测控制算法都有一些共同特点,归结起来有以下 3 个基本特征。

1. 预测模型

预测模型能够根据系统当前时刻的控制输入以及过程的历史信息，预测过程输出的未来值。无论具有什么样的形式，只要具有预测功能，均可以作为预测模型。所以，状态方程、传递函数等这类传统的模型都可以作为预测模型。在预测控制中，各种不同算法采用不同类型的预测模型，如最基本的模型算法控制(MAC)和动态矩阵控制(DMC)，分别采用脉冲响应模型和阶跃响应模型等非参数模型或传递函数。因为在实际工业过程中，脉冲响应模型和阶跃响应模型比较容易获得。而广义预测控制则是采用易于在线辨识并能描述不稳定过程的受控自回归滑动平均模型(Controlled Auto-Regressive Moving Average，CARMA)和受控自回归积分滑动平均模型 Controlled Auto-Regressive Integrated Moving Average，CARIMA)。

2. 滚动优化

预测控制与其他控制方法的一个显著的不同是实现控制作用的方式是滚动优化、滚动实施，是通过某一性能指标的最优化来确定未来的控制作用，这一性能指标还涉及系统未来的性能。例如，通常可以取对象在未来采样点上跟踪某一期望轨迹的方差最小，也可以取更广泛的形式，例如要求控制能量最小等。性能指标中涉及系统未来的行为，是根据预测模型由未来的控制动作决定的。

滚动优化不是采用一个不变的全局最优目标，而是采用滚动式的有限时域优化策略。也就是说，优化过程不是一次离线完成的，而是反复在线进行的，即在每一采样时刻，优化性能指标只涉及从该时刻起到未来有限的时间，而到下一个采样时刻，这一优化时段会同时向前推移。因此，预测控制不是用一个对全局相同的优化性能指标，而是在每一个时刻有一个相对于该时刻的局部优化性能指标。不同时刻优化性能指标的形式是相同的，但其所包含的时间区域是不同的。这就是滚动优化的含义。这种局部的有限时域的优化目标，只能得到全局的次优解。但是由于这种优化过程是在线反复进行的，而且优化是滚动实施，因而能够及时地应对因模型失配、时变和干扰等引起的不确定性，始终把优化过程建立在从实际过程中获得的最新信息基础上。因此，只要预测范围选择合适，可以使控制保持实际上的最优。对于实际的复杂工业过程来说，模型失配、时变和干扰等引起的不确定性是不可避免的，因此建立在有限时域上的滚动优化反而更加有效。

3. 反馈校正

在预测控制中，采用预测模型进行过程输出值的预估只是一种理想的方式，对于实际过程，由于存在非线性、时变、模型失配和干扰等不确定因素，使基于不变模型的预测不可能和实际情况完全吻合。因此，在预测控制中，通过输出的测量值与模型的预估值进行比较，得出模型的预测误差，再利用模型预测误差来校正模型的预测值，从而得到更为准确的将来输出的预测值。正是这种由模型加反馈校正的过程，使预测控制具有很强的抗干扰和克服系统不确定的能力。

反馈校正的形式可以多样化,可以在保持模型不变的基础上,对未来的误差做出预测并加以补偿,也可以是通过采用在线辨识的方法直接对预测模型进行修改。

在预测控制中,考虑到过程的动态特性,为了使过程避免出现输入和输出的急剧变化,往往要求过程当前输出 $y(k)$ 沿着一条所期望的、平缓的曲线达到设定值 y_r。这条曲线通常称为参考轨迹 $y_r(k)$。它是设定值经过在线"柔化"后的产物。最广泛采用的参考轨线为一阶指数变化形式,可写为

$$y_r(k+i) = \alpha^i y(k) + (1-\alpha^i) y_r, \quad i=1,2,\cdots$$

式中:$\alpha = e^{\frac{-T_S}{T}}$,$T_S$ 为采样周期,T 为参考轨迹的时间常数,下标 r 代表参考值;$y(k)$ 为当前时刻的实际输出测量值,y_r 为设定值。

显然,T 越小,则 α 越小,参考轨迹就能更快地达到设定值 y_r。α 是预测控制中的一个重要设计参数,它对闭环系统的动态特性和鲁棒性都有重要影响。

3.5.2 预测控制算法

1. 模型算法控制(MAC)

模型算法控制(Model Algorithmic Control,MAC)采用脉冲响应模型作为预测控制,适用于渐进稳定的线性过程。MAC 算法主要包括预测模型、参考轨迹、反馈校正和滚动优化。

(1) 预测模型

MAC 的预测模型是采用脉冲响应模型,即

$$y_m(k+j) = \sum_{i=1}^{N} h_i u(k+j-i), \quad j=1,2,\cdots,P \tag{3-74}$$

式中,P 为预测步长;h_i 为脉冲响应系数(即系统脉冲响应的采样值);N 为脉冲响应采样值的个数;$y_m(k+j)$ 为从第 k 时刻起预测到 j 步的模型输出;$u(k+j-1),u(k+j-2),\cdots,u(k+j-N)$ 为 $k+j$ 之前所有控制输入值,其中,当前时刻 k 及其后的控制变量 $u(k),\cdots,u(k+M-1)$ 待定,$k+M$ 及其以后的控制量保持不变,即 $u(k+M)=\cdots u(k+P-1)$;M 为待求控制变量的个数,称为控制序列(时域)长度,通常取 $M<P$。

对于 P 步预测,可写成的向量形式为

$$Y_m(k) = \begin{bmatrix} y_m(k+1) \\ y_m(k+2) \\ \vdots \\ y_m(k+M) \\ y_m(k+M+1) \\ \vdots \\ y_m(k+P) \end{bmatrix} =$$

$$\begin{bmatrix} u(k) & u(k-1) & \cdots & u(k-N+1) \\ u(k+1) & u(k) & \cdots & u(k-N+2) \\ \vdots & \vdots & & \vdots \\ u(k+M-1) & u(k+M-2) & \cdots & u(k-N+M) \\ u(k+M) & u(k+M-1) & \cdots & u(k-N+M+1) \\ \vdots & \vdots & & \vdots \\ u(k+P-1) & u(k+P-2) & \cdots & u(k+P-N) \end{bmatrix} \begin{bmatrix} h_1 \\ h_2 \\ \vdots \\ \\ \\ \\ h_N \end{bmatrix} \quad (3-75)$$

上式可简化写成

$$Y_m(k) = H_1 U_1(k) + H_2 U_2(k) \quad (3-76)$$

式中：$U_1(k)$ 是 $N-1$ 维控制向量，是由当前 k 时刻以前的控制向量组成，所以它是已知的；$U_2(k)$ 为 M 维未知的控制向量，是由当前时刻 k 和未来的控制向量组成，它就是优化所要求解的未知控制向量。H_1 和 H_2 分别为

$$H_1 = \begin{bmatrix} h_N & h_{N-1} & \cdots & h_2 \\ 0 & h_N & \cdots & h_3 \\ \vdots & 0 & & \vdots \\ 0 & \cdots & & h_N \cdots h_{P+1} \end{bmatrix}_{P \times (N-1)} \quad (3-77)$$

$$H_2 = \begin{bmatrix} h_1 & & & \\ h_2 & h_1 & & 0 \\ \vdots & & \ddots & \\ & & & \ddots \\ h_M & h_{M-1} & \cdots & h_1 \\ h_{M+1} & h_M & \cdots & h_1+h_2 \\ \vdots & & & \\ h_P & h_{P-1} & \cdots & \sum_{i=1}^{P-M+1} h_i \end{bmatrix}_{P \times M} \quad (3-78)$$

由式(3-77)、式(3-78)可知，预测模型中系数矩阵 H_1 和 H_2 是由脉冲响应模型的脉冲响应系数 $h_i, i=1,2,\cdots,N$ 构成的，都是已知的矩阵，并可离线算出，存入计算机中。$(N-1)$ 维向量 $U_1(k)$ 是由 k 时刻以前的控制作用组成的，也是已知向量，但每一次采样时刻，应递推计算一次。M 维向量 $U_2(k)$ 则是未知的向量，是由 k 时刻和未来的控制向量组成，就是所要求解的一组最优控制作用。

(2) 反馈校正

为了克服扰动和模型失配等因素对模型预测值的影响，采用当前过程输出的测量值 $y(k)$ 与模型的计算值 $y_m(k)$ 进行比较，用其差 $e(k)$ 来修正模型输出的预估值。设修正后的输出预估值记为 $y_P(k+j)$，则有

$$y_P(k+j) = y_m(k+j) + \beta_j[y(k) - y_m(k)], \quad j = 1, 2, \cdots, P \quad (3-79)$$

式中，$y(k)$为当前时刻k的测量值，β_j为加权系数，通常可以取1。

(3) 设定值与参考轨迹

假定设定值为y_d。在预测控制中，有时并不是要求输出迅速地跟踪设定值，而是使输出变量按一定的轨迹缓慢地跟踪设定值，以便使控制作用跳动较小，获得平稳的输出特性，通常取一阶指数变化形式，则有

$$y_r(k+j) = \alpha^j y(k) + (1-\alpha^j) y_d, \quad j = 1, 2, \cdots, P \quad (3-80)$$

(4) 滚动优化

设优化控制的目标函数为

$$\min J = \sum_{j=1}^{P} q_j [y_P(k+j) - y_r(k+j)]^2 + \sum_{i=1}^{M} r_i [u(k+i-1)]^2 \quad (3-81)$$

目标函数也可表示成向量形式，即

$$\min J = \| Y_p(k) - Y_r(k) \|_Q^2 + \| U_2(k) \|_R^2 =$$
$$[Y_p(k) - Y_r(k)]^T Q [Y_p(k) - Y_r(k)] + U_2(k)^T R U_2(k) \quad (3-82)$$

式中，$Q = \mathrm{diag}[q_1, q_2, \cdots, q_P]$；$R = \mathrm{diag}[r_1, r_2, \cdots, r_M]$。

对于无约束时的上述优化可用最小二乘法求解，即

$$J = [H_1 U_1(k) + H_2 U_2(k) + \beta e(k) - Y_r(k)]^T Q [H_1 U_1(k) + H_2 U_2(k) +$$
$$\beta e(k) - Y_r(k)] + U_2(k)^T R U_2(k)$$

由最小二乘法得

$$\frac{\partial J}{\partial U_2(k)} = 0 \quad (3-83)$$

可得最优控制规律为

$$U_2(k) = [H_2^T Q H_2 + R]^{-1} H_2^T Q [Y_r(k) - H_1 U_1(k) - \beta e(k)] \quad (3-84)$$

求解后可得到M个控制作用序列$u(k), u(k+1), \cdots, u(k+M-1)$，但实际执行控制作用时，只执行当前控制作用$u(k)$，即当前时刻$k$的最优控制作用为

$$u(k) = D^T [Y_r(k) - H_1 U_1(k) - \beta e(k)] \quad (3-85)$$

式中，$D^T = [1 \quad 0 \quad \cdots \quad 0]_{1 \times M} [H_2^T Q H_2 + R]^{-1} H_2^T Q$。

下一时刻的控制作用$u(k+1)$需要重新计算。如此类推，"滚动"式推进，优化过程是在线反复计算的，所以它可以有效地克服过程的一些不确定性因素，提高控制系统的鲁棒性。再有，由于目标函数中加入了对控制量的约束，就可以限制过大的控制量冲击，使过程输出平稳地跟踪参考轨迹。

(5) MAC在实施中应注意的若干问题

① 脉冲响应系数长度N的选择。N的选择显然与采样周期有关，对于给定的过程，采样周期短，则N会相应地增大。通常选$N = 20 \sim 60$为宜。

② 输出预估时域长度P的选择。P是预测控制中极为重要的设计参数之一。通常P越大，预测控制的鲁棒性就越强，但相应的计算量和存储量也增大。一般情

况下，P 选择等于过程单位阶跃响应达到其稳态值所需过渡时间的一半所需的采样次数。

③ 控制时域长度 M 的选择。M 也是预测控制中极为重要的设计参数之一。M 越大，系统的鲁棒性也就越强。但是为了避免优化过程的寻优困难，M 不宜选得太大，一般 M 小于 10 为宜。

④ 参考轨迹的收敛参数 α 的选择。由前所述，α 大，则预测控制的鲁棒性强，但导致闭环系统的响应速度变慢。相反，若 α 过小，则过渡过程较易出现超调与振荡。因此，α 的选择应全面考虑过程的非线性、模型误差等的大小以及闭环系统相应的动态要求。通常采用分段取值的试差方法。α 值的范围是 $0 \leqslant \alpha \leqslant 1$。

⑤ 误差权矩阵 Q 的选择。对应性能指标中的误差权矩阵 Q，它的物理意义显而易见，q_j 作为权系数，则反映它们在不同时刻逼近的重视程度。对于 q_j 的取值是为了使控制系统稳定，其对纯滞后部分控制作用是无能为力的，在这些时刻，取 $q_j = 0$；其他时刻，取 $q_j = 1$。

⑥ 控制权矩阵 R 的选择。控制权矩阵 R 的作用是对控制作用变化加以适度的限制，它是作为一种软约束加入到性能指标中去的。引入 r 的主要作用，在于防止控制量过于剧烈的变化。因此，在整定中，当控制量变化太大时，可先置 $r=0$，待系统稳定且满足要求后则加大 r 值。事实上，只要取一个很小的 r 值，就足以使控制量的变化趋于平缓。

这类模型算法控制是存在稳态偏差的。

2. 动态矩阵控制

动态矩阵控制(Dynamic Matrix Control，DMC)是基于阶跃响应模型的一种预测控制算法，是由 Culter 提出来的一种有约束多变量优化控制算法，1974 年被美国壳牌石油公司成功应用。它采用工程上易于测试的阶跃响应模型，算法比较简单，计算量较少，鲁棒性较强，适用于开环渐近稳定的非最小相位移系统。DMC 近年来已在化工、炼油、石油化工、冶金等企业中得到成功应用，已有商品化软件出售。DMC 算法包含预测模型、反馈校正、滚动优化等几部分。

(1) 预测模型

$$y_m(k+j) = a_N u(k+j-N) + \sum_{i=1}^{N-1} a_i u(k+j-i), \quad j=1,2,\cdots,P \quad (3-86)$$

注意：与 MAC 算法一样，$u(i)$ 在 $i = M-1$ 后保持不变。用增量表示时，可以表示成

$$\Delta u(k+i) = 0, \quad i = M, M+1, \cdots, P-1$$

对于 P 步预测，可以写成向量形式为

$$Y_m(k) = \begin{bmatrix} y_m(k+1) \\ y_m(k+2) \\ \vdots \\ y_m(k+M) \\ y_m(k+M+1) \\ \vdots \\ y_m(k+P) \end{bmatrix} =$$

$$\begin{bmatrix} \Delta u(k) & \Delta u(k-1) & \cdots & u(k-N+1) \\ \Delta u(k+1) & \Delta u(k) & \cdots & u(k-N+2) \\ \vdots & \vdots & & \vdots \\ \Delta u(k+M-1) & \Delta u(k+M-2) & \cdots & u(k-N+M) \\ 0 & \Delta u(k+M-1) & \cdots & u(k-N+M+1) \\ \vdots & \vdots & & \vdots \\ 0 & \cdots & & \Delta u(k+M-1)\cdots u(k+P-N) \end{bmatrix} \begin{bmatrix} a_1 \\ a_2 \\ \vdots \\ a_N \end{bmatrix}$$

(3-87)

式(3-87)可以化简为

$$Y_m(k) = A\Delta U_m(k) + Y_0(k) \qquad (3-88)$$

式中,$A = \begin{bmatrix} a_1 & & & \\ a_2 & a_1 & & \\ \vdots & & & \\ a_M & \cdots & a_1 & \\ \vdots & & a_2 & \\ & & \vdots & \\ a_P & \cdots & a_{P-M+1} \end{bmatrix}_{P \times M}$,$Y_0(k) = [y_0(k+1) \quad y_0(k+2) \quad \cdots \quad y_0(k+P)]_{1 \times P}^T$,而 $Y_0(k)$ 表示过去控制量产生的系统已知初值。

$$y_0(k+j) = a_N u(k+j-N) + \sum_{i=j+1}^{N-1} a_i \Delta u(k+j-i), j=1,2,\cdots,P \qquad (3-89)$$

式(3-89)写成向量形式为

$$Y_0(k) = A_0 \Delta U_0(k) + a_N U_0(k) \qquad (3-90)$$

式中:

$$\Delta U_0(k) = [\Delta u(k+2-N) \quad \Delta u(k+3-N) \quad \cdots \quad \Delta u(k-1)]_{1 \times (N-2)}^T$$
$$U_0(k) = [\Delta u(k+1-N) \quad u(k+2-N) \quad \cdots \quad u(k+P-N)]_{1 \times P}^T$$

$$A_0 = \begin{bmatrix} a_{N-1} & \cdots & \cdots & a_2 \\ & a_{N-1} & & a_3 \\ & & \ddots & \vdots \\ 0 & & \ddots & \vdots \\ 0 & a_{N-1} & \cdots & a_{P+1} \end{bmatrix}_{P \times M}$$

由上式可知，A 和 A_0 是阶跃响应模型的系数矩阵，是已知的。$\Delta U_0(k)$ 和 $U_0(k)$ 是控制向量增量和控制向量，都是当前时刻 k 以前的输入值，所以也是已知的。因此 $Y_0(k)$ 是已知的，$\Delta U_m(k)$ 是未知的 M 维要求的一组最优控制向量。

(2) 反馈校正

与 MAC 算法一样，为了克服扰动和模型失配等因素对模型预测值的影响，采用当前的过程输出的测量值 $y(k)$ 与模型的计算值 $y_m(k)$ 进行比较，用其差 $e(k)$ 来修正模型输出的预估值。

(3) 滚动优化

设优化控制的目标函数为

$$\min J = [Y_r(k) - Y_P(k)]^T Q[Y_r(k) - Y_P(k)] + \Delta U_M^T(k) R \Delta U_M(k) = \sum_{j=1}^{P} q_j [y_r(k+j) - y_P(k+j)]^2 + \sum_{j=1}^{M} r_j \Delta u^2(k+j-1) \quad (3-91)$$

式中，$Q = \mathrm{diag}[q_1, q_2, \cdots, q_P]$；$R = \mathrm{diag}[r_1, r_2, \cdots, r_M]$。

为了使性能指标最小，可通过求极值来实现，即

$$\frac{\partial J}{\partial \Delta U_M(k)} = 0 \quad (3-92)$$

求得的 $\Delta U_M(k)$ 为一组最优控制量，但是只取当前控制增量 $\Delta u(k)$ 作用于系统上，到下一采样时刻，再重新计算最优控制量，也是只取当前控制增量 $\Delta u(k+1)$ 作用于系统上，如此类推，"滚动"式推进，对优化过程在线反复计算，这就是所谓的滚动优化。

3. 预测函数控制

预测函数控制 (Predictive Function control, PFC) 是一种新颖的预测控制算法，它在保持模型预测控制优点的同时，通过引入基函数的概念增强了输入控制量的规律性，提高了响应的快速性和准确性，可有效地减少算法的计算量。预测函数控制不仅在理论上取得了一系列成果，而且在机器人、火炮或雷达的目标跟踪、冶金轧制过程等快速随动系统中得到了广泛的应用。

预测函数控制不仅具有模型预测控制的三个基本特征，即预测模型、滚动优化、反馈校正，而且具有自己的特点，即把每一时刻加入的控制输入看做是若干事先选定的基函数的线性组合。预测函数控制假设在输入频谱有限的情况下，控制输入仅属于一组与设定值轨线和对象性质有关的特定的基函数族。对于线性被控过程，过程的输出是将上述基函数作用于对象模型的响应（当过程模型已知时，可事先算出）的加权组合。通过在线优化可求出这些线性加权系数，进而可计算得到未来的控制

输入。

4. 广义预测控制

广义预测控制(Generalized Predictive Control,GPC)考虑过程随机噪声,采用易于在线辨识并能描述不稳定过程的受控自回归滑动平均模型(CARMA)和受控自回归积分滑动平均模型(CARIMA)。

5. 预测控制与 PID 串级控制

预测控制虽然有较快的跟踪性能,并对模型失配有较强的鲁棒性,但它的抗干扰性却比不上传统的 PID 控制。这是因为预测控制一般采样周期较大,为 1~5 min,对随机突发性干扰难以及时克服。为此,一般采用预测控制与 PID 串级控制。

目前,已经形成许多以预测控制为核心思想的先进控制商品化软件包,并已成功应用于石油化工中的催化裂化、常减压、连续重整、延迟焦化、加氢裂化等许多重要装置。

3.6 自适应控制技术

自适应控制技术目前已广泛应用于许多领域,例如机器人操作,飞机、导弹、火箭和飞船的控制,化工过程,工业过程,动力系统舰船驾驶,生物工程以及武器系统,并逐步渗透至经济管理、交通、通信等各个领域。

自适应控制的研究对象是具有不确定性的系统。这里的"不确定性"是指描述被控对象及其环境的数学模型不是完全确定的,包含一些未知因素和随机因素。作为较完善的自适应控制应该具有以下三方面功能:

① 系统本身可以不断地检测和处理信息,了解系统当前状态。
② 进行性能准则优化,产生自适应控制规律。
③ 调整可调环节(控制器),使整个系统始终自动运行在最优或次最优工作状态。

从实用角度讲,自适应控制系统一般可分三大类,即模型参考自适应控制、自校正控制和其他自适应控制。

1. 模型参考自适应控制(MRAC)

模型参考自适应控制系统的工作原理结构如图 3-32 所示。先根据被控对象要求达到的性能指标,设计一个与对象同阶的定常参考模型,将其与被控对象并联,在同一个参考输入 $r(t)$ 的作用下,比较两者的输出得到偏差,通常称为广义误差 $e(t)$。再通过设计出来的自适应机构去调节被控对象的参数,或者产生一个辅助控制输入量,累加到被控对象上,最终使得 $e(t) \rightarrow 0$。这样,被控对象便能跟随上参考模型,从而实现对象的性能指标。而参考模型始终具有所期望的闭环性能。

模型参考自适应控制系统的主要技术问题是实现性能比较和自适应控制器的

设计。

2. 自校正控制(STC)

自校正控制又称自优化控制或模型辨识自适应控制,其工作原理如图 3-33 所示。自校正控制系统的设计目标是,在所有输入信号和过程条件下,确定最优化过程模型和获得闭环系统的最优控制品质。具体过程如下:

对被控对象的输入输出数据进行检测,根据检测出的数据离线辨识出对象的结构(阶数)和参数。以这个模型结构为基础,以辨识出的参数为初始值,用在线递推模型辨识方法不断辨识出模型的参数(即不断地检测输入输出数据,不断地计算出新的参数)。也就是用一个结构不变、参数变化的模型去追踪被控对象的变化规律,使模型一致,然后将此模型化为预报模型形式,得到预报误差。以这个预报误差方差最小为目标函数,不断地检测输入输出数据,不断地在线辨识,找出相应的控制律(最小方差控制律),作用到对象上,便可以不断校正偏差,达到输出方差最小的目的。

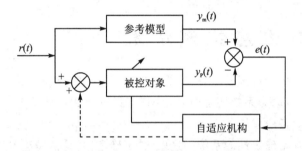
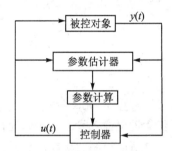

图 3-32 模型参考自适应控制系统的工作原理结构图　　图 3-33 自校正调节器工作原理图

自校正控制系统具有三大要素:过程信息采集;控制性能准则优化;调整控制器。

3. 其他形式的自适应控制系统

其他形式的自适应控制系统是指除前述自校正控制系统和模型参考自适应控制系统以外的基于先进理论的自适应控制系统以及非线性自适应控制系统、多变量过程自适应控制系统等。近年来,在自适应控制系统中应用的先进理论有:人工智能、神经元网络、模糊集合论、鲁棒控制、H_∞ 控制、变结构控制等。由此产生了基于人工智能的自适应控制系统,基于神经元网络理论的自适应控制系统、基于模糊集合论的自适应控制系统、鲁棒自适应控制系统、H_∞ 自适应控制系统以及变结构自适应控制系统等。

自适应控制和常规的反馈控制一样,都是基于模型的控制方法,但它同一般反馈控制相比较具有如下突出特点:

① 一般反馈控制主要适用于确定性对象或事先已知的对象,而自适应控制主要研究不确定对象或事先难以已知的对象。

② 一般反馈控制具有强烈抗干扰能力,即能够消除状态扰动引起的系统误差。而自适应控制因为有辨识对象和在线修改参数的能力,因而不仅能消除状态扰动引

第 3 章 控制技术

起的系统误差,而且还能消除系统结构扰动引起的系统误差。

③ 一般反馈控制系统的设计必须事先掌握描述系统特性的数学模型及其环境变化状况,而自适应控制系统设计则很少依赖数学模型全部信息,仅需要知道较少的先验知识,但必须设计出一套自适应算法,因而将更多地依靠计算机技术实现。

④ 自适应控制是更复杂的反馈控制,它在一般反馈控制的基础上增加了自适应控制机构或辨识器,还附加了一个可调系统。

思考题与习题

3.1 比例、积分、微分控制规律的特点各是什么?

3.2 PID 的控制参数对系统的过渡过程有什么影响?

3.3 设数字控制器的框图如图 3-34 所示。其中,$G_h(s)$ 为零阶保持器;T_0 为采样周期,$G(s) = \dfrac{10}{(0.1s+1)}$,$T_0 = 0.2s$,$r(t) = 1(t)$,试确定最少拍性能指标的数字控制器 $D(z)$。

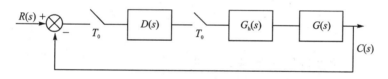

图 3-34 习题 3.3 的数字控制器框图

3.4 模糊控制器输出清晰化的方法有哪些?

3.5 模糊控制器的特点是什么?模糊控制器由哪几部分组成?

3.6 简述模糊控制器的设计步骤?

3.7 什么是人工神经网络?它是如何学习的?

3.8 试推导出三层 BP 神经网络 3—3—2 的输入层到隐含层神经元节点的连接权值 Δw_{21} 的修正公式?

3.9 BP 神经网络的缺点主要有哪些?

3.10 预测控制有哪几个基本特征?

3.11 模型算法控制(MAC)采用什么模型作为预测模型?动态矩阵控制(DMC)采用什么模型作为预测模型?

3.12 什么是自适应控制系统?它的适用范围是什么?

第 4 章　执行器

执行器是控制系统非常重要的一个环节,用于接收控制器的输出信号,改变操纵变量,执行最终控制任务。由于它直接与工艺介质相接触,而工艺介质很复杂,所以控制系统中的约70%的故障出自执行器。可见,执行器的设计、安装、现场维护具有非常重要的意义。

执行器按驱动方式可分为气动执行器、电动执行器、液动执行器。液动执行器推力最大,但较笨重,较为少用;电动执行器能源取用方便,信号传递迅速;气动执行器采用0.14 MPa的压缩空气作为能源信号,结构简单、动作可靠、维修方便,具有防爆功能,广泛应用于化工、造纸、炼油等生产过程,在工作条件差或调节质量要求高的场合,还可以配阀门定位器等附件。

4.1　气动执行器

4.1.1　气动执行器的组成与分类

1. 气动执行器的组成

气动执行器是以压缩空气为动力的执行器,由气动执行机构和调节机构组成,其结构如图4-1所示。

执行机构是执行器的推动装置,根据按控制信号压力大小产生相应的推力,推动执行机构动作,是将信号压力大小转换成阀杆位移的装置。控制机构(也称为控制阀)是执行器的控制部分,直接与被控介质接触,控制流体的流量,是将阀杆位移转换成流过阀的流量的装置。

2. 气动执行器的类型

(1) 气动执行机构

气动执行器的执行机构主要有薄膜式(见图4-1)和活塞式两种。活塞式推力较大,适用于大口径、高压降控制阀和蝶阀的推动装置;气动薄膜式执行机构可作为一般控制阀的推动装置。下面以带弹簧的气动薄膜式执行机构为例,介绍气动执行机构的工作原理。

输入的气压信号进入薄膜气室后,在薄膜上产生一个推力,使推杆移动并压缩弹簧,当弹簧的反作用力和输入信号在薄膜上产生的推力相等时,推杆稳定在一个新的位置上。输入信号越大,推杆的位移量就越大。

气动薄膜执行机构有正作用和反作用两种形式,如图4-2所示。信号压力增大时,推杆向下移动,这种结构称为正作用形式;相反,信号压力增大时,推杆向上移动,称为反作用形式。

(2) 调节机构

调节机构即控制阀体,是一个局部阻力可以改变的节流元件。阀芯在阀体内移动,改变阀芯与阀座之间的流通面积,使介质的流量相应改变,达到控制的目的。

阀芯根据需要可以正装,也可以反装,如图4-3所示。当阀杆下移时流量减小,称为正装阀;当阀杆下移时流量增大,称为反装阀。

常见控制阀的结构类型有直通单座阀、直通双座阀、套筒阀、角形阀和三通阀等。其中直通单座阀适用于低压差和泄漏量要求小的场合;直通双座阀适用于泄漏量要求不严格、压差较大的干净介质场合;套筒阀适用于阀两端压差大,并要求低噪声、清洁介质的场合;角形阀适于高黏度、高压差、含少量悬浮物和固体颗粒的场合;三通阀适用于配比控制与旁路控制。

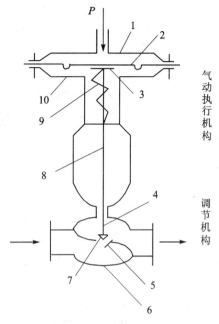

1—上膜盖;2—波纹膜片;3—托板;
4—阀杆;5—阀座;6—阀体;7—阀芯;
8—推杆;9—平衡弹簧;10—下膜盖

图4-1 气动执行器示意图

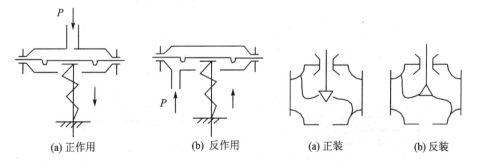

图4-2 执行机构的正作用和反作用形式   图4-3 阀芯的正装、反装

4.1.2 气动执行器的选择

气动执行器的选择一般包含结构类型的选择、流量特性的选择、作用方式的选择(即控制阀气开、气关形式的选择)和口径的选择。

1. 结构类型的选择

阀的结构类型有很多种,每一种都有自己的特点及应用场合。在选择时应当考虑到介质性质,如介质是一般流体,还是具有高黏度、含悬浮物或纤维介质的流体;是有毒流体还是腐蚀性流体;还要考虑工艺参数,如工况压力、温度,流量大小等。另外,也要考虑到使用要求,如泄漏量的要求、稳定性要求、维修是否方便、控制阀的重量、体积的要求等。

2. 流量特性及其选择

阀的流量特性是指流体通过阀门的相对流量与阀门的相对开度之间的函数关系,即

$$\frac{Q}{Q_{\max}} = f\left(\frac{l}{L}\right) \tag{4-1}$$

式中:$Q/Q_{\max}$ 为相对流量,即控制阀在某一开度下流量 Q 与最大流量 $Q_{\max}$ 之比;

l/L 为相对开度,即控制阀在某一开度下行程 l 与全行程 L 之比。

阀的流量特性可分为理想流量特性和工作流量特性。理想流量特性主要是指阀的前后压差恒定时,流体通过阀门的流量与开度之间的关系,其特性主要取决于阀芯的形状。

控制阀理想流量特性如图 4-4 所示,图中曲线是在可调比 $R=30$ 的情况下绘制的。各流量特性阀芯形状如图 4-5 所示。

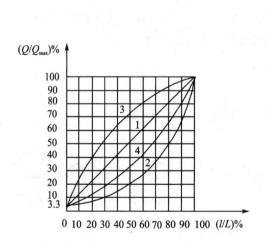

1—直线;2—等百分比;3—快开;4—抛物线

图 4-4 控制阀理想流量特性

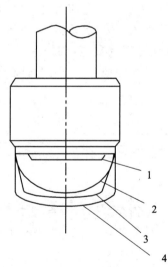

1—快开;2—直线;3—抛物线;
4—等百分比

图 4-5 各流量特性阀芯形状

(1) 控制阀的理想流量特性

① 直线流量特性　控制阀的相对流量与相对开度呈线性关系,即单位行程变化引起的流量变化是常数,数学表达式为

$$\frac{\mathrm{d}\left(\dfrac{Q}{Q_{\max}}\right)}{\mathrm{d}\left(\dfrac{l}{L}\right)} = K \tag{4-2}$$

式中,K 为常数,即控制阀的放大系数。

将式(4-2)积分可得

$$\frac{Q}{Q_{\max}} = K\frac{l}{L} + C \tag{4-3}$$

式中,C 为积分常数。

边界条件为:$l=0$ 时,$Q=Q_{\min}$($Q_{\min}$ 为控制阀能控制的最小流量);$l=L$ 时,$Q=Q_{\max}$($Q_{\max}$ 为控制阀能控制的最大流量)。

把边界条件代入式(4-3),可分别得

$$C = \frac{Q_{\min}}{Q_{\max}} = \frac{1}{R}; \quad K = 1 - C = 1 - \frac{1}{R} \tag{4-4}$$

式中,R 为控制阀的可调范围或可调比。

对于直通单座、直通双座、角形阀而言,国产控制阀理想可调范围 R 为 30。

将式(4-4)代入式(4-3),可得

$$\frac{Q}{Q_{\max}} = \frac{1}{R} + \left(1 - \frac{1}{R}\right)\frac{l}{L} \tag{4-5}$$

式(4-5)表明 $\dfrac{Q}{Q_{\max}}$ 与 $\dfrac{l}{L}$ 之间呈线性关系(如图 4-4 中的直线 1 所示)。取可调比 $R=30$,则在 $\dfrac{l}{L}=0$ 时,$\dfrac{Q}{Q_{\max}}=3.3\%$,因此 $Q_{\min}$ 不是阀全关时的泄漏量。

为了分析简便,假设直线流量特性曲线的起点位于原点。当调节阀原来处于不同开度,即阀位开度在 $l/L=10\%$、50%、80% 行程点上,若阀位开度在原来基础上各增大 10% 行程,则所引起的流量变化 $\dfrac{Q}{Q_{\max}}$ 均为 10%,但对于各点不同流量值而言,所引起的流量相对变化量是不同的,即为

对于原开度为 10% 时,流量相对变化量 $=\dfrac{20-10}{10}\times 100\% = 100\%$;

对于原开度为 50% 时,流量相对变化量 $=\dfrac{60-50}{50}\times 100\% = 20\%$;

对于原开度为 80% 时,流量相对变化量 $=\dfrac{90-80}{80}\times 100\% = 12.5\%$;

由以上分析可见,直线流量特性调节阀在小流量时,阀门开度变化所引起的流量相对变化量大,在大流量时,流量相对变化量小。也就是说,当阀门在小开度时控制作用太强、灵敏度太高;而在大开度时控制作用太弱、调节缓慢,这是不利于控制系统的正常运行的。

从控制系统来讲,当系统处于小负荷(原始流量较小)时,要克服外界干扰的影

响,希望控制阀动作所引起的流量变化量不要太大,以免控制作用太强产生超调,甚至发生振荡;当系统处于大负荷(原始流量较大)时,要克服外界干扰的影响,希望控制阀动作所引起的流量变化要大一些,以免控制作用微弱而使控制不够灵敏。由以上分析可知,直线流量特性不能满足以上要求。当系统负荷非常稳定,阀的行程变化很小,阀的特性对控制质量影响很小时,可以选用直线流量特性的阀。

② 等百分比(对数)流量特性　等百分比流量特性是指单位相对行程变化所引起的相对流量变化与此点的相对流量成正比关系,即控制阀的放大系数随相对流量的增加而增大,用数学公式表达为

$$\frac{\mathrm{d}\left(\dfrac{Q}{Q_{\max}}\right)}{\mathrm{d}\left(\dfrac{l}{L}\right)} = K \frac{Q}{Q_{\max}} \tag{4-6}$$

将式(4-6)积分得

$$\ln \frac{Q}{Q_{\max}} = K \frac{l}{L} + C$$

将前述边界条件代入,可得 $C = \ln \dfrac{Q_{\min}}{Q_{\max}} = \ln \dfrac{1}{R} = -\ln R$,最后得

$$\frac{Q}{Q_{\max}} = R^{\left(\frac{l}{L}-1\right)} \tag{4-7}$$

相对流量与相对开度呈对数关系,如图4-4中的曲线2所示。从图中可以看出,在同样的行程变化时,流量小时,流量变化小,控制平稳缓和;流量大时,流量变化大,控制灵敏有效。所以此阀性能好,对负荷波动有较强的适应性,应用最广。

③ 抛物线流量特性　相对流量与相对开度呈抛物线关系,如图4-4中的曲线4所示,它介于直线与对数曲线之间,这种阀较少使用。数学表达式为

$$\frac{Q}{Q_{\max}} = \frac{1}{R}\left[1 + (\sqrt{R}-1)\frac{l}{L}\right]^2$$

④ 快开特性　快开特性的阀芯形式是平板形的。这种流量特性在开度较小时就有较大流量,随开度的增加,流量很快就达到最大,称为快开特性。这种阀小开度时放大系数很高,容易使系统振荡,大开度时调节不灵敏,所以很少用在连续控制系统中,多用于双位控制系统中。

(2) 控制阀的工作流量特性

在实际生产中,控制阀前后压差总是变化的,这时的流量特性称为工作流量特性。控制阀的工作流量特性除了与控制阀的结构有关外,还取决于配管情况。因为阀门要安装在工艺管道系统中,受到流量、其他设备、管件、管道所产生阻力的影响,所以控制阀前后压差总是变化的。在实际过程中,最值得关心的是控制阀的工作流量特性。控制阀的工作流量特性是其理想流量特性的畸变。管道阻力越大,流量变化引起的控制阀前后压差变化也越大,特性变化也越明显。所以,对于同一个调节阀来说,在不同的外部条件下具有不同的工作流量特性。

实际生产中,有时将阀串联于管道中,也有时将阀装有手动阀或旁路管道(即与管道并联),以便手动操作和维护。对于调节阀串、并联在管道中时,会有如下影响:

① 串、并联时都会使阀的理想流量特性发生畸变,串联管道的影响尤为严重。

工程上,常常采用阻力系数 S 表征串联阻力对流量特性的影响,定义 $S = \Delta P_{V,\min}/P$,$\Delta P_{V,\min}$ 为阀全开时阀前后压差,P 为系统总压力。例如,图 4-6 是阀与管道及工艺设备串联的情况,如果流体介质外加压力 P 恒定,那么阀门开度加大时,阀门前后的压差 ΔP_V 逐渐减小,而随着流量 Q 的增加,设备及管道上的压降 ΔP_G 将随流量 Q 的增大成平方增加,因此在同样的阀芯位移下,阀的开度越大,阀前后压差 ΔP_V 越小,流量变化也越小。如果采用理想直线流量特性的阀,在不同的串联管道阻力的影响下,实际的工作流量特性变化如图 4-7(a)所示。如果采用理想对数流量特性的阀,在不同的串联管道阻力的影响下,实际的工作流量特性变化如图 4-7(b)所示。当 $S=1$ 时,管道压降为零,阀前后的压差始终等于总压力,所以工作流量特性即为理想流量特性。当 $S<1$ 时,由于串联管道阻力的影响,使阀门开大时流量达不到预期的值,使阀的可调范围变小。随着 S 的减小,直线特性逐渐趋近于快开特性,等百分比特性逐渐趋近于直线特性。S 越小,流量特性的畸变程度越大。所以,实际使用中,一般情况下不希望 $S<0.3$。

② 串、并联时都会使阀的可调范围降低,并联管道尤为严重。

③ 串联时使系统总流量减少,并联时使系统总流量增加。

④ 串、并联时都会使阀的放大系数减小,即输入信号变化引起的流量变化减少。

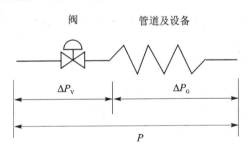

图 4-6 阀与管道及工艺设备串联

(3) 控制阀的流量特性选择

从控制的角度看,流量特性是阀的一个重要特性,对系统的控制品质有很大影响。实际生产中有很多控制系统不能正常工作,主要是因为控制阀的特性选择不当,或阀芯在使用过程中腐蚀磨损严重而引起流量特性变坏造成的。所以,必须选择流量特性适当的控制阀,选择原则如下:

① 根据被控对象的特性选择 对于过程控制系统来说,若要使其在整个工作范围内都有较好的控制品质,就应使系统总的放大系数在整个操作范围内保持不变。一般情况下,测量变送器、控制器和执行机构的放大系数基本不变,而被控对象的特

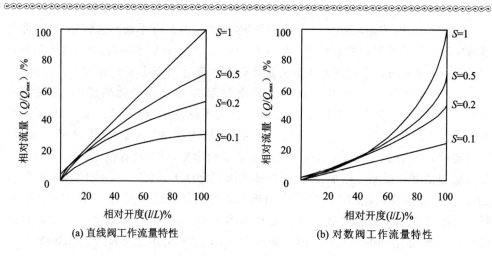

图 4-7 串联管道中阀的工作流量特性

性往往是非线性的,其放大系数随工作点(即负荷)的不同而变化。因此选择控制阀时,希望以控制阀的工作特性补偿被控对象的非线性,即希望控制阀的放大系数与被控对象的放大系数的乘积为常数。

例如,如果被控对象的特性是线性的,则应选用具有直线流量特性的控制阀。而实际生产中很多被控对象的放大系数都是随负荷的增大而减小,这时就应选用具有对数流量特性的控制阀,因为对数阀的放大系数随负荷的增大而增大,两者能够互相补偿。

值得注意的是,根据这个选择原则选择的控制阀的特性是实际需要的工作流量特性,而不是理想流量特性。

② 根据管道的阻力情况选择 根据被控对象的特性选择相应的控制阀之后,再根据管道阻力情况进行进一步的选择,其选择原则可参考表 4-1。

表 4-1 阻力系数与流量特性

特 性	$S=0.3\sim0.6$		$S=0.6\sim1.0$	
工作流量特性	直线	对数	直线	对数
理想流量特性	对数	对数	直线	对数

例如,一个系统中的测量变送器、控制器、执行机构和被控对象的放大系数都具有线性特性的话,根据非线性补偿的原则,应选线性阀;但如果管道的阻力状况 $S=0.3$,由表 4-1 可知,必须选用理想流量特性为对数特性的阀,才能得到直线特性的工作流量特性。

3. 阀的气开、气关形式的选择

(1) 控制阀的气开、气关形式

气开阀是指当输入到执行机构的压力信号增加时,流过控制阀的流量增加(开度增大),在无压力信号(或断气源)时气开阀处于全关状态;气关阀则是指当输入到执行机构的信号增加时流过控制阀的流量减小(开度减小),在无压力信号(或断气源)时气关阀则处于全开状态。

执行器(如气动薄膜控制阀)的执行机构和调节机构组合起来可以实现气开和气关形式。由于执行机构有正反两种作用方式,调节机构(控制阀体)也有正装、反装两种结构类型,因此,气开形式阀(气开阀)和气关形式阀(气关阀)的组成有四种组合方式,如图4-8所示。例如,图4-8(a)是由正作用的执行机构和正作用的调节机构组合而成。正作用的执行机构使得压力信号增大时,阀杆下移;正作用的调节机构使得阀杆下移,流过阀的流量减小。所以它们组合后,就会使得压力信号增大时,流过阀的流量减小,即是气关阀。

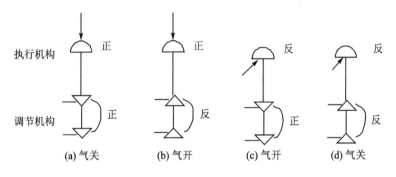

图4-8 气开、气关组合形式

(2) 气开、气关形式的选择

控制阀开关形式的选择应从以下三个方面考虑:

① 从工艺生产的安全角度考虑。主要考虑当气源供气中断或控制阀出现故障时,应避免损坏设备和伤害人员。事故情况下,控制阀处于关闭位置危害性小,则应选气开阀;反之,应选气关阀。例如,加热炉燃料控制阀一般选气开阀,以保证控制阀在断气源时能处于全关状态,以切断进炉燃料,从而避免加热炉温度过高造成事故。

② 从介质特性上考虑。如果介质是易凝、易结晶、易聚合的物料,控制阀开关形式选择应考虑介质的这些特性。例如,精馏塔塔釜加热蒸气控制阀一般选气开阀,但是如果釜液是易凝、易结晶、易聚合的物料,控制阀则应选择气关阀,以防控制阀失气时阀门关闭、停止蒸气进入而导致再沸器和塔内液体的结晶和凝聚,造成堵塞。如果介质易结焦,则一般选气开阀。

③ 保证产品质量、经济损失最小的角度考虑。当事故发生时,尽量减少原料及动力消耗,但要保证产品质量。例如,精馏塔进料阀常为气开阀,如果没有气压,阀就全关,停止进料,以免浪费;塔顶采出阀常为气开阀,如果没有气压,阀就全关,保证塔顶产品质量。回流量控制阀则选气关阀,在没有气压信号时阀门全开,精馏塔处于全回流状态。

4. 控制阀口径选择

控制阀口径选择是否合适直接影响控制效果。在不同的自控系统中,由于参数千差万别,在选择阀口径时,先计算,然后根据厂家的产品选出相应的控制阀口径,最后进行有关的验算,进一步验证所选阀是否满足工作要求。具体计算可参考相关手册。

4.2 电—气转换器及电—气阀门定位器

在实际系统中,电与气两种信号经常混合使用,可以取长补短。因而有各种电—气转换器及气—电转换器把电信号(0~10 mA DC 或 4~20 mA DC)与气信号(0.02~0.1 MPa)进行转换。电—气转换器可以把电动变送器来的电信号变为气信号,送到气动控制器或气动显示仪表;也可以把电动控制器的输出信号变为气信号去驱动气动控制阀,此时常用电—气阀门定位器,它具有电—气转换器和气动阀门定位器两种作用。

电—气阀门定位器一方面具有电—气转换器的作用,可接收电动控制器输出的 0~10 mA DC 或 4~20 mA DC 信号去操纵气动执行机构;另一方面还具有气动阀门定位器的作用,可以使阀门位置按控制器送来的信号准确定位(即输入信号与阀门位置呈一一对应关系)。除此之外,阀门定位器可以改善控制阀的静态特性,提高阀门位置的线性度,改善控制阀的动态特性,减少控制信号的传递滞后,并且可以改善控制阀的流量特性。另外,也可以改变控制阀对信号的响应范围,实现分程控制,可以使阀门动作反向。

4.3 电动执行器

电动执行器与气动执行器一样,是控制系统中的一个重要部分。它接收控制器的 0~10 mA 或 4~20 mA 电流信号,并将其转换成相应的直线位移或角位移,推动阀门、挡板等调节机构动作,实现自动控制。

电动执行器也由执行机构和调节阀两部分组成,其中调节阀部分可与气动执行器通用,而执行机构则由电动机等组成的以电为动力来启动调节阀工作。

电动执行机构主要分为直行程与角行程式。直行程电动执行机构接收输入直流电信号后,使电动机转动,然后经减速器减速并转换成直线位移输出,去操纵直通单座、直通双座、三通等各种控制阀和其他直线式控制机构。角行程电动执行机构以电动机为动力元件,将输入的直流电流信号转换成相应的角位移(0°~90°),这种执行机构适用于操纵蝶阀、挡板之类的旋转式控制阀。

直行程与角行程式执行机构的电气原理基本相同,只是减速器不同。下面以角行程式电动执行机构为例来介绍电动执行机构。

角行程式电动执行机构由伺服放大器、伺服电动机、减速器、位置发送器和操纵器组成,如图 4-9 所示。其工作过程为:控制器的输入信号,在伺服放大器内与位置反馈信号相比较,其偏差经伺服放大器放大后,去驱动伺服电动机旋转,然后经减速器输出角位移。执行机构的旋转方向决定于偏差信号的极性,而又总是朝着减小偏差的方向转动,直到与输出转轴相连的位置发送器的输出电流与输入信号相等为止,此时输出轴就稳定在与该输入信号相对应的转角位置上,实现了输入电流信号与输出转角的转换。

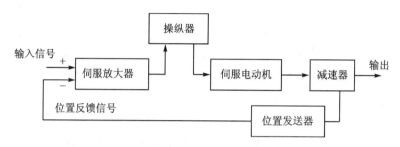

图 4-9 角行程式电动执行机构组成

配用电动操纵器可实现自动控制系统的自动—手动无扰动切换。手动操作时,由操作开关直接控制电动机电源,使执行机构在全行程转角范围内操作;自动控制时,伺服电动机由伺服放大器供电,输出轴转角随输入信号而变化。

位置发送器由位移检测元件和转换电路组成,将执行机构输出轴角位移转换成与输入信号相对应的直流信号(4～20 mA),并作为位置反馈信号送出。

减速器一般由机械齿轮或齿轮与传动带轮构成。它将伺服电动机高转速、低转矩的输出功率转换成执行机构输出轴的低转速、大转矩的输出功率,推动调节机构。对于直行程的电动执行机构,减速器还起到将伺服电动机转子旋转运动转换成执行机构输出轴直线运动的作用。

4.4 数字阀与智能控制阀

随着计算机控制系统的发展,为了能够直接接收数字信号,执行器出现了与之适应的新品种,数字阀和智能控制阀就是其中两例,下面简单介绍它们的功能和特点。

4.4.1 数字阀

数字阀是一种位式的数字执行器,由一系列并联安装而且按二进制排列的阀门所组成。数字阀体内有一系列开闭式的流孔,它们按照二进制顺序排列。例如对这个数字阀,每个流孔的流量按 $2^0, 2^1, \cdots, 2^7$ 来设计,如果所有流孔关闭,则流量为 0,如果流孔全部开启,则流量为 255(流量单位),分辨率为 1(流量单位)。因此数字阀能在很大范围内(如 8 位数字阀调节范围为 1～255)精密控制流量。数字阀的开度按步进式变化,每步大小随位数的增加而变小。

数字阀主要由流孔、阀体和执行机构三部分组成。每一个流孔都有自己的阀芯和阀座。执行机构可以用电磁线圈,也可以用装有弹簧的活塞执行机构。

数字阀有以下特点:

① 高分辨率。数字阀位数越高,分辨率越高。8位、10位的分辨率比模拟式控制阀高得多。

② 高精度。每个流孔都装有预先校正流量特性的喷嘴和文丘里管,精度很高,尤其适合小流量控制。

③ 反应速度快,关闭特性好。

④ 直接与计算机相连。数字阀能直接接收计算机的并行二进制数码信号,有直接将数字信号转换成阀开度的功能,因此数字阀能直接用于计算机控制系统中。

⑤ 没有滞后、线性好、噪声小。

但是数字阀结构复杂、部件多、价格高。此外,由于过于敏感,导致输送给数字阀的控制信号稍有错误,就会造成控制错误,使被控流量大大高于或低于所要求的量。

4.4.2 智能控制阀

智能控制阀是近年来迅速发展的执行器,集常规仪表的检测、控制、执行等作用于一身,具有智能化的控制、显示、诊断、保护和通信功能,是以控制阀体为主体,将许多部件组装在一起的一体化结构。智能控制阀的智能主要体现在以下几个方面:

(1) 控制智能

除了一般的执行器控制功能外,还可以按照一定的控制规律动作。此外还配有压力、温度和位置参数的传感器,可对流量、压力、温度、位置等参数进行控制。

(2) 通信功能

智能控制阀采用数字通信方式与主控制室保持联络,主计算机可以直接对执行器发出动作指令。智能控制阀还允许远程检测、整定、修改参数或算法等。

(3) 诊断智能

智能控制阀安装在现场,但都有自诊断功能,能根据配合使用的各种传感器通过微机分析判断故障情况,及时采取措施并报警。

目前,智能控制阀已经用于现场总线控制系统中。

思考题与习题

4.1 气动执行器主要有哪两部分构成?各起什么作用?

4.2 控制阀的结构有哪些类型?各适用在什么场合?

4.3 什么是控制阀的流量特性和理想流量特性?常用的控制阀理想流量特性有哪些?

4.4 图 4-10 为执行机构和调节机构的两种组合,分别构成的是气开阀还是气关阀?

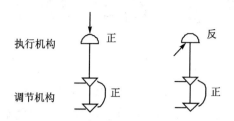

图 4-10 习题 4.4 的图

4.5 气开阀和气关阀的选择应从哪些方面考虑?

4.6 若一个工艺过程,在断气源时,希望阀是关闭的,则应该选择气开阀还是气关阀?

4.7 电动执行器与气动执行器的区别?

4.8 电气转换器和电气阀门定位器的用途分别是什么?

4.9 数字阀的特点是什么?

4.10 智能控制阀的智能主要体现在哪几个方面?

第5章 简单控制系统

随着生产过程自动化水平和计算机技术日益提高,自动控制系统的类型越来越多,但在化工生产中,使用最多的控制系统仍然是简单控制系统。所以有必要学习简单控制系统。另外,掌握好简单控制系统也是进一步学习复杂控制系统和先进控制系统的必要基础。

5.1 简单控制系统组成

简单控制系统又称为单回路控制系统,由一个控制器、一个测量变送器(测量仪表)、一个执行器(调节阀)和一个被控对象组成的单闭环控制系统。如果把测量变送器(测量仪表)、执行器(调节阀)和被控对象归并在一起,称为"广义被控对象"或"广义对象",那么简单控制系统也可以化简为由广义对象和控制器两部分组成。

图 5-1 所示的液位控制系统是一个典型的简单控制系统。图 5-1 中的储槽是被控对象,液位是被控变量,变送器反映液位的高低,液位控制器 LC 接收变送器的信号,并进行运算,控制器输出的信号送往执行器,改变阀的开度进而维持液位稳定。图 5-2 是该系统的方块图。

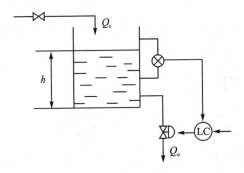

图 5-1 液位控制系统

简单控制系统结构简单,所需的自动化装置数量少,成本低,操作维护也比较方便,而且在一般情况下都能满足控制质量的要求,尤其适用于被控对象滞后时间较短、负荷和干扰变化不大、控制质量要求不高的场合。

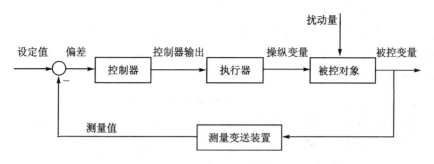

图 5-2 简单控制系统方块图

5.2 简单控制系统的设计

1. 设计原则

设计人员在掌握较为全面的自动化专业知识的基础上,要尽可能多地熟悉工艺流程和所要控制的工艺装置,并与工艺专业技术人员进行必要的交流,共同商量确定自动化方案。切忌盲目追求控制系统的先进性、所用仪表装置的先进性。除此之外,要遵守有关的标准、行规进行设计,按科学合理的程序进行。

2. 设计的主要内容

简单控制系统的设计工作主要包括控制系统方案设计、工程设计、工程安装和仪表调校、控制器参数整定四个方面内容。

(1) 控制系统方案设计

对于比较大的控制工程,要从实际情况出发,首先确定总体的自动化水平,然后才能确定各个具体控制系统的方案。控制系统的方案设计是整个设计的核心,是关键的第一步,如果控制方案设计不尽合理,那么控制系统就不能很好工作,甚至无法运行,所以要通过广泛的调研,反复的论证来确定控制方案。控制方案设计的主要内容包括被控变量的选择与确认,操纵变量的选择与确认,检测点的初步选择,绘制出带控制点的工艺流程图和编写初步控制方案设计说明书。

(2) 工程设计

工程设计是在已确定的控制方案基础上进行的,包括仪表选型、现场仪表与设备安装位置的确定,控制室设计,供电和供气系统设计,仪表配管配线设计以及联锁保护系统设计等。仪表选型要考虑到供货方的信誉、产品的质量、价格、可靠性、精度、供货方便程度、技术支持、维护等因素。

(3) 工程安装和仪表调校

设备的正常安装是保证系统正常运行的前提。安装完,还要对每台仪表、设备进行单体调校和控制回路的联校。

(4) 控制器参数整定

在控制方案设计合理、系统仪表及设备正常安装的前提下,控制器参数整定是系统运行在最佳状态下的重要步骤,是过程控制系统设计的重要环节之一。

3. 设计的步骤

过程控制系统设计,从设计任务提出到系统投入运行,是一个从理论设计到实践,再从实践到理论设计多次反复的过程。可分以下步骤:

(1) 熟悉和理解生产对控制系统的技术要求与性能指标

控制系统的技术要求与性能指标一般由生产过程设计制造单位或用户提出。

(2) 建立被控对象的数学模型

建立数学模型是控制系统设计的第一步。在控制系统设计中,首先解决如何用恰当数学模型来描述被控过程的动态特性。只有掌握数学模型,才能深入分析被控过程的特性、选择正确的控制方案。

(3) 控制方案的确定

控制方案包括控制方式选定和系统组成结构的确定,是关键步骤。控制方案的确定既要依据被控过程的工艺特点、技术要求与性能指标,还要考虑控制方案的安全性、经济性和技术实施的可行性,使用和维护的简单性因素,进行反复比较与综合评价,最终确定合理的控制方案。必要时,可在初步的控制方案确定之后,应用系统仿真等方法进行系统静态、动态分析计算,验证控制系统的稳定性、过渡过程等特性是否满足工艺要求,进而对控制方案进行修正、完善与优化。

(4) 控制设备的选型

根据控制方案和工程特性、工艺要求,选择合适的传感器、变送器、控制器和执行器。

(5) 实验(或仿真)验证

这是检验系统设计正确与否的重要手段。若性能指标与功能不满足要求,需重新设计。

5.2.1 被控变量的选择

被控变量的选择是控制系统设计中的关键问题,关系到系统能否稳定操作、能否增加产量、能否提高质量、能否保证安全等目的,还关系到控制方案的成败。必须深入分析工艺、调查研究,找出影响生产的关键变量,即能对产品的产量、质量以及系统安全具有决定性作用的变量,作为被控变量。实践中,被控变量的选择以工艺人员为主,自控人员为辅,因为控制的要求是从工艺角度提出的。但自控人员也应多了解工艺,与工艺人员沟通,从控制角度提出合理的建议。工艺人员与自控人员相互交流与合作,有助于选择好被控变量。对于一个已经运行的控制系统来说,控制系统的设计者不能随意更改被控变量,如果确实需要更改,必须与工艺人员共同协商来确定。

过程工业装置中往往有多个变量可以选择作为被控变量,所以如何正确选择被

控变量更为重要。一般情况下,选择被控变量时应遵循下列原则:

① 选择关键的变量,即能反映产品产量、质量或工艺操作状态的变量。

② 受到扰动后,希望它回到稳定状态的变量。

③ 尽量采用直接指标作为被控变量,当现有仪表无法直接测量信号时,或其测量变送信号滞后很大时,可以采用间接指标作为被控变量。

根据被控变量与生产过程的关系,可分为两种类型的控制方式:直接指标控制和间接指标控制。直接指标控制是指被控变量本身就是需要控制的工艺指标,如温度、压力、流量、液位、成分等。间接指标控制是指工艺是按质量指标进行操作的,此时应以产品质量作为被控变量进行控制,但现有仪表无法直接测量信号,或其测量变送信号滞后很大,这时可选取与直接质量指标有单值对应关系而且反映灵敏的变量作为间接控制指标,如温度、压力等,进而进行间接指标控制。严格地讲,只有质量指标才是化工过程真正的直接被控指标,如浓度、效率等。实际上,也把为了稳定、安全和高效生产而需要进行控制的变量作为直接指标,如温度、压力、流量、液位等。凡是可测的都可以作为被控变量,但是,浓度等质量指标往往是难以测量或难以快捷经济地测量的,因此,很多情况下不得不采用间接指标来作为被控变量。通常选取与质量指标关系密切,对应关系好且易于测量的变量,如温度和压力等,作为间接指标,以间接指标为被控变量。例如,对于一个精馏塔,通常塔顶温度、塔压和塔顶易挥发组分的浓度之间有着一定的函数关系。如果浓度易于测出,当然以浓度为被控变量。当浓度不易测出,且浓度是塔压和塔顶温度的函数时,选择塔压和塔顶温度同时作为浓度的间接被控变量,理论上是可行的,但从提高控制的稳定性和降低系统的复杂性来看,应该将其中一个固定为常数,用另一个来代表浓度的间接控制指标。实践中,为了使精馏塔工况良好,往往是固定塔压(用另外一个控制系统),以塔顶温度为间接控制指标,即以塔顶温度为被控变量。

④ 被控变量应是可测量的,并具有足够的灵敏度。

当采用间接指标作为被控变量时,间接指标应是可测量的,并且应该具有足够的灵敏度。例如,当质量指标(如精馏塔产品浓度)发生变化时,所选的间接指标(如塔顶温度)也应该变化,变化幅度应该足够大,以使测温元件感受到。这样所选的间接指标才可以更好地反映质量指标。

⑤ 被控变量应是独立可控的。

当一个装置或设备具有两个以上独立变量,且又分别组成控制系统时,则很容易产生系统间的相互关联现象,严重时可能导致两个系统无法正常运行,因此所选被控变量应是独立可控的。例如,精馏塔的塔顶温度和塔底温度都需要控制,但如果设置两个简单控制系统,它们相互之间就会产生矛盾。当塔顶温度处于所需要的平衡状态时,由于塔底温度的调整,势必导致塔顶温度的波动;同样,当塔底温度处于所满意的平衡状态时,由于塔顶温度的调整,也必然会影响塔底的温度。这就是系统的相互关联,严重时可能导致两个系统无法正常运行。因此,这种方案是不合理的,此时,只能保证一个温度作为被控变量,通常是塔顶温度,而另一个温度,如塔底温度只能降低控制要求。如果工艺要求塔顶和塔底的温度都恒定时,通常要组成复杂控制系统或增加解耦装置才能满足要求。

5.2.2 操纵变量的选择

选定被控变量之后,下一步就是要确定控制系统的操纵变量。在诸多影响被控变量的因素中,一旦选择了其中一个作为操纵变量,其余的影响因素就都成了干扰变量。操纵变量和干扰变量作用于对象上,都会引起被控变量的变化。干扰变量由干扰通道施加在对象上,起着破坏作用,使被控变量偏离给定值。操纵变量由控制通道施加到对象上,使被控变量回到给定值,起着校正作用。这是一对相互矛盾的变量,它们对被控变量的影响都与对象特性有密切关系。因此,在选择操纵变量时,要认真分析对象特性,以提高控制系统的控制质量。

1. 对象静态特性的影响

在选择操纵变量构成自动控制系统时,一般希望控制通道的放大系数要大些,因为它的大小表征了操纵变量对被控变量的影响程度。控制通道的放大系数越大,表示控制作用对被控变量的影响越显著,控制作用就更为有效。所以从控制的有效性来考虑,控制通道的放大系数越大越好;但是,有时此系数过大会引起系统不稳定。

另一方面,对象干扰通道的放大系数越小越好。它越小,表示干扰对被控变量的影响越小,过渡过程的超调量不会太大,所以确定控制系统时,也要考虑干扰通道的静态特性。

总之,在诸多变量都影响被控变量时,从静态特性考虑,应该选择其中放大系数大的可控变量作为操纵变量。

2. 对象动态特性的影响

(1) 控制通道时间常数的影响

控制器的控制作用是通过控制通道施加在对象上并影响被控变量的,所以控制通道的时间常数不能太大,否则会使操纵变量的校正作用迟缓、超调量大、过渡时间长。因此,对象控制通道的时间常数应小一些,使之反应灵敏、控制及时,从而获得良好的控制质量。

(2) 控制通道纯滞后的影响

控制通道的物料输送或能量传递都需要一定的时间,造成的纯滞后对控制质量是有影响的。纯滞后的存在使超调量增加,使过渡过程的振荡加剧,稳定性变差,在选择操纵变量时,应使对象控制通道的纯滞后时间尽量小。

(3) 干扰通道时间常数的影响

干扰通道的时间常数越大,表示干扰对被控变量的影响越慢,这是有利于控制的。所以,应设法使干扰到被控变量的通道长些,即时间常数要大一些。

(4) 干扰通道纯滞后的影响

如果干扰通道存在纯滞后,只是使整个过渡过程推迟一段时间,只要控制通道不存在纯滞后,通常是不会影响控制质量的。

3. 操纵变量的选取原则

一般情况下,操纵变量的选取应遵循下列原则:

① 操纵变量必须是可控的,即在工艺上是允许调节的变量。

② 操纵变量一般应比其他干扰对被控变量的影响更加灵敏,即控制通道的放大系数要尽量大,时间常数适当小,滞后时间尽量小。

③ 不宜选择代表生产负荷的变量作为调节变量,以免产量受到波动;从经济角度考虑,应尽可能地降低物料与能量的消耗。

5.2.3 测量元件特性的影响

测量变送装置是控制系统中获取信息的装置,也是系统进行控制的依据,应能准确及时地反映被控变量的状况。如果测量不准确或不及时,则会产生失调或误调,其影响不容忽视。检测变送装置的基本要求是准确、迅速和可靠。"准确"是指检测元件和变送器能正确反映被控或被测变量;"迅速"指能及时反映被控变量的变化;"可靠"是检测元件和变送器的基本要求,能够在环境工况下长期稳定运行。

由于检测元件直接与被测或被控介质接触,在选择检测元件时应首先考虑元件能否适应工业生产过程的恶劣环境,如高温、低温、高压、腐蚀性、粉尘和爆炸性环境等,在这样的环境中能否长期稳定运行;其次,应考虑检测元件的精确度和响应的快速性等。仪表的精确度影响检测变送环节的准确性,应合理选择仪表的精确度。检测变送仪表的量程应满足读数误差的精确度要求,并应尽量选用线性特性的仪表。

测量元件特别是测温元件,由于存在热阻和热容,本身就有一定时间常数,造成测量滞后。测量元件的时间常数越大,会使得测量值不能反映被控变量的真实值,使控制器不能发挥正确的校正作用,控制质量达不到应有的要求。因此,控制系统中的测量元件,时间常数不能太大,最好选用惰性小的快速测量元件,如用快速热电偶代替工业用普通热电偶或温包,必要时也可以在测量元件之后加入微分作用,利用它的超前作用来补偿测量元件引起的动态误差。当测量元件的时间常数小于对象时间常数的 1/10 时,对系统的控制质量影响不大,这时就没有必要盲目追求小时间常数的测量元件。

当测量存在纯滞后时,也和对象控制通道存在纯滞后一样,会严重影响控制质量。测量的纯滞后有时是由于测量元件安装位置引起的,所以在测量元件的安装上,一定要注意尽量减小纯滞后。对于大纯滞后的系统,简单控制系统往往是无法满足控制要求的,必须采用复杂控制系统。减小纯滞后的措施包括:合理的选择检测点位置,尽量减小传输距离;选用增压泵、抽气泵等装置以提高传输速度等。

5.2.4 控制器控制规律的确定

在控制系统中,仪表选型确定以后,对象的特性是固定的,测量元件及变送器的特性比较简单,一般也是不可改变的,执行器加上阀门定位器有一定程度的调整,但灵活性不大,主要可以改变的就是控制器的参数。系统设置控制器的目的也是通过它改变整个控制系统的动态特性,以达到控制目的。

控制器的控制规律对控制品质影响很大。根据不同过程特性和要求,选择相应的控制规律,以获得较高的控制品质;确定控制器作用方向,以满足控制系统的要求,也是系统设计的一个重要内容。

控制器控制规律根据过程特性和要求来选择。下面分别说明各种控制规律的特点及应用场合。

(1) 位式控制

常见的位式控制有双位和三位两种,一般适用于滞后较小、负荷变化不大也不剧烈、控制品质要求不高、允许被控变量在一定范围内波动的场合,如恒温箱、电阻炉等的温度控制。

(2) 比例控制

比例控制是最基本的控制规律。当负荷变化时,比例控制克服扰动能力强,控制作用及时,过渡过程时间短,但过程终了时存在余差,且负荷变化越大,余差也越大。比例控制适用于控制通道滞后较小、时间常数不太大、扰动幅度较小、负荷变化不大、控制品质要求不高、允许有余差的场合。如储罐液位、塔釜液位的控制和不太重要的蒸气压力的控制等。

(3) 比例积分控制

引入积分能消除余差,故比例积分控制是使用最多、应用最广的控制规律。但是加入积分作用后,要保持系统原有的稳定性,必须加大比例度,这会使控制品质有所下降,如最大偏差和振荡周期相应增大、过渡时间加长等。比例积分控制适合于控制通道滞后小、负荷变化不太大、工艺不允许有余差的场合,如流量或压力的控制等。

(4) 比例微分控制

引入了微分,会有超前控制作用,能使系统的稳定性增加,最大偏差和余差减小,加快了控制过程,改善了控制品质,故比例微分控制适用于过程容量滞后较大的场合。对于滞后很小和扰动作用频繁的系统,应尽可能避免使用微分作用。

(5) 比例积分微分控制

微分作用对于克服容量滞后有显著的效果,对于克服纯滞后是无能为力的。在比例作用的基础上加上微分作用能提高系统的稳定性,加上积分作用能消除余差,因而可以获得较高的控制品质。此规律适用于容量滞后大、负荷变化大、控制品质要求较高的场合,如反应器、聚合釜的温度控制等。

5.2.5 控制器作用方向的选择

自动控制系统是具有被控变量负反馈的闭环系统,也就是说,如果被控变量值偏高,则控制作用应使之降低;如果被控变量值偏低,则控制作用应使之升高。控制作用对被控变量的影响应与干扰作用对被控变量的影响相反,才能使被控变量值回到给定值。这里,就有一个作用方向的问题。控制器的正反作用是关系到控制系统能否正常运行与安全操作的重要问题。

在控制系统中,不仅是控制器,而且被控对象、测量元件及变送器和执行器都有各自的作用方向。如果组合不当,使总的作用方向构成正反馈,则控制系统不但不能起到控制作用,反而破坏了生产过程的稳定。所以,在系统投运前必须检查各个环节的作用方向,其目的是通过改变控制器的正反作用,以保证整个控制系统是一个具有负反馈的闭环系统。

所谓作用方向,就是指输入变化后,输出的变化方向。当某个环节的输入增加时,其输出也增加,则该环节称为正作用方向;反之,当环节的输入增加时,输出减少的称为反作用方向。

对于测量元件及变送器,其作用方向一般都是正的。因为当被控变量增加时,其输出量一般也是增加的,所以在考虑整个控制系统的作用方向时,可不考虑测量元件及变送器的作用方向(因为它总是正的),只需考虑控制器、执行器和被控对象三个环节的作用方向,使它们组合后能起到负反馈的作用,即有奇数个反作用。

对于执行器,它的作用方向取决于是气开阀还是气关阀(注意不要与执行机构和控制阀的正反作用混淆)。当控制器输出信号(即执行器的输入信号)增加时,气开阀的开度增加,因而流过阀的流体流量也增加,故气开阀是正方向。反之,由于当气关阀接收的信号增加时,流过阀的流体流量反而减少,所以气关阀是反方向。执行器的气开或气关形式主要应该从工艺安全角度来确定。

对于被控对象的作用方向,则随具体对象的不同而不同。当操纵变量增加时,被控变量也增加的对象属于正作用;反之,被控变量随操纵变量的增加而降低的对象属于反作用。

由于控制器的输出决定于被控变量的测量值与给定值之差,所以被控变量的测量值与给定值变化时,对输出的作用方向是相反的。对于控制器的作用方向是这样规定的:当给定值不变,被控变量测量值增加时,控制器的输出也增加,称为正作用方向,或者当测量值不变,给定值减小时,控制器的输出增加的称为正作用方向。反之,如果测量值增加(或给定值减小时),控制器的输出减小的称为反作用方向。

在一个安装好的控制系统中,对象的作用方向由工艺机理确定,执行器的正反作用由工艺安全条件可以确定,而控制器的作用方向要根据对象及执行器的作用方向来确定,以使整个控制系统构成负反馈闭环系统。下面举两个例子加以说明。

图5-3是一个简单的加热炉出口温度控制系统。在这个系统中,加热炉是对

象,燃气流量是操纵变量,被加热的物料出口温度是被控变量。工艺安全条件为:当气源突然断气时,控制阀应关闭,以免控制阀大开而烧坏炉子。根据此工艺安全条件,执行器应采用气开阀(即停气时阀关闭),即此时执行器便是正作用方向。当操纵变量燃气流量增加时,被控变量(即出口温度)是增加的,故被控对象是正作用方向。为了保证由对象、执行器与控制器所组成的系统是负反馈的(即有奇数个反作用),控制器就应该选为反作用。这样当物料出口温度升高时,控制器的输出减小,因而会关小燃气的阀门(因为是气开阀,当输入信号减小时,阀门开度是关小的),从而使物料出口温度降下来,回到给定值。

图5-4是一个简单的液位控制系统,储槽是被控对象,液位为被控变量,工艺安全条件为:一旦气源停止供气,阀门应自动关闭,以免物料全部流走。根据此工艺安全条件,执行器应采用气开阀,即执行器是正方向的。当控制阀开度增加时,液位是下降的,所以对象的作用方向是反作用的。根据执行器和对象的作用方向进行分析,控制器的作用方向必须为正,才能使液位升高时,液位控制器输出增加,从而开大出口阀,使液位降下来。

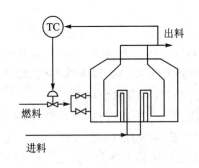
图5-3 加热炉出口温度控制系统

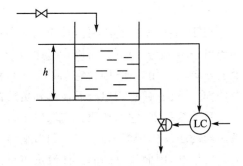
图5-4 液位控制系统

若工艺安全条件为:一旦停止供气,阀门应自动打开,以免物料溢出。此时执行器应采用气关阀,即执行器是反方向的。对象的作用方向不变,还是反作用的。根据执行器和对象的作用方向进行分析,控制器的作用方向必须为反作用,才能使控制系统成为负反馈。

控制器的正反作用可以通过改变控制器上的正反作用开关自行选择,一台正作用的控制器,只要将其测量值与给定值的输入线互换一下,就成了反作用的控制器。

5.3 简单控制系统的参数整定与投运

5.3.1 简单控制系统的参数整定

一个自动控制系统的过渡过程或控制质量与被控对象、干扰形式与大小、控制方案的确定及控制器的参数整定有着密切的关系。在控制方案、广义对象的特性、控制规律都已确定的情况下,控制质量主要取决于控制器参数的整定。

所谓控制器参数的整定,就是按照已定的控制方案,求取使控制质量最好的控制器参数值。具体来说,就是确定最合适的控制器比例度 δ、积分时间 T_I 和微分时间 T_D。当然这里所谓的最好控制质量不是绝对的,是根据工艺生产的要求而提出的所期望的控制质量。例如对单回路的简单控制系统,一般希望过渡过程是 4∶1 或 10∶1 的衰减振荡过程。

控制器的参数整定的方法很多,主要有两大类,一类是理论计算的方法,另一类是工程整定法。理论计算法是根据已知的广义对象特性及控制质量的要求,通过理论计算求出控制器的最佳参数。这种方法比较繁琐,工作量大,计算结果与实际情况不符合,所以在工程实践中应用得不多。

工程整定法是在已投运的实际控制系统中,通过试验或探索,来确定控制器的最佳参数。此法简单易行,因此工程上经常使用这种方法。常用的工程整定方法有以下几种:

1. 临界比例度法

这种方法目前使用的较多。它是先通过试验得到临界比例度 δ_K 和临界周期 T_K,然后根据经验总结出来的关系,求出控制器各参数值,具体做法如下:

① 在闭环的控制系统中先将控制器变为纯比例作用,即将积分时间 T_I 放到无穷大位置上,微分时间 T_D 放在零位置上。

② 在干扰的作用下,从大到小逐渐改变控制器的比例度,直到控制系统产生等幅振荡(即临界振荡),如图 5-5 所示,此时的比例度称临界比例度 δ_K,周期为临界振荡周期 T_K,并记下此时的临界比例度 δ_K 和临界振荡周期 T_K。

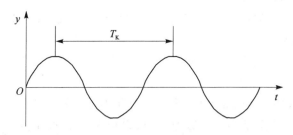

图 5-5 临界振荡过程

③ 按表 5-1 中的经验公式计算出控制器的各参数整定数值。

④ 将计算出的各整定参数值在控制器上试验,若能使系统满足要求,则参数整定完毕;若不满足要求,则再凭经验继续整定各参数,直至系统满足要求为止。

这种方法比较简单方便,容易掌握和判断,适用于一般的控制系统。但是对于临界比例度很小的系统不适用,因为临界比例度很小,则控制器输出的变化一定很大,被调参数容易超出允许范围,影响生产的正常运行。除此之外,对于工艺上不允许产生等幅振荡的系统,本方法也不适用。

表 5-1 临界比例度法参数计算公式

控制作用	比例度 δ/%	积分时间 T_I/min	微分时间 T_D/min
比例(P)	$2\delta_K$		
比例＋积分(PI)	$2.2\delta_K$	$0.85T_K$	
比例＋微分(PD)	$1.8\delta_K$		$0.1T_K$
比例＋积分＋微分(PID)	$1.7\delta_K$	$0.5T_K$	$0.125T_K$

2. 衰减曲线法

衰减曲线法是通过使系统产生衰减振荡来整定控制器的参数值,具体做法如下:

① 在闭环的控制系统中,先将控制器变为纯比例作用,并将比例度预置在较大的数值上,直至系统达到稳定。

② 用改变给定值的方法加入阶跃干扰,从大到小改变比例度,直至出现 4∶1 衰减比为止,然后记下此时的比例度 δ_S 和衰减周期 T_S。

③ 根据表 5-2 中的经验公式,求出控制器的参数整定值。

若嫌 4∶1 衰减振荡过强,可采用 10∶1 衰减曲线法。方法同上,得到 10∶1 衰减曲线后,记下此时的比例度 δ_S' 和最大偏差时间 T_S'(又称上升时间),然后根据表 5-3 中的经验公式,求出相应的参数整定值。

④ 将计算出的各整定参数值在控制器上试验,若能使系统满足要求,则参数整定完毕;若不满足要求,则再凭经验继续整定各参数,直至系统满足要求为止。

采用衰减曲线法必须注意以下几点:

① 所加的干扰幅值不能太大,要根据生产操作要求来定,一般为额定值的 5% 左右,也有例外的情况。

② 必须在工艺参数稳定情况下才能施加干扰,否则得不到正确的衰减比例度 δ_S 和衰减周期 T_S。

③ 对于反应快的系统(如流量、管道压力和小容量的液位控制等),要在记录曲线上严格得到 4∶1 衰减曲线比较困难,一般以被控变量来回波动两次达到稳定,就可以近似地认为达到 4∶1 衰减过程了。

衰减曲线法比较简便,适用于一般情况的各种参数的控制系统。但对于干扰频繁,记录曲线不规则,不断有小摆动的情况,由于不易得到准确的衰减比例度 δ_S 和衰减周期 T_S,使得这种方法难以应用。

表 5-2 4∶1 衰减曲线法控制器参数计算公式

控制作用	比例度 $\delta/\%$	积分时间 T_I/min	微分时间 T_D/min
比例(P)	δ_S		
比例+积分(PI)	$1.2\delta_S$	$0.5T_S$	
比例+积分+微分(PID)	$0.8\delta_S$	$0.3T_S$	$0.1T_S$

表 5-3 10∶1 衰减曲线法控制器参数计算公式

控制作用	比例度 $\delta/\%$	积分时间 T_I/min	微分时间 T_D/min
比例(P)	δ'_S		
比例+积分(PI)	$1.2\delta'_S$	$2T'_S$	
比例+积分+微分(PID)	$0.8\delta'_S$	$1.2T'_S$	$0.4T'_S$

3. 经验试凑法

经验试凑法是在长期的生产实践中总结出来的一种整定方法。它是根据经验先将控制器参数放在一个数值上,直接在闭环的控制系统中,通过改变给定值的方法给系统施加一个干扰,在记录仪上观察过渡过程曲线,运用比例度 δ、积分时间 T_I、微分时间 T_D 对过渡过程的影响为指导,按照规定顺序,对比例度 δ、积分时间 T_I 和微分时间 T_D 逐个整定,直到获得满意的过渡过程为止。

整定过程的顺序有以下两种:

① 以比例作用为基本的控制作用,先把比例度 δ 试凑好,待过渡过程基本稳定后,再加上积分作用消除余差,最后加入微分作用提高质量。

② 先确定积分时间 T_I,然后调整比例度 δ,由大到小试凑到满意的过渡过程。如果需要加入微分作用,可取 $T_D = (1/3 \sim 1/4)T_I$,放好积分时间 T_I 和微分时间 T_D 后,再调整比例度 δ,直到得出满意结果为止。

经验试凑法的关键是"看曲线,调参数"。因此,弄清比例度 δ、积分时间 T_I、微分时间 T_D 对过渡过程的影响尤为重要。通常,如果看到曲线振荡很频繁,应把比例度 δ 增大以减少振荡;当曲线最大偏差大且趋于非周期过程时,应把比例度 δ 减小。当曲线波动较大时,应增大积分时间;当曲线偏离给定值后,长时间不回来,则应减少积分时间 T_I,以加快消除余差的过程。如果曲线振荡厉害,则应减小微分时间,或者暂时不加微分,以免振荡更厉害。经过反复凑试,一直调到过渡过程振荡两个周期后基本达到稳定,品质指标达到工艺要求为止。

一般情况下,比例度 δ 过小、积分时间 T_I 过小或者微分时间 T_D 过大,都会引起周期性的强烈振荡。比例度 δ 过小引起的振荡周期较长;积分时间 T_I 过小引起的振荡周期较短;微分时间 T_D 过大引起的振荡周期最短。比例度 δ 过大、积分时间 T_I 过大或者微分时间 T_D 过小,都会引起过渡过程变化缓慢。一般情况下,比例度 δ 过大,曲线会不规则地较大幅度偏离给定值;积分时间 T_1 过大,曲线会通过非周期的不正常路径,慢慢地回复到给定值。

5.3.2 简单控制系统的投运

控制系统的投运是指系统设计、安装就绪,或者经过停车检修后,使控制系统投入使用的过程。无论采用什么样的仪表,控制系统投运一般都要经过准备工作、手动遥控、投入自动三个步骤。

1. 准备工作

(1) 熟悉情况

熟悉工艺过程,了解主要工艺流程,了解主要设备的性能、控制指标和要求。熟悉控制的方案,全面掌握设计意图,熟悉各个控制方案的构成,对测量元件和控制阀的安装位置、管线走向、测量变量、操纵变量、被控变量和介质的特性等都要做到心中有数。熟悉自动化装置的工作原理、结构和使用方法。

(2) 全面检查

对测量元件、变送器、控制器、控制阀和其他仪表装置,以及电源、气源、管路和线路进行全面的检查,尤其是气压信号管路的试压和试漏检查,如情况有问题,则应立即解决。

(3) 整定好控制器参数和确定控制器的作用方向

通过上述的工程整定法将控制器的 PID 参数整定好以后,还要确定控制器的作用方向。由于自动控制系统是具有被控变量负反馈的系统,必须使控制作用与扰动作用的影响相反,才能克服扰动的影响。如果各个环节组合不当,使总的作用方向构成正反馈,则控制系统不但不能起控制作用,反而破坏了生产过程的稳定。所以在投用前必须确定控制器的作用方向,以使整个控制系统为负反馈。

2. 手动遥控

准备工作完毕,先投运测量仪表观察测量是否准确,再按控制阀投运步骤用手动遥控使被控变量在设定值附近稳定下来。

3. 投入自动

待被控变量稳定后,由手动切换到自动,实现自动化操作。无论是气动仪表或是电动仪表,所有切换操作都不能使被控变量波动,即切换时要无扰动切换。在切换时为了不使新的扰动起作用,也要求切换操作迅速完成,所以总的要求是平稳、迅速。

自动控制系统投运后,经过长期运行还会出现各种问题。在实际操作中应具体问题具体分析,下面从控制方面列举几种情况。

(1) 被控对象特性变化

长期运行后,被控对象特性可能发生变化,使控制质量变坏。如所用的催化剂老化或中毒,换热器的管壁结垢而增大热阻,降低传热参数等。通过分析结果,确定被控对象特性确实已有变化,则可重新整定控制器参数,一般仍可获得较好的过渡过程。因为控制器参数值是针对被控对象特性而定的,被控对象特性改变,则控制器参数也必须改变。

(2) 测量系统的问题

如果运行中被控变量指示值变化不大,可由参考仪表或其他参数判断出被控变量测量不准确时,就必须检查测量元件有无被结晶或被粘性物包住,遇到此种情况应及时处理。若热电偶和热电阻断开,指针会达到最大或最小指示值,这种故障容易判断和处理。为避免测量元件出故障,或因测量错误带来错误的操作,对重要的温度变量往往采用双值测量元件和两个显示仪表。对于其他变量来说,有时也有两套测量仪表,以确保测量正确,又便于对比检查。如发现确属测量系统有问题,应由仪表人员进行处理。

(3) 控制阀使用中的问题

控制阀在使用中也有不少问题。如有腐蚀性的介质会使阀芯阀座变形,特性变坏,便会造成系统的不稳定。这时应关闭切断阀,改由人工操作旁路阀,由仪表人员更换控制阀。其他问题如气压信号管路漏气、阀门堵塞等问题应按维修规程处理。

(4) 控制器故障

控制器如果出现故障的话,可转入气动遥控板或电动手操器进行手动遥控,待换上备用表后即可投入运行,仪表控制器都必须有适量的备用件和备用品。

(5) 工艺操作的问题

工艺操作如果不正常,也会给控制系统带来很大的影响,情况严重时,只能转入手动遥控。例如,控制系统原来设计在中负荷条件下运行,而在大负荷或很小负荷条件下就不相适应了;又如所用线性控制阀在小负荷时特性变坏,系统就无法获得好质量,这时可采用对数特性控制阀,情况会有所改善。

思考题与习题

5.1 什么是简单控制系统?

5.2 简单控制系统的特点及应用场合?

5.3 被控变量和操纵变量的选择原则是什么?

5.4 对检测变送装置的基本要求是什么?

5.5 比例控制和比例积分微分控制分别适应什么场合?

5.6 什么是控制器的参数整定?工程上参数整定方法有哪些?

5.7 试述衰减曲线法整定控制器参数的步骤及注意事项?

5.8 什么是控制系统的投运?投运的步骤是什么?

5.9 如图5-6所示的两个控制系统中阀的气开、气关形式及控制器的正、反作用。

图 5-6(a)为一加热器出口物料温度控制系统,要求物料温度不能过高,否则容易分解。

图 5-6(b)为一冷却器出口物料温度控制系统,要求物料温度不能太低,否则容易结晶。

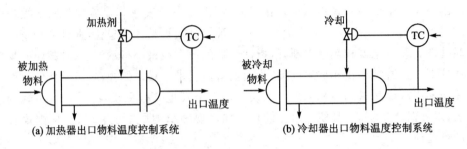

图 5-6 习题 5.9 图

5.10 图 5-7 为一蒸气加热设备,利用蒸气将物料加热到所需温度后排出,试问:

(1)影响物料温度的主要因素有哪些?

(2)试设计一个简单控制系统,画出控制系统方案框图以及方块图。

(3)如果物料温度过低时会凝结,控制阀应该选择气开还是气关形式?控制器选择正作用还是反作用?

5.11 图 5-8 是储槽液位控制系统,从安全角度考虑,储槽内液体不允许溢出,试在下述两种情况下,分别阀的气开、气关形式及控制器的正、反作用。

(1)选择流入量 Q_i 为操纵变量;

(2)选择流出量 Q_o 为操纵变量;

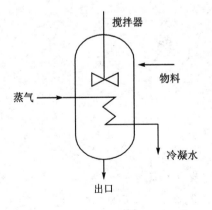
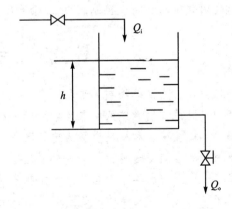

图 5-7 习题 5.10 蒸气加热系统   图 5-8 习题 5.11 储槽液位控制系统

第6章 复杂控制系统

6.1 串级控制系统

简单控制系统结构简单,操作方便。目前来说,它是使用最广泛的一种控制系统之一。在大多数情况下,简单控制系统能够解决生产过程中大量的生产控制问题,能够满足定值控制的要求。但是,随着现代工业的不断发展,生产过程的日益复杂化、大型化,对工艺操作条件的要求越来越严格,对生产过程运行的安全性和经济型、对产品质量和控制质量的要求日益提高,简单控制系统往往已满足不了要求。于是,在简单控制系统的基础上,复杂控制系统就产生和发展起来了。

复杂控制系统的种类较多,有些以系统的结构命名,有些以功能特征或原理命名。本章主要讨论串级、均匀、比值、前馈、选择性、分程等复杂控制系统。

6.1.1 串级控制系统的组成与工作过程

串级控制系统是改善控制品质的有效方案之一,在过程控制中得到广泛的应用。如当对象的滞后和时间常数较大,干扰比较剧烈、频繁时,采用简单控制系统往往不能满足工艺上的要求,此时可采用串级控制系统。下面通过一个具体的实例来说明串级控制系统的组成与工作过程。

1. 加热炉出口温度与炉膛温度串级控制系统

加热炉是炼油、化工生产中常用的设备之一。无论是原油加热或重油裂解,工艺要求被加热物料的出口温度(即炉出口温度)控制为某一定值。如果温度太高不仅影响下道工序即精馏分离质量,而且还会使炉管结焦,为此,设计了如图 6-1 所示的简单控制系统。通过分析这个控制系统可知,影响炉出口温度的干扰因素是很多的,主要有:原料油的流量和温度,燃料压力、流量、热值,燃料雾化情况以及烟囱抽力的变化等。在这些干扰中,除原料油流量和温度外,其余干扰的变化首先影响炉膛温度,然后通过传热再影响到炉出口温度。

从表面上看,上述控制方案是可行的。但是,在实际生产过程当中,特别是当加热炉的燃料压力或燃料本身的热值有较大波动时,上述简单控制系统的控制质量往往很差,原料油的出口温度波动较大,难以满足上述生产要求。其原因是当燃料压力或燃料本身的热值变化后,先影响炉膛的温度,然后通过传热过程才能逐渐影响原料油的出口温度,这个通道容量滞后很大,时间常数约 15 min 左右,反应缓慢,而温度控制器 TC 是根据原料油的出口温度与给定值的偏差工作的。所以当干扰作用在对象后,并不能较快的产生控制作用以克服干扰被控变量的影响。由于控制不及时,所以控制质量很差。当工艺上要求原料油的出口温度非常严格时,上述简单控制系统是难以满足要求的。为了解决容量滞后问题,还需对加热炉的工艺作进一步的分析。

管式加热炉内是一根很长的受热管道,它的热负荷很大。燃料在炉膛燃烧后,是通过炉膛与原料油的温差将热量传给原料油的。因此,燃料量的变化或燃料热值的变化,首先是会使炉膛温度发生变化的,那么是否能以炉膛温度作为被控变量组成单回路控制系统呢?当然这样做会使控制通道容量滞后减少,时间常数约为 3 min。控制作用比较及时,但是炉膛温度毕竟不能真正代表原料油的出口温度。如果炉膛温度控制好了,其原料油的出口温度也并不一定就能满足生产的要求,这是因为原料油本身的流量或温度变化仍会影响加热炉出口温度。

为了解决管式加热炉的原料油出口温度的控制问题,人们在生产实践中,往往根据炉膛温度的变化,先改变燃料量,然后再根据原料油出口温度与其给定值之差,进一步改变燃料量,以保持原料油出口温度的恒定。模仿这样的人工操作程序就构成了以原料油出口温度为主要被控变量的炉出口温度与炉膛温度的串级控制系统,如图 6-2 所示。在该控制系统中,包含两个温度控制器 T_1C 和 T_2C,其中 T_1C 的输出值作为 T_2C 的给定值,T_2C 的输出作为控制阀的控制信号,控制燃料流量,从而达到改变炉膛温度和控制出口温度的目的。控制系统的方框图如图 6-3 所示,从图中可以看出两个控制器串联工作。

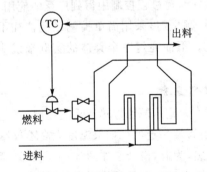 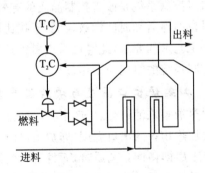

图 6-1 加热炉出口温度简单控制系统　　图 6-2 加热炉出口温度与炉膛温度串级控制系统

2. 串级控制系统的专有名词

在串级控制系统中有一些专有的名词,为了在后面讲述方便,对照串级控制系统的典型方框图,如图 6-4 所示,做如下介绍。

主变量 y_1:工艺控制指标或与工艺控制指标有直接关系,在串级控制系统中起主导作用的被控变量,如图 6-2 所示为加热炉串级控制方案中的出口温度 T_1。

副变量 y_2:在串级控制系统中,为了更好地稳定主变量或因其他某些要求而引入的辅助变量,如图 6-2 所示为加热炉串级控制例子中的炉膛温度 T_2。

主对象:用主变量表征其主要特征的生产设备,如图 6-2 所示为加热炉串级控

第 6 章 复杂控制系统

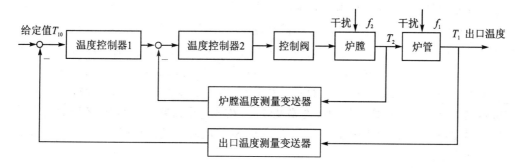

图 6-3 加热炉串级控制系统方框图

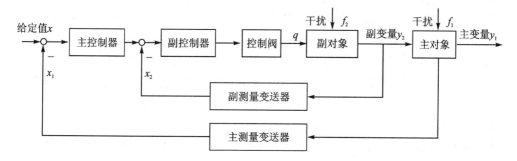

图 6-4 串级控制系统的典型方框图

制例子中从炉膛温度检测点到加热炉出口温度检测点这段局部设备,主要指炉内原料油的受热管道。

副对象:用副变量表征其主要特征的生产设备,如图 6-2 所示为加热炉串级控制例子中从执行器到炉膛温度检测点这段局部设备,主要指燃料油燃烧装置及炉膛部分。

主控制器:按主变量的测量值与给定值的偏差进行工作的控制器,其输出作为副控制器的给定值。

副控制器:按副变量的测量值与主控制器输出值的偏差进行工作的控制器,其输出直接改变控制阀阀门开度,其又称为随动控制器。

主变送器:测量并转换主变量的变送器。

副变送器:测量并转换副变量的变送器。

副回路:由副测量变送器、副控制器、执行器和副对象构成的闭合回路,也称副环或内环。

主回路:由主测量变送器、主控制器、副回路和主对象构成的闭合回路,也称主环或外环。

3. 串级控制系统的工作过程

下面看一下串级控制系统的工作过程:

在系统稳定平衡时,炉出口温度和炉膛温度均处于相对平衡状态,此时执行器保持一定的开度。当来自烟囱抽力、燃料压力和热值等干扰进入副回路时,扰动作用破坏了系统的平衡状态,使炉膛温度发生变化。这时副控制器 T_2C 立即输出一个校正信号,控制调节阀的开度,改变操纵变量燃料流量,及时克服了上述干扰对炉膛温度的影响,以维持炉膛温度稳定。如果扰动量不大,经过副回路的及时控制,一般不会影响到炉出口温度。如果扰动量的幅度较大,在经过副回路的控制后,还影响到了炉出口温度,则此时再由主控制器 T_1C 进一步控制,从而能完全克服干扰,保证炉出口温度回到给定值。

当来自被加热物料的流量及温度方面的干扰作用于主对象,而烟囱抽力和燃料压力、热值稳定不变时,扰动作用使出口温度偏离给定值。这时主回路产生校正控制作用,主控制器 T_1C 的输出改变,即副控制器 T_2C 的给定值改变,由于此时炉膛温度暂时没有改变,即副控制器 T_2C 的测量值没有改变,这时副控制器 T_2C 会产生一定的输出,改变阀的开度。阀的开度变化能够减小物料出口温度的偏差,但还没等此调节作用影响物料出口温度,这时炉膛温度测量值先发生变化,副控制器 T_2C 又会产生能够减小炉膛温度偏差的输出,即阀的开度继续变化,此过程一直持续到出口温度回到给定值。所以,与简单控制系统相比,串级控制系统的主副控制器配合工作,加快了校正作用,使干扰对炉出口温度的影响远比简单控制系统控制时小的多,从而全面提高了控制质量,及时克服干扰对炉出口温度的影响。

当干扰作用同时进入副回路和主对象时,假如干扰作用使主、副变量按同一方向变化,即主、副变量同时增加或同时减小,此时主、副控制器对调节阀的控制方向是一致的,所以它加强了控制作用,加快了调节过程,有利于提高控制质量。假如干扰作用使主、副变量按相反方向变化,即一个增加另一个减小,则此时主、副控制器对调节阀的控制方向是相反的,它们互相抵消掉一部分,如果偏差不大,阀门的开度只要有小小的变化就能符合控制要求,使系统达到稳定。

从以上分析中可以看出,在串级控制系统中,由于引入了一个副回路,不仅能迅速、及早地克服进入副回路的干扰,而且对作用于主对象的干扰也能起到加速调节的作用。因此,在串级控制系统中,副回路具有先调、粗调、快调的特点,主回路具有后调、细调、慢调的特点,主副回路相互配合,改善了过程特性,充分发挥调节作用,大大提高了控制质量。

6.1.2 串级控制系统的特点及应用场合

1. 串级控制系统的特点

串级控制系统与简单控制系统相比,由于在系统结构上多了一个副回路,所以具有以下一些特点:

(1) 具有较强的抗干扰能力

当干扰出现时,简单控制系统中,干扰直接影响到被控变量,容量滞后大,控制不及时。而串级控制系统由于副回路的存在,能预先感受到干扰的影响,不等干扰影响到主变量时,副控制器便及时进行校正,使干扰影响主变量的变化减小,从而提高了主变量的控制质量。

(2) 改善了对象的控制特性,提高了系统的工作频率

对串级控制系统而言,由于副回路的引入,改善了对象的动态特性,使对象的时间常数减小,从而使系统的工作频率提高。

(3) 具有一定的自适应能力

串级控制系统的主回路是一个定值系统,而副回路则是一个随动系统。主控制器能按照过程的负荷和操作条件的变化不断地改变副控制器的给定值,由于给定值不断的被校正,使副控制器能适应负荷和操作条件的变化,即系统具有一定的自适应能力。过程控制系统的控制器参数,一般是根据对象特性按一定的质量指标要求而定的。如果对象具有非线性,则随负荷的变化,对象特性就会发生变化。此时控制器参数必须重新整定,否则控制质量就会下降。这个问题在简单控制系统中是很难解决的,而在串级控制系统中,由于存在副回路,可把较大的非线性对象包含在副回路中。串级控制系统副回路具有一定的自适应能力,能自动的克服对象非线性的影响。

总之,串级控制系统与单回路控制系统相比,具有不少优点。但同时也要看到,串级控制系统结构复杂,使用仪表多,且由于两个控制器串联工作,其参数也不容易整定。

2. 串级控制系统的应用场合

(1) 应用于过程纯滞后较大的对象

一般工艺过程都有纯滞后,当被控对象的纯滞后较大,简单控制系统不能满足工艺要求时,可采用串级控制系统。串级控制系统可在靠近控制阀且纯滞后较小的位置上,选择一个辅助参数作为副变量,构成一个副回路。由于副回路调节通道短,滞后小,控制及时,先把干扰的大部分影响克服掉,从而大大减小干扰对主变量的影响。

(2) 应用于过程容量滞后较大的对象

当过程对象的容量滞后较大时,若采用简单回路控制,则过渡过程时间长,最大偏差大,控制质量往往不能满足工艺要求。采用串级控制系统时,可依据其容量滞后大的特点,选择一个滞后较小的副变量,构成一个副回路。使过程对象的时间常数减小,提高系统的工作频率,加快反应速度,缩短操作周期,得到较好的控制质量。很多以温度或质量参数为被控变量的对象,其容量滞后往往都比较大,而生产工艺对这些参数的控制质量要求又比较高,此时宜采用串级控制系统。

(3) 应用于干扰变化剧烈且幅度大的对象

串级控制系统的副回路对于进入副回路的干扰作用具有较迅速,较强的校正能力。根据这一特点,在系统设计时,只要把变化剧烈且幅度大的扰动包括在副回路之中,就会使干扰在影响到主被控变量之前由副控制器予以校正克服,从而减小干扰对主被控变量的影响。

(4) 应用于较大的非线性且负荷变化较大的对象

一般工业对象的静态特性都具有一定的非线性,负荷变化会引起工作点的移动,使静态放大倍数发生变化。这种特性的变化,可通过控制阀的特性来补偿,使得广义对象的静态放大倍数在一个范围内保持不变。然而,这种补偿具有很大的局限性,常受到控制阀品种等各种条件的限制而不可能完全补偿,所以对象仍有较大的非线性。如果采用串级控制系统,利用它具有一定自适应能力的特点,即能适应负荷和操作条件的变化,也就是当负荷变化引起对象工作点改变时,主控制器的输出会自动却相应地调整副控制器的给定值,由副控制器输出来改变控制阀的开度,使系统运行在新的工作点上。当然,这样可能会使副回路的衰减比有所改变,但对整个串级系统的稳定性影响是很小的。

6.1.3 串级控制系统设计原则

串级控制系统的特点能否有效地发挥,与整个系统的设计、整定和投运有很大关系。下面介绍一下在串级控制系统的实施过程中要完成的主要任务。

1. 副变量的选择

在串级控制系统中主变量和控制阀的选择与简单控制系统的被控变量和控制阀选择原则相同。而副变量的选择是设计串级控制系统时需要慎重考虑的主要任务之一。副变量选择的好与坏直接影响到整个系统的性能,所以,选择副变量时,应考虑的原则如下:

(1) 主、副变量应具有一定的内在联系

由前面的分析可知,副变量的引入是为了更好的稳定主变量。所以,选择的副变量应该与主变量具有一定的内在联系,即副变量的变化很大程度上能够影响主变量的变化。

副变量的选择一般有两种情况。一种情况是选择与主变量具有一定内在联系的中间变量为副变量,如前面加热炉串级控制系统中的炉膛温度。炉膛温度滞后小,反应快,可以提前预报主变量(即物料出口温度)的变化,所以可以选择炉膛温度作为副变量。另一种情况就是选择操纵变量为副变量,这样能及时克服操纵变量的波动,减小对主变量的影响,如图6-5所示。

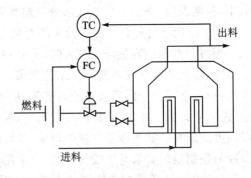

图6-5 出口温度与燃气流量串级控制系统

(2) 将主要的干扰包含在副回路中,这样能充分发挥副回路的特点

例如,加热炉控制系统中,如果是燃料压力波动,使燃料流量不稳定,则选择燃料的流量为副变量,能较好地克服干扰,如图6-5所示。但如果是燃料的热值(成分)

第6章 复杂控制系统

或烟囱的抽力变化,则应选择炉膛温度作为副变量,如图6-2所示。

(3) 在可能的条件下,使副回路包含更多的干扰

副变量越靠近主变量,它包含的干扰就会越多,但同时控制通道也会变长;而越靠近操纵变量,包含的干扰就越少,控制通道也就越短。因此,在选择时需要兼顾考虑,既要包含尽可能多的干扰,又不至于使控制通道太长,影响副回路的快速性。

(4) 尽量不要把纯滞后环节包含在副回路中

设置副回路的目的就是可以快速克服干扰。如果将纯滞后环节包含在副回路中,就会影响副回路快速克服干扰这个特点的发挥。所以尽量将纯滞后环节放到主对象中去,以提高副回路的快速抗干扰能力,从而提高主变量的控制效果。

(5) 主、副对象的时间常数不能太接近

一般情况下,副对象的时间常数应小于主对象的时间常数,如果选择的副变量距离主变量太近,那么主、副对象的时间常数就相近,这样,当干扰影响到副变量时,很快就影响到主变量,副回路存在的意义也就不大了。此外,当主、副对象时间常数接近,系统可能会出现"共振"现象,会导致系统的控制质量下降,甚至变得不稳定。因此,副对象的时间常数要明显的小于主对象的时间常数。一般主、副对象的时间常数之比在3~10之间。

在实际应用中,要结合具体的工艺进行分析,要考虑工艺上的合理性和可能性,分清主次矛盾,合理选择副变量。

2. 主、副控制器控制规律的选择

串级控制系统的主回路是定值控制,而副回路是随动控制。主控制器的控制目的是稳定主变量。主变量是工艺操作的主要控制指标,它直接关系到生产能否平稳、安全地运行,也关系到产品的质量和产量能否达到要求。所以一般情况下,对主变量的要求是较高的,即要求其没有余差,因此,主控制器一般选择比例积分(PI)或比例积分微分(PID)控制规律。而设置副变量目的是为了更好的稳定主变量,而其本身允许在一定范围内波动,因此,副控制器一般选择比例作用(P)。而积分作用很少使用,因为它的控制动作相对缓慢,在一定程度上会削弱副回路的快速性。但在以流量为副变量的系统中,为了保持系统稳定,可适当引入积分作用。副控制器的微分作用是不需要的,因为当副控制器有微分作用时,一旦主控制器输出稍有变化,就容易引起控制阀的大幅度变化,这对系统的稳定性是相当不利的。

3. 主、副控制器作用方向的选择

副控制器处于副回路中,其作用方向的选择与简单控制系统的情况一样,只要使副回路为一个负反馈控制系统即可。

主控制器作用方向的选择可按下述方法进行:当主、副变量同时增加(或减小)时,如果由工艺分析得出,为使主、副变量减小(或增加),要求控制阀的动作方向一致时,主控制器应选择反作用;反之,若要求控制阀的动作方向相反时,主控制器应选择正作用。

主控制器的作用方向完全由工艺而定,无论副控制器的作用方向是否已经选择,主

控制器的作用方向都可以单独选择,而与副控制器无关。所以串级控制系统中,主、副控制器作用方向的选择可以按照先副后主、也可以按照先主后副的顺序进行选择。

例如图6-5中所示的出口温度与燃气流量串级控制系统,此系统中,出口温度是主变量,燃气流量是副变量。工艺安全条件为:当气源突然断气时,控制阀应关闭,以免控制阀大开而烧坏炉子。根据此工艺安全条件,执行器应采用气开阀(即停气时阀关闭),即此时执行器便是正作用方向。当阀的开度增加时,副被控变量(即燃气流量)是增加的,故副对象是正作用方向。为了保证由副对象、执行器与副控制器所组成的系统是负反馈的,所以副控制器就应该选为反作用。主控制器的作用方向应该这样选择:若物料出口温度增加,则此时要求关小阀门才能使出口温度减小;若燃气流量增加,则此时也要求关小阀门才能使燃气流量减小。物料出口温度和燃气流量同时增加时,要求阀门动作方向一致,即都是关小阀门,所以主控制器就应该选为反作用。

又如图6-6中所示的冷却器温度串级控制系统,出口温度是主变量,冷剂流量是副变量。工艺安全条件为:当气源突然断气时,控制阀应关闭,以免物料出口温度太低。根据此工艺安全条件,执行器应采用气开阀(即停气时阀关闭),即此时执行器便是正作用方向。当阀的开度增加时,副被控变量(即冷剂流量)增大,故副被控对象是正作用。为了保证

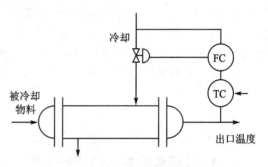

图6-6 冷却器物料出口温度串级控制系统

由副被控对象、执行器与副控制器所组成的系统是负反馈的,所以副控制器就应该选为反作用。主控制器的作用方向应该这样选择:若物料出口温度增加,则此时要求开大阀门才能使出口温度减小;若冷剂流量增加,则此时要求关小阀门才能使冷剂流量减小。物料出口温度和冷剂流量同时增加时,要求阀门动作方向相反,即一个要求开大阀门,另一个要求关小阀门,所以主控制器就应该选为正作用。

6.1.4 串级控制系统参数整定和投运

1. 串级控制系统的投运方法

串级控制系统的投运依据所选用仪表的不同而不同。总的来说,在采用DDZⅢ型仪表和计算机控制时比较容易。串级控制系统的投运和简单控制系统一样,要求投运过程无扰动切换。无论采用什么样的仪表,投运的一般顺序是"先投副回路,后投主回路"。在采用DDZⅢ型仪表时,投运步骤如下:

① 主控制器置内给定,副控制器置外给定,主、副控制器均切换到手动。

② 调节副控制器手操器,使主、副参数趋于稳定,调主控制器手操器,使副控制器的给定值等于测量值,使副控制器切入自动。

③ 当副回路控制稳定并且主参数也稳定时,将主控制器无扰动切入自动。

2. 参数整定的方法

和简单控制控制系统一样,串级控制系统的参数整定就是通过改变主、副控制器的参数,来改善控制系统的静态和动态特性,以获得最佳的控制过程。

串级控制系统设计完成后,控制器的参数整定显得非常重要,它关系到系统能否运行在最佳状态。整定串级控制系统参数时,要明确主副回路的作用,以及对主副变量的控制要求,只有这样,才能确定最佳参数。前面已经分析过,串级控制系统的主回路是定值控制系统,要求主变量有较高的控制精度,其控制指标要求与简单控制系统一样。但副回路是一个随动系统,只要求副变量能快速地跟随主变量即可,对其精度要求不高。在实际生产中,常用的串级控制系统参数整定方法主要有两种:两步整定法和一步整定法。

(1)两步整定法

这是一种先整定副控制器,后整定主控制器的方法。具体整定步骤如下:

① 先整定副控制器。主、副回路均闭合,工况稳定时,主、副控制器都置于纯比例作用,将主控制器的比例度放在100%处,用简单控制系统参数整定法整定副回路,使副变量按4:1衰减,记下此时的比例度δ_{2s}和振荡周期T_{2s}。

② 整定主控制器。主、副回路仍闭合,副控制器的比例度置于δ_{2s},用同样方法整定主控制器,使主变量按4:1衰减,记下此时的比例度δ_{1s}和T_{1s}。

③ 根据两次整定得到的δ_{1s}和T_{1s}及δ_{2s}和T_{2s},按表5-2分别算出主副控制器的比例度、积分时间和微分时间。

当串级控制系统主、副对象的时间常数相差较大,主、副回路的动态联系不紧密时,常采用此法。

(2)一步整定法

两步整定法虽然能满足主、副变量的要求,但是需要寻求两个4:1的衰减振荡过程,比较麻烦。为了简化步骤,也可采用一步法进行整定。

一步法就是根据经验先将副控制器的参数一次性设定好,不再变动,然后按照简单控制系统的整定方法直接整定主控制器的参数。在实际工程中,这种方法简单实用。人们经过大量实践经验的积累,总结出对于不同的副变量,可以参考表6-1所列的数据进行设置相应的副控制器参数。

表6-1 采用一步整定法时副控制器参数选择范围

副变量类型	副控制器比例度%	副控制器比例系数K_{P2}
温 度	20~60	5.0~1.7
压 力	30~70	3.0~1.4
流 量	40~80	2.5~1.25
液 位	20~80	5.0~1.25

6.2 均匀控制系统

6.2.1 均匀控制的目的和特点

绝大部分石油化工生产过程都是连续生产,各生产设备都是前后紧密联系在一起的,前一设备的出料往往是后一设备的进料,各设备的操作情况是互相关联、互相影响。例如,图6-7所示的连续精馏的多塔分离过程就是一个最能说明问题的例子。甲塔的出料为乙塔的进料。为了保证精馏塔的稳定操作,希望进料和塔釜液位稳定。对甲塔来说,为了稳定操作需保持塔釜液位稳定,为此必然频繁地改变塔底的排出量。而对乙塔来说,从稳定操作要求出发,希望进料量尽量不变或少变,这样甲、乙两塔间的供求关系就出现了矛盾。如果采用图6-7所示的控制方案,如果甲塔的液位上升,则液位控制器LC就会开大出料阀1,而这将引起乙塔进料量增大,于是乙塔的流量控制器FC又要关小阀2,其结果又会使甲塔釜液位升高,出料阀1继续开大,如此下去,顾此失彼,两个控制系统无法同时正常工作,解决不了供求之间的矛盾。

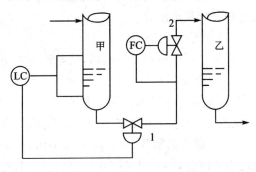

图6-7 前后精馏塔的供求关系

为了解决此矛盾,可在两塔之间设置一个中间储罐,既满足甲塔控制液位的要求,又缓解了乙塔进料流量的波动。但是由此会增加设备,使流程复杂化,加大了投资。另外,有些生产过程连续性要求较高,不宜增设中间储罐。

若要解决供求之间的矛盾,只有冲突的双方各自降低要求。从工艺和设备上进行分析,塔釜有一定的容量,其容量虽不像储罐那么大,但是液位并不要求保持在定值上,允许在一定的范围内变化。至于乙塔的进料,如不能做到定值控制,但能使其缓慢变化也对乙塔的操作是很有益的,较之进料流量剧烈的波动则改善了很多。为了解决前后工序供求矛盾,达到前后兼顾协调操作,使前后供求矛盾的两个变量在一定范围内变化,为此组成的系统称为均匀控制系统。

均匀控制通常是对两个矛盾变量同时兼顾,使两个互相矛盾的变量达到下列要求:

① 两个变量在控制过程中都应该是变化的,且变化是缓慢的。

因为均匀控制是指前后设备的物料供求之间的均匀,那么,表征前后供求矛盾的两个变量都不应该稳定在某一固定的数值。以图6-7为例,若把液位控制成比较平稳的直线,则下一个设备的进料量必然波动很大,如图6-8(a)所示,这样的控制过

第6章 复杂控制系统

程只能看作液位的定值控制,而不能看作均匀控制。反之,若把后一设备的进料量控制成比较平稳的直线,则前一设备的液位就必然波动很厉害,如图 6-8(b) 所示,所以这样的控制过程只能被看作是流量的定值控制。只有如图 6-8(c) 所示的液位和流量的控制曲线才符合均匀控制的要求,两者都有一定程度的波动,但波动都比较缓慢。

② 前后互相联系又互相矛盾的两个变量应保持在所允许的范围内波动。

如图 6-7 中,甲塔塔釜液位的升降变化不能超过规定的上下限,否则就有淹过再沸器蒸气管或被抽干的危险。同样,乙塔进料流量也不能超越它所能承受的最大负荷或低于最小处理量,否则就不能保证精馏过程的正常进行。为此,均匀控制的设计必须满足这两个限制条件。当然,这里的允许波动范围比定值控制过程的允许偏差要大得多。

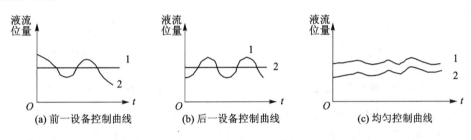

1—液位变化曲线,2—流量变化曲线

图 6-8 前后设备的液位和进料的关系

6.2.2 均匀控制方案

1. 简单均匀控制方案

简单均匀控制系统如图 6-9 所示,在结构上它与简单控制系统是一样的,但它对动态过程的品质指标要求是不相同的。对于简单的液位控制系统,它要求液位平稳,当有干扰出现,液位偏离给定值时,要求通过有力的控制作用,尽快使液位能够恢复到给定值。均匀控制则与其相反,液位可以在允许的范围内适度波动,所以它要求控制作用弱一些。

在均匀控制系统中,不能选用微分作用规律,因为它与均匀控制要求是背道而驰的。一般只选用纯比例规律,而且比例度一般都是整定得比较大,以使当液位变化时,控制器的输出变化很小,排出流量只作微小缓慢的变化。积分作用较少采用,但是有时为了克服连续发生的同一方向干扰所造成的过大偏差,此时可采用积分作用,积分时间要整定得比较大,且比例度一般要大于 100%。

简单均匀控制系统最大的优点是结构简单,操作、整定和调试都比较方便,投入成本低。但是,如果前后设备压力波动较大时,尽管控制阀的开度不变,流量仍然会变化,等到流量改变影响到液位后,液位控制器才进行控制,显然这是不及时的,所以,此时简单均匀控制就不适合了。

2. 串级均匀控制方案

为了解决简单均匀控制不能克服压力波动时对流量产生的影响,可在原方案基础上增加一个流量副回路,即构成串级均匀控制系统,其原理图如图6-10所示。从图中可以看出,串级均匀控制与串级控制系统结构相同,但串级均匀控制系统中副回路的作用就是及时克服设备压力波动对流量的影响,保证流量变化平缓。

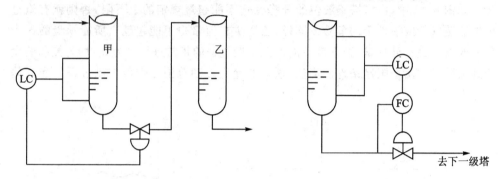

图6-9　简单均匀控制系统　　　　图6-10　串级均匀控制系统

串级均匀控制的目的不是为了提高液位的控制质量,而是允许液位和流量都在各自许可的范围内缓慢变化。所以串级均匀控制系统的主、副控制器一般都采用纯比例作用的,只在要求较高时,为了防止偏差过大而超过允许范围,才引入适当的积分作用。

串级均匀控制系统之所以能够使两个变量间的关系得到协调,是通过控制器参数整定来实现的。在串级均匀控制系统中,参数整定的目的不是使变量尽快地回到给定值,而是要求变量在允许的范围内做缓慢的变化。参数整定的方法也与普通控制系统不同,普通控制系统的比例度和积分时间是由大到小进行调整,而均匀控制系统却相反,是由小到大进行调整,而且均匀控制系统的控制器参数一般都很大。控制器参数具体整定步骤如下:

(1) 简单均匀控制系统的参数整定

可以按照简单控制系统的参数整定方法和步骤去做,先将比例作用数值放置在不会引起变量超值但相对较大的数值,观察趋势,适当地调整比例作用数值,使变量波动小于且接近允许范围。如果加入积分作用,比例作用数值适当调整后(比例度值适当加大或比例放大系数减小),再加入积分作用,注意积分作用要弱些,由小到大逐渐调整积分时间,直到变量都在工艺范围内均匀缓慢的变化。

(2) 串级均匀控制系统的整定方法

串级均匀控制系统的整定方法有所不同,其整定步骤如下:

① 先将副控制器比例作用数值放于适当值上,然后比例放大倍数由大到小(或由小到大)地调整,直至副参数呈现缓慢非周期衰减过程为止。

② 再将主控制器比例作用数值放于适当值上,然后比例放大倍数由大到小(或由小到大)地调整,直至主参数呈现缓慢非周期衰减过程为止。

为避免在同向干扰作用下主变量出现过大余差,可以适当地加入积分作用,但积分时间不要太小。

串级均匀控制系统的优点是能克服较大的干扰,使液位和流量变化缓慢平稳,适用于设备前后压力波动对流量影响较大的场合。

6.3 比值控制系统

6.3.1 概　述

在有些生产过程中,经常需要保持两种或两种以上的物料成一定的比例关系,一旦比例关系失调,就会影响到产品的质量或是产量,严重时会造成生产安全事故。例如,在以重油为燃料的燃烧系统中,需要重油与空气成一定的比例,才能保证最佳燃烧状态。若重油与空气比值过高,则燃烧不完全,使炭黑增多,堵塞管道,污染环境,同时增加能耗,造成一定的经济损失;若重油与空气比值过低,会使喷嘴和耐火砖被过早烧坏,甚至使炉子爆炸。再如,在原油脱水过程中,必须使原油和破乳剂以一定的比例混合,才能得到好的效果。这样类似的例子在各种工业生产中是大量存在的。

在需要保持比值关系的物料中,有一种物料处于主导地位,此物料称为主物料,表征这种主物料的变量称为主动流量 F_1,又称主流量(因为比值控制中主要是流量比值控制);而另一种物料按主物料进行配比,随主物料变化,因此称为从物料,表征其特征的变量称为从动流量 F_2,又称副流量。例如,在燃烧过程中,当燃料量发生增大或减小变化时,空气的流量也随之增大或减小,在此过程中,燃料量就是主动流量,处于主导地位,空气的流量就是从动流量,处于配比地位。

比值控制系统就是要实现从动流量 F_2 与主动流量 F_1 成一定比值关系,满足如下关系式,即

$$K = \frac{F_2}{F_1} \tag{6-1}$$

式中,K 为从动流量 F_2 与主动流量 F_1 的比值。

6.3.2 比值控制系统的类型

根据工业生产过程不同的工艺需要,有定比值控制和变比值控制之分。定比值控制中经常采用的比值控制类型有三种:开环比值控制系统、单闭环比值控制系统和双闭环比值控制系统。

1. 开环比值控制系统

开环比值控制是最简单的一种比值控制形式。若图 6-11(a)中 F_1 是主流量，F_2 是副流量，当 F_1 变化时，通过流量控制器 FC 及控制阀来控制 F_2，使副流量跟随主流量变化，以完成流量配比控制。FC 可以选用纯比例作用，通过改变控制器的比例度就可以改变 F_1 和 F_2 之间的比值。执行器可以选用快开流量特性。开环比值控制系统的方块图如图 6-11(b)所示。

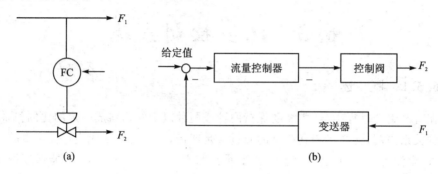

图 6-11 开环比值控制系统及其方块图

开环比值控制系统优点是结构简单，操作方便，投入成本低。副流量因阀前后压力变化等干扰影响而波动时，无法保证两流量间的比值关系。因此，开环比值控制系统适用于副流量比较平稳，且对比值要求不高的场合。在实际生产中很少使用这种方案。

2. 单闭环比值控制系统

为了克服开环比值控制方案的不足，在开环比值控制系统的基础上，通过增加一个副流量的闭环控制系统而组成单闭环比值控制系统，如图 6-12(a)所示，其方块图如图 6-12(b)所示。

从图 6-12(a)中可以看出，单闭环比值控制系统与串级控制系统具有相类似的结构形式，但两者是不同的。单闭环比值控制系统的主流量 F_1 相似于串级控制系统中的主变量，主流量并没有构成闭环系统，F_2 的变化并不影响到 F_1，尽管它也有两个控制器，但只有一个闭合回路，这就是两者的根本区别。

在稳定情况下，主流量、副流量满足工艺要求的比值。当主流量 F_1 变化，其流量信号经过变送器送到比值计算装置 K，比值计算装置 K 按预先设置好的比值使输出成比例地变化，也就是成比例地改变副流量控制器 FC_2 的给定值，此时副流量控制系统为一个随动控制系统，F_2 跟随 F_1 变化，使流量比值保持不变。当主流量没有变化而副流量由于干扰发生变化时，副流量控制系统相当于一个定值控制系统，使工艺要求的流量比值仍保持不变。

单闭环比值控制系统的优点是它不但能实现副流量跟随主流量的变化而变化，而且还可以克服副流量本身干扰对比值的影响，因此主、副流量的比值较为精确。另

第 6 章 复杂控制系统

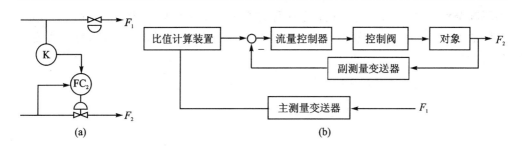

图 6-12 单闭环比值控制系统及其方块图

外,这种方案的结构形式较简单,实施起来也比较方便,所以得到广泛的应用,尤其适用于主物料在工艺上不允许控制的场合。

单闭环比值控制系统虽然能保持两物料量比值一定,但主流量变化时,总的物料量就会发生变化。

3. 双闭环比值控制系统

在单闭环比值控制系统的基础上,增加主物料流量 F_1 的闭环定值控制系统,即构成了双闭环比值控制系统,如图 6-13(a)所示,其方块图如图 6-13(b)所示。

双闭环比值控制系统,在主副动量上都设计了一个流量回路,无论是主物料流量波动还是从物料流量波动都能予以克服。这样不仅实现了较精确的比值关系,而且也确保了两物料总量基本不变。除此之外,双闭环比值控制系统提降负荷比较方便,只要缓慢地改变主动量控制器的给定值,即可增减主流量,同时副流量也就自动地跟随主流量进行增减,保持两者的比值关系不变。

双闭环比值控制系统所用设备较多,结构复杂。此方案适合于比值控制要求较高,主动量干扰频繁,工艺上不允许主动量有较大的波动,经常需要升降负荷的场合。

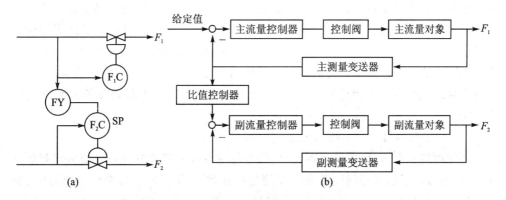

图 6-13 双闭环比值控制系统及其方块图

4. 变比值控制系统

前面所述的三种比值控制方案属于定比值控制,即在生产过程中,主、从物料的比值关系是不变的。而有些生产过程却要求两种物料的比值根据第三个变量的变化而不断调整以保证产品质量,这种系统称为变比值控制系统,如图 6-14 所示。FFY 为除法器,FFC 为比值控制器,FFY 的输出作为 FFC 的测量值,即实际的比值测量值,FFC 的给定值由第三变量提供。

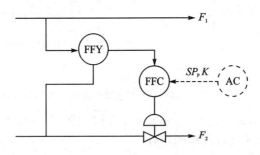

图 6-14 变比值控制系统

6.3.3 比值系数的计算和比值方案的实施

1. 比值系数的计算

比值控制要求从现场测得主流量和副流量的测量信号,然后传送到控制装置中进行计算,再将计算出来的输出信号送到控制阀上。若控制装置采用 DCS 等以计算机技术为基础的控制装置的话,流量信号进入 DCS 后会在其内部将流量信号转换为流量的量值,而不需要进行计算,直接按流量比进行设置即可。若控制装置采用控制仪表的话(如常规仪表或者智能仪表等),接收的是代表流量的测量信号,仪表内部进行计算是针对这些信号进行的。此时需要根据流量比、流量测量的量程,计算出流量信号之比。

比值控制能够实现工艺中两种物料成一定的比值关系。首先明确工艺中物料的比值系数 K 和仪表的比值系数 k 是不相同的。目前,电动单元组合仪表使用的标准信号是 4~20 mA DC 或 0~10 mA DC,气动仪表使用的标准信号是 20~100 kPa 等,因此,比值控制系统实施时必须把工艺比值系数 K 换算成仪表比值系数 k,这样才能实现比值设定。下面讨论一下,不同情况的测量变送时的仪表比值系数 k 的计算方法。

(1) 流量与测量信号呈线性关系

当使用转子流量计、涡轮流量计、椭圆齿轮流量计或带开方的差压变送器测量流量时,流量与测量信号呈线性关系。设测量变送器采用 DDZ-Ⅲ型仪表,即测量变送器的输出信号为 4~20 mA DC。当流量从零变到最大值 F_{max} 时,测量变送器的输出信号就会从 4 mA 变到 20 mA。由于流量信号和测量变送器的输出信号呈线性关系,所以有如下关系

$$I - 4 = \frac{20-4}{F_{max}}(F - 0), 即$$

$$I = \frac{16}{F_{\max}}F + 4 \qquad (6-2)$$

式中：F 为测量变送器输入量程范围内的任一流量信号，I 为与 F 对应的测量变送器的输出电流信号。

设仪表的比值系数为 k，则有

$$k = \frac{I_2 - 4}{I_1 - 4} \qquad (6-3)$$

式中：I_1 为主流量 F_1 的测量信号，I_2 为副流量 F_2 的测量信号。

注意：k 为仪表输出信号变化量之比，所以均应减去仪表信号的起始值。

由式(6-2)可得 $\quad I_1 = \frac{16}{F_{\max}}F_1 + 4, \quad I_2 = \frac{16}{F_{\max}}F_2 + 4$

由式(6-3)可得

$$k = \frac{I_2 - 4}{I_1 - 4} = \frac{\frac{16}{F_{2,\max}}F_2 + 4 - 4}{\frac{16}{F_{1,\max}}F_1 + 4 - 4} = \frac{F_2}{F_1} \times \frac{F_{1,\max}}{F_{2,\max}} = K\frac{F_{1,\max}}{F_{2,\max}} \qquad (6-4)$$

式中：$F_{1,\max}$ 为主流量变送器测量上限，$F_{2,\max}$ 为副流量变送器测量上限。

同理，可以计算出气动仪表的比值系数公式

$$k = \frac{P_2 - 20}{P_1 - 20} = \frac{\frac{80}{P_{2,\max}}P_2 + 20 - 20}{\frac{80}{P_{1,\max}}P_1 + 20 - 20} = \frac{P_2}{P_1} \times \frac{P_{1,\max}}{P_{2,\max}} = K\frac{P_{1,\max}}{P_{2,\max}} \qquad (6-5)$$

由此可以看出，气动仪表和电动仪表的比值系数计算公式相同。

(2) 流量与测量信号呈非线性关系

当使用节流装置测量流量而未经开方处理时，流量 F 与差压 ΔP 呈非线性关系，即

$$F = k'\sqrt{\Delta P} \qquad (6-6)$$

式中：k' 为节流装置的比例系数。

而差压信号 ΔP 与测量变送器输出的电流信号 I 呈线性关系，所以流量的平方 F^2 与变送器输出的电流信号 I 呈线性关系。若测量变送器采用 DDZ Ⅲ 型仪表，则测量信号 I 与流量信号 F 之间的关系为

$$I = \frac{16}{F_{\max}^2} \times F^2 + 4 \qquad (6-7)$$

所以比值系数的计算公式为

$$k = \frac{I_2 - 4}{I_1 - 4} = \frac{\frac{16}{F_{2,\max}^2}F_2^2 + 4 - 4}{\frac{16}{F_{1,\max}^2}F_1^2 + 4 - 4} = \frac{F_2^2}{F_1^2} \times \frac{F_{1,\max}^2}{F_{2,\max}^2} = K^2\left(\frac{F_{1,\max}}{F_{2,\max}}\right)^2 \qquad (6-8)$$

式中：$F_{1,\max}$ 为主流量变送器测量上限，$F_{2,\max}$ 为副流量变送器测量上限。

2. 比值方案的实施

比值控制系统有两种实施的方案,依据 $F_2=KF_1$,那么就可以对 F_1 的测量值乘以比值 K 作为 F_2 流量控制器的设定值,称为相乘实施方案。如图 6-13 所示的双闭环比值控制系统即为相乘实施方案;而若根据 $F_2/F_1=K$,就可以将 F_2 与 F_1 的测量值相除之后的数值 K 作为比值控制器的测量值,这种方法称为相除实施方案,如图 6-14 所示的变比值控制系统即为相除实施方案。

6.4 前馈控制系统

6.4.1 前馈控制的原理及其特点

1. 前馈控制的原理

前面讲到的反馈控制特点是干扰作用于系统,对被控变量产生影响,测量值与给定值比较出现偏差后,控制器才对被控变量进行控制来克服干扰对其的影响作用,所以反馈控制是根据偏差进行控制的。很显然,这种控制方式的控制作用一定是落后于干扰作用,即控制不及时。其优点是只要被包含在反馈回路内的干扰,对被控变量产生了影响,控制作用就会克服它们对被控变量的影响。然而,一般工业控制对象上总存在一定的容量滞后或纯滞后,当干扰出现时,往往不能很快在被控变量上显现出来,需要一定的时间才能反应出来,然后控制器才能发挥控制作用,而控制通道同样也会存在一定的滞后,这就必然使被控变量的波动幅度增大,偏差的持续时间变长,导致控制的过渡过程一些指标变差,不能满足生产的要求。

由此设想,当干扰一出现就开始控制必然能提高控制速度。控制器直接根据干扰的大小和方向,不等干扰引起被控变量发生变化,就按照一定的规律进行控制,以补偿干扰作用对被控变量的影响,这样的控制方式称为前馈控制。如果前馈控制作用选择的合适,理论上可以完全抵消掉干扰的影响。

前馈控制的方块图如图 6-15(a)所示,其中 $D(s)$ 为干扰,$Y(s)$ 为系统输出,$G_d(s)$ 为对象干扰通道的传递函数,$G_m(s)$ 为测量变送环节的传递函数,$G_{ff}(s)$ 为前馈控制器,$G_v(s)$ 为阀的传递函数,$G_o(s)$ 为被控对象的传递函数。若把测量变送环节、阀、被控对象的传递函数合并到一起,记为 $G_p(s)$ 的话,则其方块图可以简化,如图 6-15(b)所示。观察图 6-15(b)可知,$D(s)G_d(s)+D(s)G_{ff}(s)G_p(s)=Y(s)$,若想让 $G_{ff}(s)$ 完全抵消掉干扰 $D(s)$ 对输出 $Y(s)$ 的影响,则应使 $G_d(s)+G_{ff}(s)G_p(s)=0$,即

$$G_{ff}(s)=-G_d(s)/G_p(s) \qquad (6-9)$$

例如,图 6-16 所示为一个换热器出口温度 T_2 需要维持恒定,若干扰为物料的入口温度 T_1 波动,则图 6-16 的前馈控制方案以控制出口温度为目的。假设某一时刻,进料温度突然升高,必然会使换热器出口温度升高,那么,在入口处安装温度测量

变送器,测出此干扰信号,通过前馈控制器去适度的关小蒸气阀门,使换热器出口温度降低。如果测量信号准确,前馈控制器设计合适,必然能使增加的温度和降低的温度大小相等,但方向相反,实现对干扰影响的补偿控制作用,保证换热器出口温度不变,即被控变量在干扰作用下不产生任何变化。

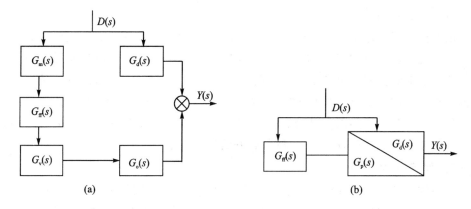

图 6-15　前馈控制的方块图及其简化方块图

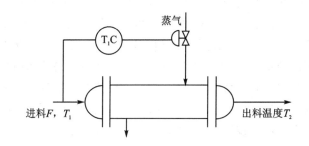

图 6-16　换热器前馈控制

2. 前馈控制的特点

① 前馈控制是按照干扰作用的大小和方向进行控制的,控制的时间是在偏差出现之前,所以控制作用及时。

② 前馈控制属于开环控制系统,这是前馈控制的不足之处。反馈控制系统是一个闭环控制,反馈控制能够不断地反馈控制结果,可以不断地修正控制作用,前馈控制却不能对控制效果检验。所以应用前馈控制,必须更加清楚了解对象的特性,才能够取得较好的前馈控制作用。

③ 前馈控制器是根据对象特性而定的"专用"控制器。与一般反馈控制系统采用通用的 PID 控制器不同,前馈控制器针对不同对象特性而设计出来的前馈控制规律不同。前馈控制器的控制规律为对象的干扰通道与控制通道的特性之比,即 $G_{ff}(s) = -G_d(s)/G_p(s)$,而且控制作用与干扰作用对被控变量的影响大小相等、方向相反。

④ 一种前馈作用只能克服一种干扰。前馈作用只能针对一个测量出来的干扰

进行控制,对于其他干扰,由于该前馈控制器无法感知,因此,也就无能为力了。而反馈控制系统中,只要是影响到被控变量的干扰都能克服。

6.4.2 前馈控制系统的几种结构形式

1. 静态前馈

前馈控制器的输出信号是根据干扰量变化而变化的,是输入和时间的函数。如不考虑干扰通道和控制通道的动态特性,即不去考虑时间因素,这时就属于静态前馈。静态前馈的控制目标是使被控参数的稳态偏差趋于零,而不考虑动态偏差。静态前馈控制器的控制算法为 $G_{ff}(0)=-G_d(0)/G_p(0)=-k_d/k_p=-k_{ff}$。由于静态前馈控制规律不包含时间因子,因此实施起来相当方便。当干扰通道和控制通道的时间常数相差不大时,静态前馈可以获得较好的控制效果。

2. 动态前馈控制

静态前馈控制系统能够实现被控变量静态偏差为零或减小到工艺要求的范围内。为了保证动态偏差也在工艺要求之内,需要分析对象的动态特性,才能确定前馈控制器的规律,获得动态前馈补偿。然而工业对象特性是千差万别的,如果按动态特性设计控制器将会非常复杂,难以实现。因此,可在静态前馈的基础上增加动态补偿环节,即加延迟环节或微分环节来达到近似补偿。按照这个原理设计的一种前馈控制器,有三个能够调节的参数分别是 K、T_1 和 T_2。K 为控制器的放大倍数,起静态补偿作用,T_1 和 T_2 是时间常数,通过调整它们的数值实现延迟作用和微分作用的强弱控制。与干扰通道相比,控制通道反应快时,给它加强延迟作用;控制通道反应慢时,给它加强微分作用。根据两个通道的特性适当调整 T_1、T_2 的数值,使两个通道控制节奏相吻合,便可实现动态补偿,消除动态偏差。

3. 前馈—反馈控制

由于人们对被控对象的特性很难准确掌握,所以单纯前馈补偿精度有限。由于前馈控制无法检验控制效果,并且一种前馈控制只能克服一种干扰,因此,单纯前馈控制效果不理想,在实际生产过程中很少单独使用。前面比较过前馈和反馈的优缺点,如果能把两者结合起来构成控制系统,取长补短,协同工作一起克服干扰,能进一步提高控制质量,这种系统称为前馈—反馈控制系统。

下面以加热炉物料出口温度控制为例说明前馈—反馈系统的结构及特点。当主要干扰为加热炉进料流量波动,而与此同时又存在其他影响加热炉出口温度的干扰时,可以采用图 6-17 所示的前馈—反馈控制系统。在此系统中采用前馈通道来控制进料流量波动对被控变量的影响,可以产生及时的控制作用,采用反馈通道克服其他干扰,如燃料热值变化和燃料压力变化对被控变量的影响,同时通过反馈通道能不断地检测被控变量的偏差情况,以产生进一步的校正作用,提高控制质量。图 6-18 所示为前馈—反馈控制系统的方框图,其中 $G_c(s)$ 为反馈控制器,$G_{ff}(s)$ 为前馈控制器，$G_d(s)$ 为对象干扰通道的传递函数，$G_P(s)$ 为对象控制通道的传递函数，$D(s)$ 为干扰，$Y(s)$ 为系统输出，$R(s)$ 为系统输入。

综上所述，前馈—反馈控制系统具有以下优点：

① 发挥了前馈控制系统及时的优点；

② 保持了反馈控制能克服多个干扰影响和具有对控制效果进行校验的长处；

③ 反馈回路的存在，降低了对前馈控制模型的精度要求，为工程上实现比较简单的模型创造了条件。

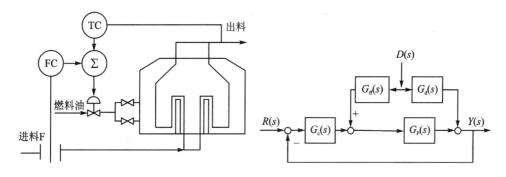

图 6-17　加热炉物料出口温度前馈—反馈控制系统

图 6-18　前馈—反馈控制系统的方框图

4．前馈—串级控制

若图 6-17 所示的加热炉物料出口温度前馈—反馈控制系统中，除了进料量经常波动之外，燃料油压力也是主要干扰，经常波动，这时可以在前馈—反馈控制系统基础上，再增加一个副回路，构成前馈—串级控制系统，如图 6-19 所示，其方块图如图 6-20 所示。

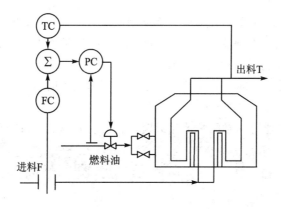

图 6-19　加热炉物料出口温度前馈—串级控制

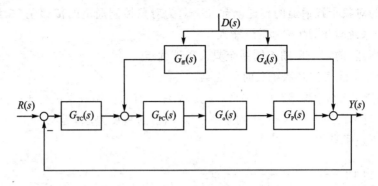

图 6-20 前馈—串级控制系统方块图

6.4.3 前馈控制的应用

1. 前馈的应用场合

① 系统中存在频繁且幅值大的干扰,这种干扰可测但不可控,对被控变量影响比较大,采用反馈控制难以克服,但工艺上对被控变量的要求又比较严格,可以考虑引入前馈回路来改善控制系统的品质。

② 当采用串级控制系统仍不能把主要干扰包含在副回路中时,采用前馈控统,可获得更好的控制效果。

③ 当对象的控制通道滞后大,反馈控制不及时,控制质量差,可采用前馈控统,以提高控制质量。

2. 通道特性对前馈应用的影响

由于被控对象的干扰通道和控制通道特性不相同,在采用前馈控制时,会产生不同的效果。

① 当干扰通道的时间常数明显小于控制通道时间常数时,干扰会很快作用到被控变量,就会使得前馈控制器输出很快达到极值,但仍无法大部分补偿干扰的影响。这种情况,前馈对控制质量的改善是有限度的。

② 当干扰通道的时间常数比控制通道的时间常数大时,反馈控制能获得较好的控制效果。

③ 当两个控制通道的时间常数相近时,引入前馈可以大大改善控制质量。

6.5 选择性控制系统

6.5.1 基本概念

对于一般的控制系统来说,它能够在生产处于正常运行情况下,克服外界干扰,维持生产的平稳运行。但是当生产操作达到安全极限时,他们却无能为力了。这对于大型生产过程来说是不可以的,因为这关系到系统的安全生产。所以,控制系统必须具有相应的保护措施,促使生产操作离开安全极限,返回到正常情况,或者使生产暂时停止下来,以防事故的发生或进一步扩大。这种非正常工况时的控制系统属于安全保护性措施。安全保护性措施有两类:一类是硬保护措施;一类是软保护措施。

所谓硬保护措施就是连锁保护系统,当生产工况超出一定范围时,连锁保护系统采取一系列相应的措施,如产生声和光警报、自动到手动的切换、连锁保护等,使生产过程处于相对安全的状态。但是发出声和光警报时,由于生产的复杂性和快速性,操作人员处理事故的速度往往满足不了需要,或者处理过程容易出错。而自动连锁保护这种硬保护措施经常使生产停车,从停车到再投运会耗费大量的时间和精力,进而造成较大的经济损失。

所谓软保护措施,就是通过一个特定设计的自动选择性控制系统,当生产短期内处于不正常工况时,不使设备停车又起到对生产进行自动保护的目的。可用一个控制不安全情况的控制方案自动取代正常生产情况下工作的控制方案,用取代控制器代替正常控制器,直至使生产过程重新恢复正常,而后又使原来的控制方案重新恢复工作,用正常控制器代替取代控制器。这种操作方式一般会使原有的控制质量降低,但能维持生产的继续进行,避免了停车,此方法称之为选择性控制(也称为取代控制),即软保护方法。

6.5.2 选择性控制系统的类型

根据选择器在控制系统中选择的信号来分的话,可以将选择性控制系统分为两类:对被控变量的选择性控制系统和对被测变量的选择性控制系统。

1. 对被控变量的选择性控制系统

选择器在控制系统中选择的是控制器的输出,这样的控制系统称为"对被控变量的选择性控制系统"。以蒸气锅炉为例说明这类选择性控制系统的结构及工作过程。在锅炉的运行中,蒸气负荷随着用户需要而经常波动。正常情况下,通过控制燃料量来保证蒸气压力的稳定。当蒸气用量增加时,为保证蒸气压力不变,必须在增加供水量的同时,相应地增加燃料气量。然而,燃料气的压力也随燃料气量的增加而升高,当燃料气压力过高超过某一安全极限时,会产生脱火现象。一旦脱火现象发生,燃烧室内由于积存大量燃料气与空气的混合物,会有爆炸的危险。为此,锅炉控制系统中常采用如图 6-21 所示的蒸气压力与燃料气压力的选择性控制系统,以防止脱火现象产生。

图 6-21 中蒸气压力控制器 P_1C 为正常控制器,燃料气压力控制器 P_2C 为取代控制器,正常控制器与取代控制器的输出信号通过低选器(LS),在不同工况下自动选取后送至控制阀,以维持蒸气压力的稳定以及防止脱火现象的发生。低选器(LS)能自动地选择两个输入信号中较低的一个作为它的输出信号。对被控变量的选择性控制系统的方框图如图 6-22 所示。

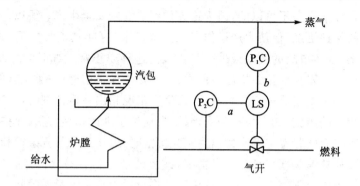

图 6-21 蒸气压力与燃料气压力的选择性控制系统

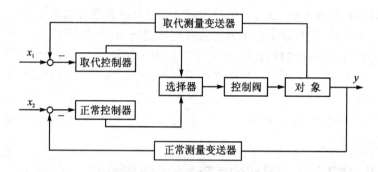

图 6-22 选择性控制系统方框图

从安全角度考虑,燃料气控制阀应为气开阀。正常情况下,燃料气压力低于给定值,由于 P_2C 是反作用方式,其输出 a 将是高信号,而蒸气压力控制器 P_1C 的输出 b 则为低信号。此时,低选器选中信号 b 来控制阀,从而构成了一个以蒸气压力作为被控变量的简单控制系统。而当燃料气压力上升到超过脱火压力时,由于 P_2C 是反作用方式,由于 P_2C 的比例度一般设置的比较小,所以其输出 a 将迅速变成低信号,此时 a 被低选器选中,这样燃料气压力控制器 P_2C 便取代了蒸气压力控制器 P_1C 对系统进行控制,构成了一个以燃料气压力为被控变量的简单控制系统,防止了脱火现象的发生。当燃料气压力恢复正常时,蒸气压力控制器 P_1C 的输出 b 又成为低信号,经自动切换,蒸气压力控制系统重新恢复运行。

对于被控变量的选择性控制系统来说,当生产处于正常情况时,选择器选择正常控制器的输出信号送给执行器,实现对生产过程的自动控制,此时取代控制器处于开路状态。当生产过程处于非正常情况时,选择器则选择取代控制器代替正常控制器对生产过程进行控制,此时正常控制器处于开路状态。当生产过程恢复正常,通过选择器的自动切换,仍由原来的正常控制器来控制生产的进行。

锅炉燃烧系统除了要考虑脱火问题之外,还要考虑回火问题。当燃料气压力不足时,燃料气管线的压力就有可能低于燃烧室压力,这样就会出现回火现象。一旦发生回火现象,燃料气罐就可能发生燃烧和爆炸,所以必须防止回火现象的发生。为此,可以在防脱火的选择性控制系统基础上增加一个带下限节点的压力控制器 P_3C 和一个三通电磁阀,从而构成防脱火、防回火的选择性控制系统,如图 6-23 所示。

其工作原理为:当燃料气压力正常时,P_3C 下限节点是断开的,电磁阀失电,低选择器 LS 的输出直通控制阀。此时系统的工作原理和前面防脱火的一样。一旦燃料气压力下降到极限值时,P_3C 下限节点接通,电磁阀得电,于是切断了低选择器 LS 至控制阀的通路,并使控制阀的膜头与大气相通,膜头压力迅速下降至零,由于控制阀是气开阀,所以控制阀快速关闭,这样就可以防止回火现象发生。当燃料气管线压力慢慢上升到正常值时,P_3C 下限节点又将断开,电磁阀又会失电,这样低选择器 LS 的输出又能直通控制阀,从而回到正常控制情况。

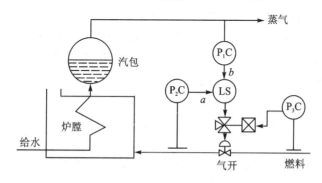

图 6-23 防脱火、防回火的选择性控制系统

2. 对被测变量的选择性控制系统

这种控制系统中有多个测量变送器,选择器对测量变送器的输出进行选择,然后送到调节器作为最终的测量值进行控制。

例如,某一化学反应过程峰值温度选择性系统流程图如图 6-24 所示,反应器内部装有固定触媒层,为了防止反应温度过高而烧坏触媒,在触媒层的不同位置安装了多个温度检测点,各个测量变送器输出的信号全部送到高值选择器,高值选择器会将

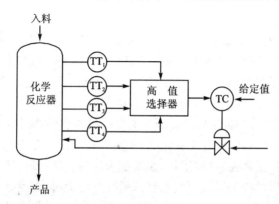

图 6-24 某一化学反应过程峰值温度选择性系统

选择出的最高温度送到温度控制器，由温度控制器根据峰值温度进行控制，以保证触媒层的安全。

6.5.3 选择性控制系统的设计

选择性控制系统可等效为两个（或多个）简单控制系统。选择性控制系统设计的关键是选择器类型的选择以及多个控制器控制规律的确定，下面对其加以讨论。

1. 选择器的选型

选择器有高选择器（HS）和低选择器（LS）。高选择器（HS）能自动地选择两个或两个以上输入信号中较高的一个作为它的输出信号，而低选择器（LS）则能自动地选择两个或两个以上输入信号中较低的一个作为它的输出信号。生产处于不正常情况下，根据取代控制器的输出信号为高或为低来确定选择器的类型。如果取代控制器输出信号为高时，则选用高选择器；如果取代控制器输出信号为低时，则选用低选择器。其选型过程可按下述步骤进行：

① 确定控制阀的气开、气关形式，确定原则与简单控制系统相同。

② 确定正常控制器和取代控制器的正、反作用方式，确定原则仍与简单控制系统相同。

③ 考虑事故时的保护措施，根据取代控制器的输出信号类型，确定选择器的类型。

例如，液氨蒸发器作为一个换热设备，在工业生产中应用很多。液氨的汽化需要吸收大量的汽化热，因而常用来冷却物料。液氨的液位越高，传热面积越大，则物料出口温度越低，然而，液氨的液位不能过高，即不能淹没换热器的全部列管。因为一方面此时传热面积已经达到极限，氨的蒸发量已经不能再增加，从而对物料出口温度影响不大；另一方面，还可能引发事故。因为气化的液氨经压缩机后可以回收重复使用，当液氨面太高时，会导致气氨中夹带液氨而进入压缩机，影响压缩机的正常运行，严重时可能造成事故。这时可以设计一个液氨蒸发器的选择性控制系统，如图 6-25 所示。

正常工况下，控制阀由温度控制器 TC 的输出来控制，这样可以保证被冷却物料的温度稳定在某个给定值上。但是，蒸发器需要有足够的汽化空间来保证良好的汽化条件及避免出口氨气带液，为此，又设计了液位控制系统。在液面达到高限的工况下，即便被冷却物料的温度高于给定值，也不再增加液氨量，而由液位控制器 LC 取代温度控制器 TC 进行控制，这样既保证了必要的汽化空间，又保证了设备的安全。

由于断气源时应使控制阀处于关闭状态，故选气开阀。无论液位控制器（取代控制器）或温度控制器（正常控制器）工作，系统都为简单控制系统，所以控制器的正、反作用方式的确定同简单控制系统。当控制阀的开度增大时，温度下降，所以温度对象为反作用，而阀为气开阀，所以温度控制器为正作用方式。当控制阀的开度增大时，液位升高，所以液位对象为正作用，而阀为气开阀，所以液位控制器为反作用方式。

第 6 章　复杂控制系统

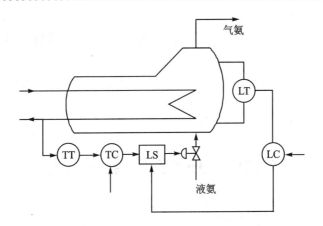

图 6-25　液氨蒸发器的选择性控制系统

由于液位控制器是反作用方式,当液位高于安全极限时,液位控制器的输出降低,因此,选择器应选低选器。

2. 控制规律的确定

在选择控制系统中,正常控制器可以按照简单控制系统的设计方法处理。而对于取代控制器而言,只要求它在非正常情况时能及时采取措施,故一般选用比例(P)控制规律,以实现对系统的快速保护。

3. 控制器的参数整定

选择性控制系统在对其控制器进行参数整定时,可按简单控制系统的整定方法进行。这里着重说明一下取代控制器的参数整定。当系统出现故障,取代控制器投入工作时,由于要产生及时的自动保护作用,要求取代控制器必须发出较强的控制信号,因此,比例度要小一些。

4. 积分饱和及其克服方法

对于在开环状态下的控制器,当其控制规律中有积分作用时,如果给定值和测量值之间一直存在偏差信号,那么,由于积分的作用,将使控制器的输出不停地变化,直至达到输出的极限值,这种现象称为积分饱和。从中可以看出,产生积分饱和有三个条件:一是控制器具有积分作用;二是控制器处于开环工作状态,即其输出没有被送往控制阀;三是控制器的输入,即偏差信号一直存在。

在选择性控制系统中,总有一个控制器处于开环状态,若此控制器有积分作用,就会产生积分饱和现象。当控制器处于积分饱和状态时,其输出将达到最大或最小的极限值,该极限值已超出执行器的有效输入信号范围(气动薄膜控制阀的有效输入信号为 20~100 kPa),此时阀为全开或全关状态。所以,当这个控制器被重新选中需要对控制系统进行控制的时候,必须使它的输出信号回到控制阀的有效输入范围,这样执行器才开始动作。但是这个过程需要一定的时间,导致控制阀不能及时地进行控制,有时会给系统带来严重后果,甚至会带来事故。为此,必须设法防止积分饱和。常采用的方法有以下两种：

① 限幅法　采用专门设计的限幅器，使控制器的输出信号被限制在工作区间内。

② 积分切除法　当控制器被选中处于闭环状态时，具有比例积分作用；若控制器未被选中处于开环状态时，将积分作用自动切除，使之只有比例作用，这样就不会产生积分饱和现象了。

6.6　分程控制系统

6.6.1　分程控制系统概述

分程控制系统是将一个控制器的输出分成若干个信号范围段，由各个段的信号去控制相应的控制阀，从而实现一个控制器对两个或两个以上控制阀的控制，其方框图如图 6-26 所示。图中是把控制器的输出信号分成两段，利用不同的输出信号分别控制两个控制阀 A 和 B。如阀 A 在控制器的输出信号为 0%～50% 范围内工作，阀 B 则在控制器输出信号为 50%～100% 范围内工作，每个控制阀的动作信号范围都是相同的，即控制阀均能走完全行程。

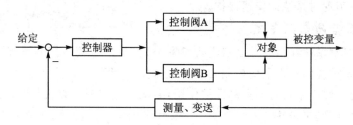

图 6-26　分程控制系统方块图

分程控制系统，就控制阀的气开、气关形式可分为两类：一类是控制阀同向动作，即随着控制器输出信号的增加或减小，控制阀均逐渐开大或逐渐减小，同向分程控制的两个控制阀同为气开式或同为气关式，其动作过程如图 6-27 所示；另一类是控制阀异向动作，即随着控制器输出信号的增加或减小，控制阀中一个逐渐开大，另一个逐渐减小，异向分程控制的两个控制阀一个为气开式，一个为气关式，如图 6-28 所示。分程控制中控制阀同向或异向的选择，要根据生产工艺的实际需要来确定。

为了实现分程控制，一般需要在每个控制阀上引入阀门定位器。阀门定位器相当于一台放大系数可变且零点可调的放大器。借助于它对信号的转换功能，使多个控制阀在分别接收控制器输出的不同信号段后，均能使控制阀走完全行程。

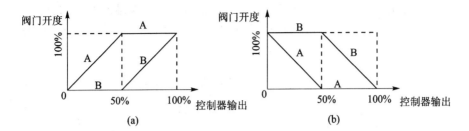

图 6-27 控制阀同向动作

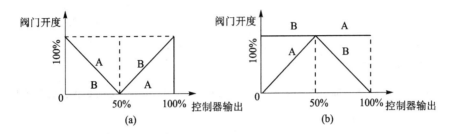

图 6-28 控制阀异向动作

6.6.2 分程控制的应用场合

1. 用于扩大控制阀的可调范围,以改善控制品质

控制阀有一个重要指标是阀的可调范围 R,即

$$R = \frac{Q_{\max}}{Q_{\min}} \tag{6-10}$$

式中:$Q_{\max}$ 是控制阀所能控制的最大流量;$Q_{\min}$ 是控制阀所能控制的最小流量。

通常国产控制阀的可调比为 30,在绝大多数场合下能满足生产要求。但有些场合需要控制阀的可调范围很宽,这时若采用一个控制阀就满足不了生产上流量大范围变化的要求。这种情况下,可采用分程控制,从而扩大阀的可调范围。分程控制用于扩大控制阀可调范围时,总是采用两个同向动作的分程控制阀并联安装在同一流体不同管线上,如图 6-29 所示。

2. 用于控制两种不同的介质,以满足工艺生产的要求

在某些间歇式生产的化学反应过程中,有时需要加热,有时又需要移走热量。为了满足这些特殊要求,一方面需配置蒸气和冷水两种传热介质;另一方面需设计一个分程控制系统。图 6-30 所示为一间歇聚合反应器的温度分程控制系统。

当反应物料投入设备后,开始需加热升温,以引发反应。此时通入蒸气使循环水被加热,循环热水再通过反应器夹套为反应物加热,使反应物温度慢慢升高。一旦达到反应温度后,由于放出大量反应热,若不及时移走热量,会使反应越来越剧烈,严重时会有爆炸的危险。这时,反应器夹套中流过的将不再是热水而是冷水。这样一来,

反应所产生的热量就不断被冷水所移走,从而达到维持反应温度不变的目的。在该系统中,利用 A、B 两个控制阀,分别控制冷水和蒸气两种介质,以满足工艺上需要冷却和加热的不同要求。下面进行分析和讨论。

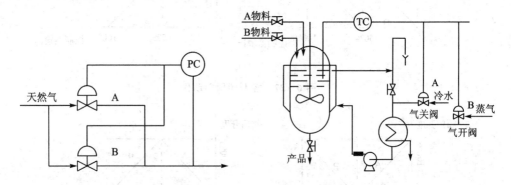

图 6-29　扩大控制阀的可调范围的分程控制　　图 6-30　间歇聚合反应器的温度分程控制系统

(1) 选择控制阀气开、气关形式

从安全的角度考虑,一旦出现气源故障,为避免反应器温度过高而引起事故,冷水阀将全开,蒸气阀将全关,因此,冷水阀 A 选择气关式,蒸气阀 B 选择气开式。

(2) 确定分程区间

分程控制系统实质是简单控制系统,根据简单控制系统控制器正反作用方式的判断方法判断,温度控制器应为反作用方式。未反应前温度低,需加热,由于温度控制器为反作用方式,控制器输出较大,此时控制器控制蒸气的流量,蒸气阀 B 应工作在控制

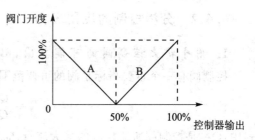

图 6-31　阀 A、阀 B 的分程情况

器输出 50%～100% 区间,而冷水阀 A 应工作在控制器输出 0%～50% 区间,其分程情况如图 6-31 所示。

3. 用于保证生产过程的安全和稳定

有些生产过程,尤其在各类炼油或石油化工中,许多存放各种油品或石油化工产品的储罐都建在室外,为避免这些原料或产品与空气相接触而氧化变质或引起爆炸,常在储罐上方充以氮气,使其与空气隔绝,通常称为氮封。采用氮封技术的工艺要求是保持储罐内的氮气压力为微正压。

储罐中物料量的增减,将引起罐顶压力的升降,故必须及时进行控制,否则将引起储罐变形,甚至破裂,造成浪费或引起燃烧、爆炸等危险。因此,当储罐内物料量增加时(即液位升高时),应及时使罐内氮气适量排出。反之,当储罐内物料量减少时(即液位下降时),为保证罐内氮气呈微正压的工艺要求,应向储罐充氮气。基于这样的考虑,可采用如图 6-32 所示的分程控制系统。

本系统中,从安全方面考虑,阀 A 为气开式,阀 B 为气关式,控制器为反作用方式。根据上述工艺要求,控制系统工作过程如下:

当罐内物料增加,液位上升时,储罐压力升高,测量值将大于给定值,压力控制器输出减小,于是阀 A 将关闭,停止充氮气,阀 B 将打开,通过放空使储罐内压力降低。反之,当罐内物料减少,液位下降时,储罐内压力降低,测量值将小于给定值,于是压力控制器输出增大,使阀 B 关闭,停止排气,而阀 A 打开,向罐内补充氮气,以提高储罐的压力。所以阀 B 应工作在控制器输出 0%~50%区间,而阀 A 应工作在控制器输出 50%~100%区间。

为了防止储罐内压力在给定值附近变化时 A、B 两阀的频繁动作,可在两阀信号交接处设置一个不灵敏区,如图 6-33 所示。通过阀门定位器的调整,当控制器的输出压力在这个不灵敏区变化时,A、B 两阀都处于全关位置。加入这样一个不灵敏区后,将会使控制过程变化趋于缓慢,系统更为稳定。

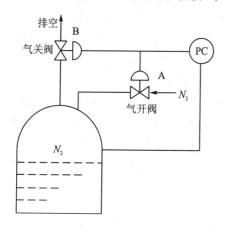

图 6-32 储罐氮封分程控制系统　　　　图 6-33 储罐氮封分程阀特性

6.6.3 分程控制中的几个问题

1. 正确选择控制阀的流量特性

在两个控制阀的分程点上(即由一个控制阀转到另一个控制阀的交替点),系统要求其流量的变化要平缓,否则对系统的控制不利。但由于控制阀的放大系数不同,造成分程点上流量特性的突变,尤其是大、小阀并联动作时显得尤为突出。如两控制阀均为线性阀,其突变情况非常严重,当均采用对数阀时,突变情况要好一些。

分程控制中,控制阀流量特性的选择异常重要,为使总的流量特性比较平滑,一般尽量选用对数阀,如果两个控制阀的流通能力比较接近,且阀的可控范围不大时,可选用线性阀。

2. 控制阀泄漏的问题

在分程控制中,阀的泄漏量大小是一个很重要的问题。当分程控制系统中采用大小阀并联时,若大阀泄漏量过大,小阀将不能充分发挥其控制作用,甚至起不到控制作用。因此,要选择泄漏量较小或没有泄漏的控制阀。

3. 控制规律的选择及参数整定问题

分程控制系统本质上仍是一个简单控制系统,有关控制器控制规律的选择及其参数整定可参考简单控制系统处理。但当两个控制通道特性不相同时,应照顾正常情况下的对象特性,按正常工况整定控制器的参数,另一阀只要在工艺允许的范围内工作即可。

6.7 纯滞后补偿控制系统

工业生产工程中,有些被控过程除了具有容积滞后外,还存在不同程度的纯滞后。例如传送带传送、多个容器串联、化学反应等。纯滞后的存在,会使控制不及时,从而产生较大的超调量以及较长的调节时间,对控制质量极为不利,严重时还会发生事故。纯滞后时间越长,越难控制。如果过程的纯滞后时间$\tau > 0.3T$(T为过程的时间常数),则称为大滞后过程。对于大滞后过程来说,如果采用前面的串级控制、前馈—反馈控制等方案是不合适的,必须采用其他的控制方案。

史密斯预估补偿控制是解决纯滞后的一种有效方法。它的基本思想是预先估计出被控过程的动态模型,然后设计一个预估器对其进行补偿。具体做法是引入史密斯预估补偿器$G_S(s)$,与原被控对象并联,使纯滞后在等效反馈信号之外。

设带有纯滞后环节的连续控制系统如图6-34所示,图中$G_P(s)$为不含纯滞后的广义对象部分。系统的闭环传递函数

$$\phi(s) = \frac{G_C(s)G_P(s)e^{-\tau s}}{1 + G_C(s)G_P(s)e^{-\tau s}} \qquad (6-11)$$

由于纯滞后在分母里,改变了原系统的特征方程,影响了系统的性能。

引入与原被控对象并联的史密斯预估补偿器$G_S(s)$后,则方块图变为图6-35。为了使纯滞后在等效反馈信号之外,则应使:$G_P(s)e^{-\tau s} + G_S(s) = G_P(s)$。整理后即得

$$G_S(s) = (1 - e^{-\tau s})G_P(s) \qquad (6-12)$$

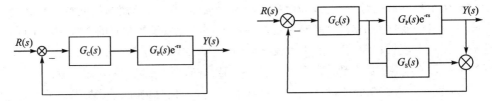

图6-34 带有纯滞后环节的连续控制系统　　图6-35 引入并联的史密斯预估补偿器$G_S(s)$

将图6-35变形,可得图6-36,设$G_C(s)$和$G_S(s)$组成的闭环传递函数为$D(s)$,则

$$D(s) = \frac{G_C(s)}{1 + G_C(s)G_S(s)} = \frac{G_C(s)}{1 + G_C(s)G_P(s)(1 - e^{-\tau s})} \qquad (6-13)$$

再将图 6-36 继续变形可得图 6-37,根据图 6-37,可得系统的闭环传递函数为

$$\phi(s) = \frac{D(s)G_P(s)\mathrm{e}^{-\tau s}}{1+D(s)G_P(s)\mathrm{e}^{-\tau s}} = \frac{\dfrac{G_C(s)G_P(s)\mathrm{e}^{-\tau s}}{1+G_C(s)G_P(s)(1-\mathrm{e}^{-\tau s})}}{1+\dfrac{G_C(s)G_P(s)\mathrm{e}^{-\tau s}}{1+G_C(s)G_P(s)(1-\mathrm{e}^{-\tau s})}} = \frac{G_C(s)G_P(s)\mathrm{e}^{-\tau s}}{1+G_C(s)G_P(s)}$$

(6-14)

可见加入史密斯预估补偿器 $G_S(s)$ 后,对象的纯滞后环节不在分母里,只在分子里,即对象的纯滞后不影响系统的特征方程,只是将系统的输出在时间轴上推移了一段时间。

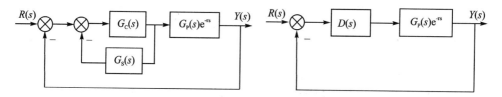

图 6-36 图 6-35 的变形   图 6-37 图 6-36 的变形

根据系统的闭环传递函数 $\phi(s)$,将图 6-37 变形可得图 6-38。

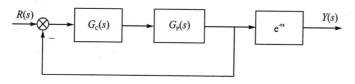

图 6-38 图 6-37 的变形

预估补偿虽然在原理上早已成功,只要知道对象的数学模型,史密斯预估补偿器就可以直接计算出来,然而由于史密斯预估补偿器包含纯滞后环节,这使得它难以用模拟式仪表直接实现。所以,通常为了实现史密斯预估补偿,一般可采用帕德一阶近似或二阶近似模型来近似表示纯滞后环节。即

帕德一阶近似:

$$\mathrm{e}^{-\tau s} = \frac{1-\dfrac{\tau}{2}s}{1+\dfrac{\tau}{2}s}$$

(6-15)

帕德二阶近似:

$$\mathrm{e}^{-\tau s} = 1 - \frac{\tau s}{1+\dfrac{\tau}{2}s+\dfrac{\tau^2}{12}s^2}$$

(6-16)

对帕德一阶近似做变换,可得

$$1 - \mathrm{e}^{-\tau s} = 2\left[1 - \frac{1}{1+\dfrac{\tau}{2}s}\right]$$

(6-17)

对帕德二阶近似做变换,可得

$$1 - e^{-\tau s} = \frac{\tau s}{1 + \frac{\tau}{2}s + \frac{\tau^2}{12}s^2} \qquad (6-18)$$

对应于式(6-17)和式(6-18)的方块图分别为图6-39和图6-40。

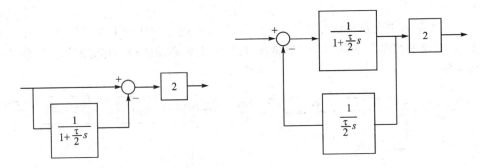

图6-39 对应于式(6-17)的方块图　　图6-40 对应于式(6-18)的方块图

显而易见,上面两个方块图6-39和图6-40可以用一些物理装置来实现,所以史密斯预估补偿器也就可以实现。但史密斯预估补偿的前提条件是要有准确的数学模型。如果模型不准确,一旦过程具有较为严重的非线性或时变增益性质,史密斯补偿将有可能导致系统的稳定性变差。此时可采用增益自适应纯滞后补偿器,它能有效地把对象和模型之间的所有差别都看作增益误差来处理,并能利用控制对象和模型输出信号比较来对模型增益作适当的修正。

仿真表明,增益自适应纯滞后补偿器的控制质量一般都比普通的史密斯预估补偿器要好些,尤其是对于那些模型不准确的情况。

值得一提的是,如果是计算机控制系统的话,那么纯滞后实现起来就会非常容易,史密斯预估补偿器的实现也就是一件很简单的事情。

6.8　解耦控制系统

前面讨论的控制系统基本属于单输入/单输出系统,即一个操纵变量影响一个被控变量。而实际生产过程中,为了更好地对生产过程进行控制,有时需要设置多个控制回路,这样多个控制回路之间就可能存在某种程度的相互耦合、相互关联,即一个控制回路的操纵变量变化可能会引起其他控制回路被控变量的变化,称这样的系统是存在耦合的。

如图6-41所示流量、压力控制方案就是相互耦合的系统。在这两个控制系统中,单把其中任一个投运都可以。然而,把两个控制系统同时投运,就会出现问题。控制阀A和B对系统压力的影响程度同样强烈,对流量的影响程度也相同。因此,当压力偏低时,压力控制器PC会产生控制作用而开大阀A,此时流量将增加,流量控制器 FC 会产生控制作用而关小阀 B,结果又使管路的压力上升,所以这两个控制系统是互相影响的,即存在耦合。

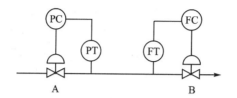

图 6-41 流量、压力控制方案

对于耦合系统来说,如果耦合程度不大,则可采用控制器参数整定的方法,将系统工作频率拉开,以消弱耦合的影响。如果耦合程度较大,可能会导致各控制回路无法工作,这时就需要采用解耦控制来减小耦合的影响。

6.8.1 相对增益

系统耦合程度的大小可以用"相对增益"来表征。

1. 相对增益的定义

在多变量耦合控制系统中,选择其中的第 i 个通道,当只有 u_j 作用,其他各控制变量 $u_k(k=1,2,\cdots,n,k\neq j)$ 保持不变时,当 u_j 变化 Δu_j 时,所得到的被控变量 y_i 的变化量 Δy_i 与 u_j 的变化量 Δu_j 之比,称为 u_j 到 y_i 通道的第一放大系数(或开环增益),表示为

$$K_{ij} = \frac{\Delta y_i}{\Delta u_j}\bigg|_{(u_k, k=1,2,\cdots,n, k\neq j)} \tag{6-19}$$

接着,还是选择第 i 个通道,将其他所有通道进行闭环并采用积分调节使其他各被控变量 $y_k(k=1,2,\cdots,n,k\neq i)$ 保持不变时,只允许被控变量 y_i 变化,所得到的被控变量 y_i 的变化量 Δy_i 与 u_j 的变化量 Δu_j 之比,称为 u_j 到 y_i 通道的第二放大系数(或闭环增益),表示为

$$K'_{ij} = \frac{\Delta y_i}{\Delta u_j}\bigg|_{(y_k, k=1,2,\cdots,n, k\neq i)} \tag{6-20}$$

相对增益就定义为第一放大系数与第二放大系数之比,即

$$\lambda_{ij} = \frac{K_{ij}}{K'_{ij}} \tag{6-21}$$

根据定义可以看出,相对增益反映了控制变量与被控变量之间的作用强弱。可以利用相对增益确定变量之间的配对选择和判断系统是否需要解耦。

2. 相对增益的求取

要想求相对增益,必须得知这两个放大系数 K_{ij} 和 K'_{ij},而这两个放大系数可以通过实验法和解析法获得。为了讨论方便,这里假设系统输入和输出个数相等,都为 n。

(1) 实验法

根据定义,先保持其他输入不变的情况下,只改变 u_j,求出在 Δu_j 作用下输出 y_i 的变化量 Δy_i,由此可得 K_{ij};依次变化 $u_j(j=1,2,\cdots,n, j\neq i)$,即可求得全部 K_{ij} 值。

接着,在 u_j 作用下,使其他被控变量都不变的情况下,只改变被控变量 y_i,所得到的被控变量 y_i 的变化量 Δy_i 与 u_j 的变化量 Δu_j 之比,依次变化 $u_j(j=1,2,\cdots,n, j\neq i)$,再逐个得到 y_i 值,即可求得全部 K_{ij} 值。所以可以得到相对增益矩阵为

$$\lambda = \begin{bmatrix} \lambda_{11} & \lambda_{11} & \cdots & \lambda_{1n} \\ \lambda_{21} & \lambda_{22} & \cdots & \lambda_{21} \\ \vdots & \vdots & \ddots & \vdots \\ \lambda_{n1} & \lambda_{n2} & & \lambda_{nm} \end{bmatrix} \qquad (6-22)$$

这种方法的特点是只要实验条件满足定义要求,就能够得到接近实际的结果。但第二放大系数的实验条件比较难以满足,特别是在输入输出变量个数较多的情况,因此实验法求取相对增益有一定困难。

(2) 解析法

解析法是根据过程的数学表达式进行求解。为方便起见,下面以两输入两输出耦合过程为例说明解析法求取相对增益的过程。

若有一个耦合系统,系统输入输出关系可表示如下

$$\left. \begin{array}{l} y_1 = K_{11}u_1 + K_{12}u_2 \\ y_2 = K_{21}u_1 + K_{22}u_2 \end{array} \right\} \qquad (6-23)$$

式中:$K_{ij} = \dfrac{\Delta y_i}{\Delta u_j}$,它表示第 i 个被控变量相对于第 j 个控制量的静态增益。

对(6-23)变形、整理可得

$$y_1 = K_{11}u_1 + K_{12}\frac{y_2 - K_{21}u_1}{K_{22}} \qquad (6-24)$$

由此可得

$$\frac{\Delta y_1}{\Delta u_1}\bigg|_{y_2=\text{const}} = \frac{\partial y_1}{\partial u_1}\bigg|_{y_2=\text{const}} = K_{11} - \frac{K_{12}K_{21}}{K_{22}} = K'_{11} \qquad (6-25)$$

$$\lambda_{11} = \frac{K_{11}}{K'_{11}} = \frac{K_{11}K_{22}}{K_{11}K_{22} - K_{12}K_{21}} \qquad (6-26)$$

同理可求得

$$\lambda_{12} = \frac{K_{12}}{K'_{12}} = \frac{-K_{12}K_{21}}{K_{11}K_{22} - K_{12}K_{21}}, \quad \lambda_{21} = \frac{K_{21}}{K'_{21}} = \frac{-K_{12}K_{21}}{K_{11}K_{22} - K_{12}K_{21}}$$

$$\lambda_{22} = \frac{K_{22}}{K'_{22}} = \frac{K_{11}K_{22}}{K_{11}K_{22} - K_{12}K_{21}}$$

3. 相对增益的性质

① 相对增益阵列中,任意一行或任意一列的元素之和都为1。

这个基本性质在 2×2 变量系统中特别有用。只要知道阵列中任何一个元素,其

他元素可立即求出。例如:已知 $\lambda_{11}=0.2$,则有: $\lambda_{12}=0.8, \lambda_{21}=0.8, \lambda_{22}=0.2$,即相对增益阵 $\lambda = \begin{bmatrix} 0.2 & 0.8 \\ 0.8 & 0.2 \end{bmatrix}$。

② 若相对增益阵列中对角元素为1,其他元素为0时,此时系统各通道之间没有耦合,每个通道均可构成单回路控制。

③ 若相对增益阵列中非对角元素为1,对角元素为0时,则表示过程通道选择不合适,需要更换输入/输出之间的配对关系。

④ 若相对增益阵列中的元素都在[0,1]区间内,表示过程控制通道之间存在耦合。λ_{ij}越接近于1,表示其他通道对该通道耦合影响越小。

⑤ 若相对增益阵中出现了大于1的数,则在同一行或同一列中就必定会有一个负数,只要有一个元素为负,就称为负耦合。这种负耦合将引起正反馈,从而导致过程的不稳定,因此,必须考虑采取措施来避免和克服这种现象。

⑥ 若相对增益阵列中同一行或同一列的元素值基本相等,表示通道间耦合最强,不能直接采用单回路控制。

6.8.2 解耦控制方法

所谓解耦控制,就是设计一个解耦装置,使其中任意一个控制量的变化只影响与其配对的那个被控变量,而不影响其他控制回路的被控变量。常用的解耦方法有前馈补偿解耦和串联解耦。

为了便于分析,下面对 2×2 系统的解耦方法进行研究。具有关联影响的 2×2 系统方块图如下图6-42所示。

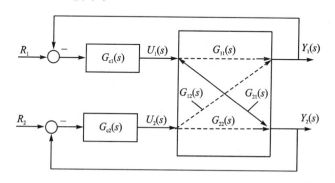

图6-42 具有关联影响的 2×2 系统方块图

从图6-42可以看出,第一个控制器的输出 $U_1(s)$ 不仅通过传递函数 $G_{11}(s)$ 影响 Y_1,而且还通过交叉通道 $G_{21}(s)$ 影响 Y_2。同样,第二个控制器的输出 $U_2(s)$ 不仅通过传递函数 $G_{22}(s)$ 影响 Y_2,而且还通过交叉通道 $G_{12}(s)$ 影响 Y_1。

根据图6-42的方块图可以得出下列关系

$$Y_1(s) = G_{11}(s)U_1(s) + G_{12}(s)U_2(s)$$

$$Y_2(s) = G_{21}(s)U_1(s) + G_{22}(s)U_2(s)$$

将上面关系写成矩阵形式

$$\begin{bmatrix} Y_1(s) \\ Y_2(s) \end{bmatrix} = \begin{bmatrix} G_{11}(s) & G_{12}(s) \\ G_{21}(s) & G_{22}(s) \end{bmatrix} \begin{bmatrix} U_1(s) \\ U_2(s) \end{bmatrix}, \text{即 } Y(s) = G(s)U(s)$$

式中:$Y(s)$为系统输出向量,$U(s)$为系统输入向量,$G(s)$为系统传递函数矩阵。

① 若$G_{12}(s)$和$G_{21}(s)$都为0,则两个控制回路各自独立,系统无耦合,此时过程的输入输出关系为:$Y_1(s) = G_{11}(s)U_1(s)$、$Y_2(s) = G_{21}(s)U_1(s)$。

② 若$G_{12}(s)$和$G_{21}(s)$中只有一个为0,则系统为半耦合。

③ 若$G_{12}(s)$和$G_{21}(s)$都不为0,则系统为耦合。

1. 前馈补偿解耦

前馈补偿解耦的基本思路是:通过设计前馈补偿器,来消除通道间的耦合,如图 6-43 所示。图中$G_{B1}(s)$和$G_{B2}(s)$为要设计的前馈补偿器。

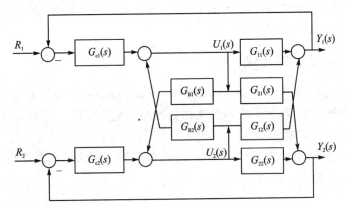

图 6-43 前馈补偿解耦框图

为了消除通道间的耦合影响,则应使

$$\left. \begin{array}{l} [G_{B1}(s)G_{22}(s) + G_{21}(s)]U_1(s) = 0 \\ [G_{B2}(s)G_{11}(s) + G_{12}(s)]U_2(s) = 0 \end{array} \right\} \quad (6-27)$$

所以有

$$\left. \begin{array}{l} G_{B1}(s) = -\dfrac{G_{21}(s)}{G_{22}(s)} \\ G_{B2}(s) = -\dfrac{G_{12}(s)}{G_{11}(s)} \end{array} \right\} \quad (6-28)$$

只要$G_{B1}(s)$和$G_{B2}(s)$满足上面关系式,就可以使系统实现完全解耦。

2. 串联解耦

串联解耦控制的基本思路是:增加解耦装置$F(s)$,使$F(s)$与$G(s)$的乘积为对角阵就可以实现完全解耦。基于这种解耦思路,可得解耦方案有以下几种:

① 使$F(s)$与$G(s)$的乘积为原传递函数的主对角元素

设 $F(s)=\begin{bmatrix}F_{11}(s)&F_{12}(s)\\F_{21}(s)&F_{22}(s)\end{bmatrix}$,则有

$$G(s)F(s)=\begin{bmatrix}G_{11}(s)&G_{12}(s)\\G_{21}(s)&G_{22}(s)\end{bmatrix}\begin{bmatrix}F_{11}(s)&F_{12}(s)\\F_{21}(s)&F_{22}(s)\end{bmatrix}=\begin{bmatrix}G_{11}(s)&0\\0&G_{22}(s)\end{bmatrix} \quad (6-29)$$

所以有

$$\begin{bmatrix}F_{11}(s)&F_{12}(s)\\F_{21}(s)&F_{22}(s)\end{bmatrix}=\begin{bmatrix}G_{11}(s)&G_{12}(s)\\G_{21}(s)&G_{22}(s)\end{bmatrix}^{-1}\begin{bmatrix}G_{11}(s)&0\\0&G_{22}(s)\end{bmatrix}=$$

$$\begin{bmatrix}\dfrac{G_{11}(s)G_{22}(s)}{G_{11}(s)G_{22}(s)-G_{12}(s)G_{21}(s)}&\dfrac{-G_{12}(s)G_{22}(s)}{G_{11}(s)G_{22}(s)-G_{12}(s)G_{21}(s)}\\\dfrac{-G_{11}(s)G_{21}(s)}{G_{11}(s)G_{22}(s)-G_{12}(s)G_{21}(s)}&\dfrac{G_{11}(s)G_{22}(s)}{G_{11}(s)G_{22}(s)-G_{12}(s)G_{21}(s)}\end{bmatrix} \quad (6-30)$$

② 使 $F(s)$ 与 $G(s)$ 的乘积为单位阵。

$$\begin{bmatrix}G_{11}(s)&G_{12}(s)\\G_{21}(s)&G_{22}(s)\end{bmatrix}\begin{bmatrix}F_{11}(s)&F_{12}(s)\\F_{21}(s)&F_{22}(s)\end{bmatrix}=\begin{bmatrix}1&0\\0&1\end{bmatrix} \quad (6-31)$$

所以有

$$\begin{bmatrix}F_{11}(s)&F_{12}(s)\\F_{21}(s)&F_{22}(s)\end{bmatrix}=\begin{bmatrix}G_{11}(s)&G_{12}(s)\\G_{21}(s)&G_{22}(s)\end{bmatrix}^{-1}\begin{bmatrix}1&0\\0&1\end{bmatrix}=$$

$$\begin{bmatrix}\dfrac{G_{22}(s)}{G_{11}(s)G_{22}(s)-G_{12}(s)G_{21}(s)}&\dfrac{-G_{12}(s)}{G_{11}(s)G_{22}(s)-G_{12}(s)G_{21}(s)}\\\dfrac{-G_{21}(s)}{G_{11}(s)G_{22}(s)-G_{12}(s)G_{21}(s)}&\dfrac{G_{11}(s)}{G_{11}(s)G_{22}(s)-G_{12}(s)G_{21}(s)}\end{bmatrix} \quad (6-32)$$

③ 使 $F(s)$ 与 $G(s)$ 的乘积为某种对角阵形式。

对角元素均可以选择 $[G_{11}(s)G_{22}(s)-G_{12}(s)G_{21}(s)]$。这样选择的目的是一方面可以使解耦装置模型简化,另一方面是能够改善通道特性。根据解耦条件有

$$\begin{bmatrix}G_{11}(s)&G_{12}(s)\\G_{21}(s)&G_{22}(s)\end{bmatrix}\begin{bmatrix}F_{11}(s)&F_{12}(s)\\F_{21}(s)&F_{22}(s)\end{bmatrix}=$$

$$\begin{bmatrix}G_{11}(s)G_{22}(s)-G_{12}(s)G_{21}(s)&0\\0&G_{11}(s)G_{22}(s)-G_{12}(s)G_{21}(s)\end{bmatrix} \quad (6-33)$$

所以有

$$\begin{bmatrix}F_{11}(s)&F_{12}(s)\\F_{21}(s)&F_{22}(s)\end{bmatrix}=$$

$$\begin{bmatrix}G_{11}(s)&G_{12}(s)\\G_{21}(s)&G_{22}(s)\end{bmatrix}^{-1}\begin{bmatrix}G_{11}(s)G_{22}(s)-G_{12}(s)G_{21}(s)&0\\0&G_{11}(s)G_{22}(s)-G_{12}(s)G_{21}(s)\end{bmatrix}=$$

$$\begin{bmatrix}G_{22}(s)&-G_{12}(s)\\-G_{21}(s)&G_{11}(s)\end{bmatrix}$$

由上面公式可以看出,这种解耦方案的解耦装置模型比前两种方案要简单得多,

所以实现起来也比较容易。

注意：前面虽然是以 2×2 系统为例介绍三种解耦方案的，但是这种方法是具有普遍性的。如果系统是 $n×n$ 的，解耦思路仍然是使 $F(s)$ 与 $G(s)$ 的乘积为对角阵，所以解耦装置模型矩阵也应是 $n×n$ 的。

3. 解耦控制实施中需要注意的问题

虽然从理论上看确定解耦控制器的函数似乎十分容易，但实际上不少综合得到的解耦器也具有运行问题及稳定性问题。在获取解耦控制器算式时，需要考虑到过程模型误差带来的影响。因为实际的化工过程往往是非线性和时变的，而如果解耦器是线性和定常的，那么必将带来不稳定因素。如对于非线性过程，则要设计相应的非线性解耦器，这样就可以大大减少因解耦误差所带来的不利影响。另一种避免解耦系统不稳定的方法是采用部分解耦。

思考题与习题

6.1 什么是串级控制系统？绘出串级控制系统的典型方块图。

6.2 串级控制系统有哪些特点？主要用在什么场合？

6.3 串级控制系统中的主、副变量应如何选择？

6.4 为什么一般情况下串级控制系统中的主控制器应选择 PI 或 PID 作用，而副控制器选择 P 作用？

6.5 均匀控制系统的目的和特点是什么？

6.6 什么是比值控制系统？有哪几种类型？

6.7 与开环比值控制系统相比，单闭环比值控制系统有什么优点？

6.8 与单闭环比值控制系统相比，双闭环比值控制系统有什么特点？

6.9 前馈控制系统有什么特点？应用在什么场合？

6.10 为什么前馈控制不单独使用？

6.11 选择性控制系统的特点是什么？

6.12 什么是分程控制系统？分程控制系统主要应用在什么场合？

6.13 史密斯预估补偿控制主要解决什么问题？

6.14 串联解耦控制的基本思路是什么？

6.15 若相对增益阵列中对角元素为 1，其他元素为 0 时，此时系统各通道之间是否有耦合？

6.16 图 6-44 为精馏塔塔釜温度与蒸气流量串级控制系统。生产工艺要求一旦发生事故应立即停止蒸气的供应。要求：

(1) 确定调节阀的气开、气关形式；

(2) 确定主副控制器的正、反作用；

(3) 画出系统的方块图。

第6章 复杂控制系统

6.17 图 6-45 为化学反应釜,物料自顶部连续进入釜中,反应后由底部排除,反应产生的热量由夹套中的冷却水带出,为保证产品质量,需要对反应温度进行严格的控制。试问:

(1) 若冷却水流量经常波动,试设计一个合适的控制系统,画出系统方案框图;

(2) 若反应釜的温度不允许过高,否则容易发生事故,试确定调节阀的气开、气关形式;

(3) 确定主副控制器的正、反作用;

(4) 若冷却水温度经常变化,试设计一个合适的控制系统。

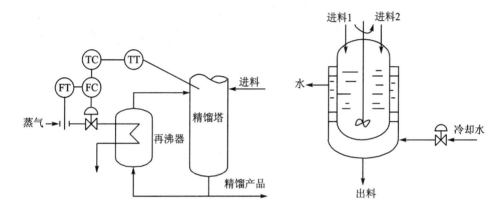

图 6-44 习题 6.16 精馏塔塔釜温度与蒸气流量串级控制系统

图 6-45 习题 6.17 化学反应釜

6.18 图 6-46 为管式加热炉原油出口温度分程控制系统,两个分程阀分别设置在天然气和燃料油管线上。工艺要求尽量采用天然气供热,当天然气不足以提供所需热量时,才打开燃料油调节阀作为补充。根据上述要求,试确定:

(1) A、B 两调节阀的气开、气关形式及每个阀的工作信号段(假定分程点在 0.06 MPa 处);

(2) 确定控制器的正、反作用;

(3) 画出该系统的方块图,并简述其工作原理。

6.19 某化学反应过程要求参与反应的两物料 A、B 保持 $q_1 : q_2 = 4 : 2.5$ 的比例,两物料的最大流量 $q_{1,\max} = 900 \ \text{m}^3/\text{h}$,$q_{2,\max} = 300 \ \text{m}^3/\text{h}$,通过观察发现 A、B 两物料流量因管道压力波动而经常变化,根据上述情况,要求:

(1) 设计一个比较合适的比值控制系统;

(2) 计算该比值控制系统的比值系数 K'(假定采用 DDZ Ⅲ 型仪表);

(3) 选择该比值控制系统控制阀的气开、气关形式以及控制器的正、反作用。

6.20 图 6-47 所示的热交换器用以冷却裂解气,冷剂为脱甲烷塔的釜液。正常情况下,要求釜液流量维持恒定,以保证脱甲烷塔的稳定操作。但是裂解气冷却后的出口温度不得低于 15℃,否则,裂解气中所含水分就会生成水合物而堵塞管道。

为此,需要设计一个选择控制系统,要求:
(1) 画出该系统的控制流程图和方块图。
(2) 确定调节阀的气开、气关形式,控制器的正、反作用以及选择器的类型。

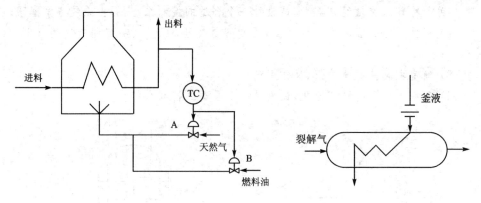

图 6-46　习题 6.18 图　　　　图 6-47　习题 6.20 图

第 7 章　流体输送设备的控制

在石油化工生产过程中,由于生产的需要,通常会将物料从一个装置输送到另一个装置以进行传热、传质或化学反应等过程。为了使物料便于输送、控制,多数物料是以气态或液态方式在管道内流动,有时固体物料也通过流态化在管道中输送。输送的物料流和能量流统称为流体。流体在管道内流动,是从泵或压缩机等输送设备获得能量,以克服管道阻力。输送液体并提高压头的设备是泵,输送气体并提高压头的设备是压缩机。此外,在工业生产上送风机、鼓风机也可用于压头要求较低的气体输送。

泵按作用原理可以分为离心泵、往复泵和旋转泵,其中离心泵在石油化工生产中使用最多。压缩机按作用原理也可分为速度式压缩机(如离心式压缩机和轴流式压缩机)、往复式压缩机和旋转式压缩机(如螺杆压缩机、水环压缩机)。往复式和旋转式的泵和压缩机均是正位移形式的容积泵和压缩机,它的排出流量是固定的容积。

流体输送设备在生产过程中的主要任务是克服设备和管道阻力来输送流体,根据化工过程的要求提高流体的压头和在制冷装置中压缩气体。流体输送设备的自动控制就是确保上述任务的完成,还要实现物料平衡的流量和压力控制,同时确保输送设备能够安全稳定运行。在连续性化工生产中,除了某些特殊情况,如泵的启停、压缩机的程序控制和信号联锁外,对流体输送设备的控制,多数是属于流量或压力的控制,如定值控制、比值控制及以流量作为副变量的串级控制等。此外,还有为保护输送设备不致损坏的一些保护性方案,如离心式压缩机的"防喘振"控制方案。

流量控制时,有以下几点需要注意:

① 流量控制对象的被控变量与操纵变量是同一物料的流量,只是处于管路的不同位置,因此控制通道的时间常数很小,基本上是一个放大倍数接近于 1 的放大环节。因此广义对象特性中测量变送环节和控制阀的惯性滞后不能忽略,这会使对象、测量变送和控制阀的时间常数在数量级上相同且数值不大,组成的控制系统可控性较差,且频率较高,所以控制器的比例度必须放得大些。为了消除余差,可以引入积分,积分时间可以是 0.1 min 到数分钟。

② 控制阀一般不装阀门定位器,以免阀门定位器引入串级副环,若其振荡频率与主环频率相当,就会造成强烈的振荡。

③ 流量信号的测量常用节流装置,由于流体通过节流装置时喘动加大,使被控变量的信号常有脉动出现,并伴有高频噪声,所以测量时应考虑对信号进行滤波处理。同时,系统的控制规律中不必引入微分,因为微分对高频噪声比较敏感,会影响系统的平稳工作。

④ 流量控制系统的广义对象静态特性呈现非线性,尤其是采用节流装置而不加开方器进行流量的测量变送,此时非线性更为严重。因此,常常通过控制阀的流量特性选择来实现非线性的补偿。

7.1 离心泵的控制方案

离心泵是最常见的液体输送设备。它主要由叶轮和机壳组成,叶轮在原动机带动下作高速旋转。旋转叶轮作用于液体而产生离心力,由此产生离心泵的压头。转速越高,离心力越大,压头也越高。离心泵控制的目的是将泵的排出流量恒定于某一给定的数值上,其控制方案大体有三种:控制泵的出口流量、控制泵的转速和控制泵的出口旁路流量。

1. 控制泵的出口流量

控制泵的出口流量有时也称为直接节流法,即通过控制泵出口阀门开度来控制流量,如图7-1所示。当干扰作用使被控变量(流量)发生变化偏离给定值时,控制器发出控制信号,阀门动作,控制结果使流量回到给定值。

在一定转速下,离心泵的排出流量 Q 与泵产生的压头 H 有一定的对应关系,如图7-2中曲线 A 所示,曲线 A 称为泵的流量特性曲线。从曲线 A 可以看出:在不同流量下,泵所能提供的压头是不同的。流量越小,泵所能提供的压头越大。当泵的出口阀完全关闭时,泵的排出流量为零,压头接近最高值。此时对泵所做的功被转化成热能向外发散,同时泵内液体也发热升温,所以泵的出口阀可以关闭,但是不宜处于长时间关闭状态。

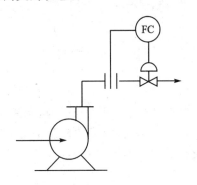
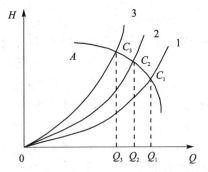

图7-1 直接控制泵出口流量　　图7-2 流量特性及管路特性曲线

由于泵是安装在工艺系统的管路上运行的,所以泵的实际排出量与出口压头,除了与泵本身的特性有关外,也需要考虑与其相连的管路特性。管路特性就是管路系统中流体流量与管路系统阻力之间的关系。当系统达到稳定工作状态时,泵提供的压头必然等于管路上的阻力,即泵提供的压头必须与管路上的阻力相平衡才能进行操作。

克服管路阻力所需压头大小随流量增加而增加,如图 7-2 中的曲线 1 所示,曲线 1 称为管路特性曲线。泵的流量特性曲线 A 与管路特性曲线 1 的交点即为进行操作的工作点(或称平衡工作点)。此时泵所产生的压头正好用来克服管路的阻力,C_1 点对应的流量 Q_1 即为泵的实际出口流量。

当控制阀开度发生变化时,由于转速是恒定的,所以泵的特性没有变化,即图 7-2 中的曲线 A 没有变化。但管路上的阻力却发生了变化,即管路特性曲线不再是曲线 1,随着控制阀的关小,管路上的阻力变大,管路特性曲线可能变为曲线 2 或曲线 3 了。工作点就由 C_1 移向 C_2 或 C_3。出口流量也由 Q_1 改变为 Q_2 或 Q_3,如图 7-2 所示。

采用本方案时,要注意控制阀一般应该安装在泵的出口管线上,而不应该安装在泵的吸入管线上(特殊情况除外),否则会出现"气缚"及"汽蚀"现象。这两种现象对泵的正常运行和使用寿命都会有影响。"气缚"是指由于控制阀两端节流损失压头,使泵的入口压力下降,从而可能使部分液体汽化,造成泵的出口压力下降,排量降低甚至到零,这样会使离心泵的正常运行遭到破坏。"汽蚀"是指由于控制阀两端节流损失压头,造成部分汽化的气体到达排出端时,因受到压缩而重新凝聚成液体,对泵的机件会产生冲击,将会损伤泵壳与叶轮。

控制出口阀门开度的方案简单易行,是应用最为广泛的方案。但是,此方案总的机械效率较低,尤其是控制阀开度较小时,阀上压降较大,对于大功率的泵,损耗的功率相当大,因此是不经济的。

2. 控制泵的转速

此方案是以改变泵的特性曲线,移动工作点来达到控制目的。当泵的转速改变时,泵的流量特性曲线会随之改变。图 7-3 中曲线 n_1、n_2、n_3 表示分别转速为 n_1、n_2、n_3 时的流量特性,且有 $n_1 > n_2 > n_3$。在同样流量的情况下,泵的转速提高会使压头 H 增加。在一定的管路特性曲线 B 的情况下,减小泵的转速会使工作点由 C_1 移向 C_2 或 C_3,流量相应也从 Q_1 减小到 Q_2 或 Q_3。

改变泵的转速常用的方法有两种。一种是调节原动机的转速。例如以汽轮机作原动机时,可调节蒸气流量或导向叶片角度。若以电动机作原动机时,采用变频调速等装置进行调速。另一种是在原动机与泵之间的联轴调速机构上改变转速比来控制转速。

这种方案从消耗能量角度考虑最经济,机械效率较高,但调速机构一般较复杂,设备费用较高,所以这种方案只在大功率的离心泵以及重要的泵装置中应用较多。

3. 控制泵的出口旁路流量

控制泵的出口旁路流量如图 7-4 所示。此方案是在泵的出口和入口之间加一旁路管道,将泵的部分排出量重新送回到泵的入口,来控制泵的实际排出量。当旁路控制阀开度增大时,离心泵的整个出口阻力下降,排量增加,但同时,回流量也随之加大,最终导致送往管路系统的实际排量减少。控制阀装在旁路上,由于压差大,流量小,所以控制阀的尺寸可以选得比装在出口管道上的小得多,这也是此方案的一个优点。但是这种方案不经济,因为有一部分能量消耗在旁路阀和旁路管道上,使总的机械效率降低,所以实际使用时此方案应用不多。

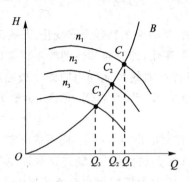

图 7-3 改变泵的转速控制流量

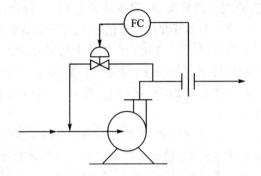

图 7-4 改变泵的旁路阀控制流量

7.2 容积式泵的控制方案

容积式泵有两类:一类是往复泵,包括活塞式、柱塞式等;另一类是直接位移旋转泵,包括椭圆齿轮式、螺杆式等。这类泵的共同特点是泵的运动部件与机壳之间的空隙很小,液体不能在缝隙中流动,所以泵的排出量与管路系统基本无关。例如,往复泵只取决于单位时间内的往复次数及冲程的大小,而旋转泵仅取决于转速。容积式泵的流量特性如图 7-5 所示。

图中转速大小顺序为:$n_3 > n_2 > n_1$。基于这类泵的排量与管路系统阻力基本无关(即其排出量与压头的关系很小),因此绝不能采用出口处直接节流的方法来控制排量。因为一旦出口阀关死,将会造成泵机损毁的危险。

容积式泵的控制方案有以下几种:

① 改变原动机的转速。此法与离心泵的控制转速的方法相同。

② 改变往复泵的冲程。在多数情况下,这种控制冲程方法的机构比较复杂,只有在一些计量泵等特殊往复泵上才考虑采用。

③ 通过旁路控制。其方案与离心泵的旁路控制方法相同,都是通过调节回流量来实现的。此方案简单易行,所以经常使用此方案。

④ 利用旁路阀控制压力,再利用节流阀控制流量,如图 7-6 所示。这种方案里有两个控制系统,分别控制压力和流量两个参数,而这两个控制系统之间是相互关联、相互耦合的,所以,要想这两个控制系统都能正常运行,必须削弱它们之间的耦合。削弱耦合的方法可以通过参数整定的方法来实现,通常把压力系统整定成非周期的调节过程,这样就可以把它们的振荡周期错开,从而达到削弱它们之间的耦合程度。

第 7 章 流体输送设备的控制

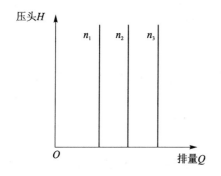

图 7-5 容积式泵的特性曲线

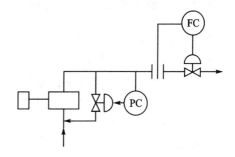

图 7-6 往复泵出口压力和流量控制

7.3 压缩机的控制

压缩机是指输送压力较高的气体机械设备,一般出口压力大于 0.3 MPa。压缩机分为往复式压缩机和离心式压缩机两大类。

往复式压缩机适用于流量小,压缩比高的场合。而离心式压缩机应用范围更广泛,目前正急剧地向高压、高速、大容量、自动化方向发展。离心式压缩机与往复式压缩机比较,有下述优点:体积小,流量大,重量轻,运行效率高,易损件少,维护方便,被输送的气体不会被油气污染,供气均匀,运转平稳,经济性较好等。

7.3.1 离心式压缩机的控制方案

离心式压缩机虽然有很多优点,但在大容量机组中,有许多技术问题必须很好地解决。例如喘振、轴向推力等。微小的偏差很可能造成严重事故,而且事故的出现又往往迅速、猛烈,单靠操作人员处理,常常措手不及。因此,为保证压缩机能够在工艺所要求的工况下安全运行,必须配备一系列的自控系统和安全联锁系统。通常一台大型离心式压缩机需要设立以下控制系统:

① 气量控制系统(或称负荷控制系统) 该系统控制压缩机出口压力或排量,也就是负荷控制系统。常用的气量控制方法有:出口直接节流法和改变压缩机转速法。除此之外,还可以在压缩机入口管线上设置控制模板,通过改变阻力来实现气量控制,但这种方法过于灵敏,并且压缩机入口压力不能保持恒定,所以较少采用。

② 防喘振控制系统 离心式压缩机当负荷降低到一定程度时会出现喘振的现象。喘振会损坏机体,产生严重后果,所以应设置防喘振控制系统。

除此之外,还有压缩机的入口压力控制、油路控制系统、各段吸入温度以及分离器的液位控制系统和振动以及轴位移检测、报警、联锁等控制系统。

7.3.2 离心式压缩机的防喘振控制系统

1. 喘振现象及产生原因

离心式压缩机在运行过程中,当负荷降低到一定程度时,气体的排量不稳,时多时少,因而机身会剧烈振动,并发出周期性间断的噪声,这种现象称为喘振。喘振会严重损坏压缩机机体,进而会产生严重后果。为了能使压缩机安全运行,必须设置防喘振控制系统防止喘振的发生。

下面分析一下喘振发生的原因。图 7-7 是某转速下离心式压缩机的特性曲线,即压缩机的出口绝对压力 P_2 与入口绝对压力 P_1 之比 P_2/P_1(或称压缩比)和入口体积流量 Q 之间的关系曲线。从图 7-7 可以看出,特性曲线呈驼峰型,即曲线有一个极大值点 P,并且在极大值点 P 两侧的压缩比 P_2/P_1 与流量 Q 之间的关系相反。在极大值点 P 右侧的工作点是稳定的,而在极大值点 P 左侧的工作点是不稳定的。例如,图 7-7 中的 M_1 点是稳定的,而 M_2 点是不稳定的。工作点的稳定性是指系统受到一个较小的干扰而偏离该工作点后,系统能否自动回到原来的工作点。若系统能够自动回到原来的工作点,则说明该工作点是稳定的。下面分别分析一下工作点 M_1 和 M_2 的稳定性。若系统在极大值点 P 右侧的工作点 M_1 上工作时,由于某种原因使系统压力 P_2 降低时,工作点会沿特性曲线下滑,同时压缩机的排量 Q 增大。因为整个管网系统是定容积的,所以压缩机的排量 Q 增大必将使系统压力 P_2 回升,也就是自动地把工作点拉回到原来的工作点 M_1 上。所以说,M_1 点是稳定的工作点。若系统在极大值点 P 左侧的工作点 M_2 上工作时,由于某种原因使系统压力 P_2 降低时,工作点会沿特性曲线下滑,同时压缩机的排量 Q 减小。因为整个管网系统是定容积的,所以排量 Q 的减小必将使系统压力 P_2 进一步减小,工作点会沿特性曲线继续下滑,也就是说系统不能自动地返回到原来的工作点 M_2 上。所以说,M_2 点是不稳定的工作点。

一旦工艺负荷下降,使工作点移到极值点左侧,就成为不稳定的工作点。此时就会出现恶性循环,即压缩机排出量 Q 不断减小,出口压力 P_2 不断下降。于是就会出现管网压力大于压缩机所能提供压力的情况,瞬时会发生气体倒流。接着压缩机恢复正常工作,回升压力,又把倒流进来的气体压出去。此后又引起 P_2/P_1 下降,出口气体又倒流,上述现象重复进行,即发生了喘振现象。喘振表现为压缩机的出口压力和出口流量剧烈波动,机器与管道振动,如果与机身相连的管网较小并严密,则可能听到周期性的如同哮喘病人"喘气"般的噪声;而当管网容量较大时,喘振时会发生周期性间断的吼响声,并伴随有止逆阀的撞击声,它将使压缩机及所连接的管网系统和设备发生强烈振动,甚至使压缩机遭到破坏。

图 7-8 中,转速 n 越高,极限流量 Q_P 越大,转速 $n_3 > n_2 > n_1$,极限流量 $Q_{P3} > Q_{P2} > Q_{P1}$。把不同转速下特性曲线的极值点连接起来,所得曲线称为喘振极限线,喘振极限线左侧阴影部分即为不稳定的喘振区,如图 7-8 所示。

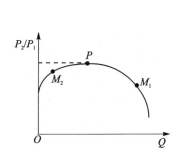
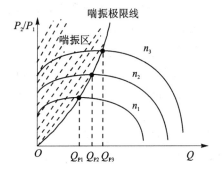

图7-7　离心式压缩机的特性曲线　　　图7-8　离心式压缩机喘振极限线

引起离心式压缩机喘振的直接原因是工艺负荷下降,使工作流量小于极限流量,从而使工作点进入喘振区,这是造成喘振的最常见原因。除此之外,一些工艺上的原因也会引起喘振现象。如压缩机气体吸入状态的变化和管网阻力的变化等。

2. 防喘振控制方案

根据以上分析可知,要想防止喘振现象的发生,必须在任何转速下,都要保证压缩机的实际流量都不小于该转速所对应的极限流量。根据这个基本思路,可以采取压缩机的循环流量法。即当负荷减小时,采取部分回流的方法以增加入口流量,这样既能够满足工艺负荷下降的要求,又可以使实际流量大于极限流量。

常用的防喘振控制方案有固定极限流量法和可变极限流量法两种。

（1）固定极限流量法

如图7-9所示,固定极限流量法是使通过压缩机的流量总大于喘振点流量(即压缩机入口的极限流量),即当负荷不满足工艺负荷要求时,采取部分回流的方法,从而防止喘振的发生。当压缩机的吸入气量大于极限流量时,旁路阀完全关闭;当压缩机的吸入气量小于极限流量时,旁路阀打开,压缩机出口气体部分回流到入口处。这样,使通过压缩机的气量大于极限流量,实际向管网系统的供气量减少了,既满足工艺的要求,又防止了喘振现象的发生。

固定极限防喘振控制系统中极限流量Q_P是一个固定值,并且系统能够正常运行的关键问题就是正确选定极限流量Q_P值。若转速n不变,则选择该转速所对应的极限流量即可,并将该极限流量作为流量控制器FC的给定值。若转速n是变化的,则应选择最大转速所对应的极限流量值作为流量控制器FC的给定值。

此方案中,还有两点需要注意。其一是流量的检测点位置。防喘振控制回路测量的是进入压缩机的流量,而一般控制系统中采用的旁路控制法测量的是从管网送来或是通往管网的流量。其二是所选的极限流量要有一定的安全裕量。

固定极限流量防喘振控制方案简单,系统可靠性高,投资少。但是当压缩机的转速较低时,即使压缩机没有进入喘振区,而此时的吸入气量也有可能小于设置的固定极限量,旁路阀打开,部分气体回流,造成能量的浪费。因此,这种防喘振控制方案适用于固定转速或负荷不经常变化的场合。

(2) 可变极限流量法

当压缩机的转速经常变化时,可以采用可变极限流量法。可变极限流量法是指在整个压缩机负荷变化范围内,设置的极限流量随转速变化而变化。实现可变极限流量法的关键问题是确定压缩机喘振极限线的方程,通过理论推导可获得喘振极限线的方程。但在工程上,为了安全起见,通常会在喘振极限线的右侧建立一条安全操作线,对应的流量要比喘振极限流量大 5%~10%。安全操作线可用一条抛物线方程来近似,如图 7-10 所示。此时,安全操作线方程则可以表示为

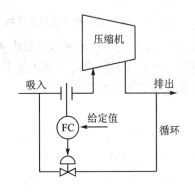

图 7-9 固定极限流量防喘振控制方案　　图 7-10 喘振极限线安及全操作线

$$\frac{P_2}{P_1} = a + b\frac{Q_1^2}{T_1} \tag{7-1}$$

式中:P_1 和 P_2 分别表示吸入口、排出口的绝对压力;

Q_1 表示吸入口气体的体积流量;

T_1 表示吸入口气体的热力学温度;

a,b 为常数,一般由制造厂提供。

若 $\frac{P_2}{P_1} < a+b\frac{Q_1^2}{T_1}$,说明流量大于喘振点处的流量,工况安全。对于常数 a 来说,有三种情况,即 $a>0, a=0$ 和 $a<0$,所对应的安全操作线如图 7-11 所示。

通常气量采用差压法进行测量,所以式(7-1)中的体积流量 Q_1 可以用差压 ΔP_1 来表示,即

$$Q_1 = K\sqrt{\frac{\Delta P_1}{\rho_1}} \tag{7-2}$$

式中:K 为流量系数;ρ_1 为入口处气体的密度。

根据气体方程有

$$\rho_1 = \frac{MP_1T_0}{ZRT_1P_0} \tag{7-3}$$

式中:M 为气体分子量;Z 为气体压缩修正系数;R 为气体常数;P_1、T_1 为入口处的气

体的绝对压力和热力学温度;P_0、T_0 为标准状态下的绝对压力和热力学温度。

将式(7-3)代入式(7-2)中,然后再将式(7-2)代入式(7-1)中可得

$$\frac{P_2}{P_1} = a + b\frac{K^2}{\gamma} \times \frac{\Delta P_1}{P_1} \tag{7-4}$$

式中,$\gamma = \dfrac{MT_0}{ZRP_0}$。

式(7-4)为用差压法测量入口处气体流量时的喘振安全操作线方程的表达式。将式(7-4)变形可得

$$\Delta P_1 = \frac{\gamma}{bK^2}(P_2 - aP_1) \tag{7-5}$$

按式(7-5)可以组成对应的可变极限流量防喘振控制系统,如图 7-12 所示。图中 ΔP_1 为实际测得的差压;$\dfrac{\gamma}{bK^2}(P_2 - aP_1)$ 作为给定值。当 $\Delta P_1 < \dfrac{\gamma}{bK^2}(P_2 - aP_1)$,旁路阀打开,可以防止喘振的出现。

根据式(7-4)可以演化出多种表达式,从而可以组成不同形式的可变极限流量防喘振控制系统。但是有一点是值得注意的是,在某些工业设备上,往往不能在压缩机入口管线上测量流量。此时可以在出口管线上安装节流装置来测流量。

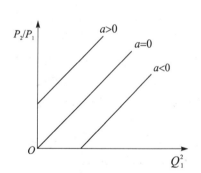

图 7-11　三种安全操作线

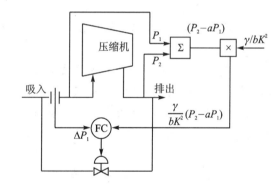

图 7-12　可变极限流量防喘振控制系统

思考题与习题

7.1　泵和压缩机的作用分别是什么?

7.2　离心泵控制方案有哪几种形式?

7.3　何谓离心式压缩机的喘振?喘振产生的主要原因是什么?

7.4　离心式压缩机的防喘振控制方案有哪些?

第 8 章 传热设备的控制

8.1 概 述

传热是化工过程中最常见的单元操作之一,承担热量传递的设备称为传热设备。为保证热量的合理利用,必须了解传热过程的基本规律,根据传热目的制定相应的控制方案。

在化工生产中,传热设备应用很广,其传热目的主要有四种:
① 使工艺介质达到规定的温度,以使化学反应或其他工艺过程得以顺利进行。
② 在过程中加入所需吸收的热量或除去放出的热量,使工艺过程能在规定的范围内进行。
③ 使工艺介质改变相态。
④ 回收热能。

在传热设备中,多数设备为第一和第二目的服务,把其视为两侧无相变化。多数情况下,被控变量为温度,控制变量可根据不同应用选择热量、载体流量等。而对于具有介质相态变化的加热器和冷凝器来讲,介质在工艺流程中也伴随相态变化,应根据具体情况加以区别对待。在提高经济效益方面,传热设备作为热量传送与交换装置,具有重要的地位,这与传热设备的控制效果直接相关,而热能的回收利用也在化工生产中担当重要的角色。

8.2 一般传热设备的控制方案

一般传热设备通常指换热器、蒸气加热器、再沸器、冷凝冷却器等。

1. 换热器的控制方案

一般传热设备中最常见的就是换热器,换热器通常指其两侧均无相的变化。换热器中以间壁式换热器应用最为普遍。换热器的目的是为了使工艺介质加热(或冷却)到一定温度。自动控制的目的就是要通过改变换热器的热负荷,以保证工艺介质在换热器出口的温度恒定在给定值上。当换热器两侧流体在传热中均不起相变化时,常采用下列几种控制方案。

(1) 控制载热体的流量

此方案的控制流程如图 8-1 所示。控制机理是通过改变载热体流量来改变传热量,从而控制温度。当工艺介质的出口温度小于设定温度时,阀的开度增大,载热体流量增大,所以传热量增大,从而使工艺介质的出口温度回升到设定温度。这个方案的最大特点是简单,所以实际应用中经常使用。但是当载热体流量很大时,温度变化会很小,则会进入饱和区,因此控制起来就很迟钝,此时不宜使用此方案。又如,当载热体流量不允许节流时(如废热回收工艺),载热体本身也是一种工艺物料,也不宜采用此方案。此时可对载热体采用分流或合流形式,图 8-2 为合流形式载热体流量控制方案图。

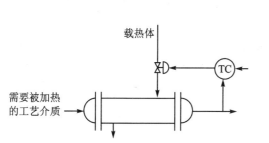

图 8-1 控制载热体的流量　　　　图 8-2 合流形式载热体流量控制

(2) 工艺介质的旁路控制

工艺介质的旁路控制同样可分为分流与合流形式。图 8-3 为分流形式的工艺介质旁路控制,其中一部分工艺介质经过换热器,另一部分走旁路到换热器出口汇合。这种方案实际上是一个混合过程,所以反应迅速、及时,适用于停留时间长的换热器。但是需要注意的是,换热器应该有足够的传热面积,并且载热体流量一直处于高负荷状态下,这种方案对采用专门的热剂或冷剂时是不经济的。然而对于某些热量回收系统来说,载热体是某种工艺介质,总量本来就不好调节,这就不是缺点了。然而实际上,当工艺介质的入口流量(或入口温度)、载热体流量频繁变化、且变化幅值较大时,可以采用前馈—串级控制方案,如图 8-4 所示。

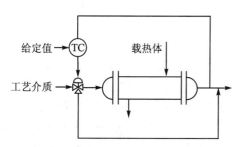 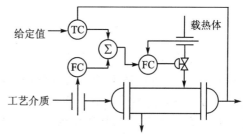

图 8-3 分流形式的工艺介质旁路控制　　　　图 8-4 前馈—串级控制方案

2. 蒸气加热器的控制方案

蒸气加热器采用蒸气作为载热剂,通过蒸气冷凝放热来实现对工艺介质的加热。通常采用水蒸气作为载热剂,有时也根据加热温度不同,采用其他介质的蒸气作为载热剂。蒸气加热器的控制方案通常采用控制载热剂蒸气的流量和控制冷凝液的排量来实现。

(1) 控制载热剂蒸气的流量

图 8-5 为通过控制载热剂蒸气的流量来实现出口温度的控制。这种方案中,蒸气在传热过程中有相的变化,蒸气从气相变为液相。当传热面积有富裕时,送入的蒸气全部冷凝,并且可以继续冷却,通过调节蒸气流量可以有效地改变工艺介质的出口温度。这种方案控制灵敏,但是当采用低压蒸气作为热源时,进入加热器内的蒸气一侧会产生负压。此时冷凝液将不能连续排出,因此采用此方案就需要谨慎。

(2) 控制冷凝液的排量

图 8-6 为通过控制冷凝液的排量来实现出口温度的控制。当冷凝液的排量改变时,蒸气加热器内冷凝液的液位就改变了,这就导致传热面积的变化,从而实现对工艺介质出口温度的控制。这种方案有利于冷凝液的排放,传热变化比较平稳,可防止局部过热。此外,冷凝液排放阀的口径也比蒸气阀的口径小。但是,这种方案控制起来比较迟钝。

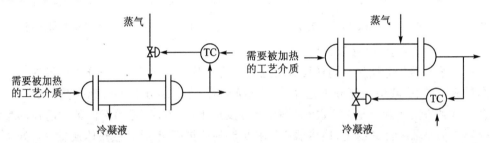

图 8-5 控制载热剂蒸气的流量　　图 8-6 控制冷凝液的排量

3. 冷凝冷却器的控制方案

冷凝冷却器的载热剂为冷剂,常采用液氨、液态丙烯等作为冷剂。冷剂在冷凝冷却器内蒸发吸热,从而实现工艺介质出口温度的控制。冷凝冷却器的控制方案常有以下两种。

(1) 控制冷剂的流量

冷凝冷却器控制冷剂流量的方案如图 8-7 所示。这种方案也是通过改变传热面积来实现的。此方案调节平稳,冷剂利用充分,并且对气氨压缩机入口压力没有影响。此方案的缺点是控制不够灵活,操作中冷凝冷却器的蒸发空间不能得到保证,容易引起气氨带液,以至损坏压缩机。解决此问题的办法是采用如图 8-8 所示的出口温度与冷剂液氨液位串级的控制方案,或者采用如图 8-9 所示的出口温度与冷剂液氨液位的选择性控制方案。

(2) 控制气氨排量

冷凝冷却器控制气氨排量的方案如图 8-10 所示。这种方案中,将控制阀安装在气氨管路上,实际上是改变冷剂的汽化温度。当控制阀的开度改变时,气相压力变化,引起汽化温度变化,使平均温度差变化,改变传热量,从而实现对工艺介质出口温度的控制。

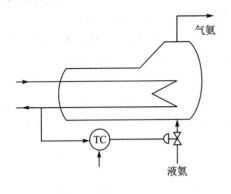

图 8-7 冷凝冷却器控制冷剂流量的方案

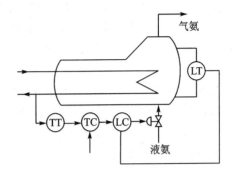

图 8-8 出口温度与冷剂液位串级的控制方案

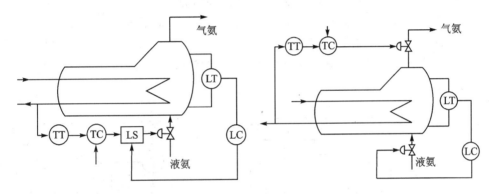

图 8-9 出口温度与液氨液位的选择性控制方案　　图 8-10 控制气氨排量的方案

该控制方案的特点如下：

① 改变气相压力，系统响应快，控制灵敏迅速，但制冷系统必须允许压缩机入口压力的波动，应用比较广泛。缺点是冷剂利用不充分。

② 为了保证足够的蒸发空间，需要维持液氨的液位恒定，因此需要增设液氨液位控制系统，从而增加了设备投资费用。为了使控制阀能有效控制出口温度，应使设备有较高气相压力，由于控制阀两端有压损，还需要增大压缩机功率，并对设备耐压提出更高的要求，也会使设备费用增加。

8.3 加热炉的控制

加热炉是化工、炼油生产中常见的传热设备。在管式加热炉内，工艺介质受热升温或同时汽化。如果加热炉物料出口温度过高，则物料容易分解、结焦甚至烧坏炉管。如果出口温度过低，则不能满足后面工序的工艺操作。因此，加热炉的温度控制十分重要。常见的温度控制系统有单回路控制系统和复杂控制系统。

1. 单回路控制系统

加热炉出口温度的主要干扰因素有:处理量、进料成分、燃料总管压力、燃料成分、空气过量情况、燃料雾化情况、烟道阻力等。在这些干扰因素中,处理量一般经流量控制后能够比较平稳;燃料总管压力可以设置压力控制环节;其他因素应力求平稳。

当对加热炉出口温度要求不十分严格、炉膛容量较小、外来干扰较小且变化缓慢时,可以采用单回路控制系统,即选择加热炉物料出口温度为被控变量,燃料油或燃料气的流量为操作变量,如图 8-11 所示。

2. 复杂控制系统

当单回路控制系统不能满足工艺控制要求时,常采用下列复杂控制系统。

(1) 加热炉出口温度和炉膛温度的串级控制系统

此串级系统是以加热炉出口温度为主被控变量,炉膛温度为副变量,如图 8-12 所示。此系统副回路能克服较多的干扰,如燃料压力波动、燃料热值的变化等。这种控制方案实施的关键在于确定反应快、代表炉膛状况的测温点,并且要求测温元件要耐高温。

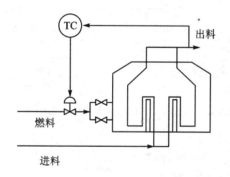
图 8-11 加热炉出口温度单回路控制系统

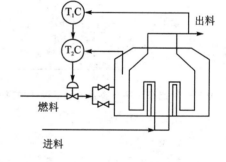
图 8-12 加热炉出口温度与炉膛温度串级控制系统

(2) 加热炉出口温度与燃料流量的串级控制系统

此串级系统是以加热炉出口温度为主被控变量,燃料流量为副变量,如图 8-13 所示。系统既可以克服燃料总管压力干扰,也便于了解燃料消耗的状况。对燃料流量测量特别是燃料油作为燃料时有一定要求。

(3) 炉出口温度与燃料压力串级控制

此串级系统是以加热炉出口温度为主被控变量,燃料压力为副变量,如图 8-14 所示。该控制系统主要用以克服燃料总管的压力干扰,且燃料的压力测量往往较流量测量简便些,但需要防止烧嘴结焦部分堵塞造成阀后压力升高的虚假现象。当燃料为气体时,可采用浮动阀作为燃料的调节阀,采用这种阀后可以省去压力控制器。

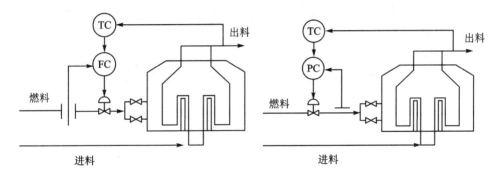

图 8-13　加热炉出口温度与燃料流量串级控制系统

图 8-14　加热炉出口温度与燃料压力串级控制系统

（4）前馈—反馈控制

将被加热物料流量或温度信号作为前馈信号引入出口温度的反馈控制系统中，由此组成前馈—反馈控制系统，如图 8-15 所示。此系统能较好地克服被加热物料的流量或温度的波动。

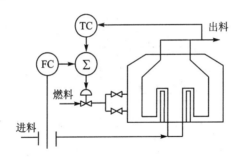

图 8-15　加热炉前馈—反馈控制系统

3. 加热炉的安全联锁保护系统

为了保证加热炉的安全生产，防止事故的发生，加热炉应设置安全联锁保护系统。

① 为防止被加热物料流量过小或中断，应设置被加热物料流量过小时切断燃料控制阀，停止燃烧的安全联锁保护系统，否则会使加热炉管子烧坏，而使其破裂造成严重事故。

② 为防止燃料油（气）阀后压力过高，造成喷嘴脱火甚至熄火，应设置阀后压力和出口温度的选择性控制系统。正常情况下，温度控制器对燃料油（气）进行控制。当压力过高时，压力控制器替代出口温度控制器对燃料油（气）进行控制，从而避免燃烧室内形成大量燃料—空气混合物而发生爆炸事故。

③ 为防止燃料油（气）阀后压力过低，造成回火，应设置燃料量过低时切断燃料控制阀的安全联锁保护系统。

④ 为防止火焰熄灭而造成燃烧室内形成燃料—空气混合物,应设置火焰检测器,当火焰熄灭时,联锁保护系统切断燃料控制阀。

8.4 锅炉设备的控制

锅炉是过程工业中必不可少的动力设备。它所产生的高压蒸气不仅可以作为驱动透平的动力源,而且还可以作为精馏、干燥、化学反应和加热等过程的热源。随着工业生产过程规模不断扩大,生产过程不断强化,作为全厂动力和热源的锅炉设备,也向大容量、高效率方向发展。为了确保锅炉生产的安全操作和稳定运行,对锅炉设备的自动控制提出了更高的要求。

根据锅炉设备使用的燃料种类、用途和运行要求,锅炉设备有多种分类方法和不同的名称,所以具有各种不同的工艺流程。常见锅炉设备的工艺流程如图 8-16 所示。

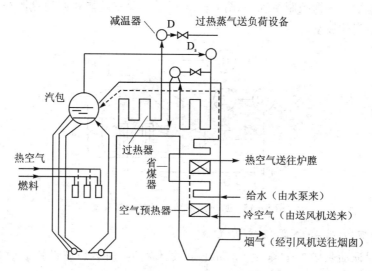

图 8-16 锅炉设备的工艺流程图

给水经给水泵、给水控制阀、省煤器进入锅炉的汽包,燃料与经预热的空气按一定配比混合,在燃烧室燃烧产生热量,汽包生成饱和蒸气 D_s,经过热器形成一定温度的过热蒸气 D,汇集到蒸气母管,并经负荷设备控制后供生产过程使用。燃烧过程的废气将饱和蒸气变成过热蒸气外,并经省煤器对锅炉的给水和空气预热,最后烟气经引风机送往烟囱,排入大气。

锅炉设备的主要控制任务是根据负荷的需要,提供一定压力或温度的蒸气,同时要确保锅炉的运行安全和经济性,具体要求如下:
① 蒸气供给量要适应负荷的需要。
② 提供的蒸气压力保持在一定范围内。

③ 过热蒸气温度保持在一定范围内。
④ 汽包水位保持在一定范围内。
⑤ 炉膛负压保持在一定范围内。
⑥ 保持锅炉燃烧的经济性和安全运行。

根据上述控制要求,锅炉设备中应设置以下几个主要控制系统:
① 锅炉汽包水位控制系统。
② 锅炉燃烧控制系统。
③ 过热蒸气控制系统。

1. 锅炉汽包水位控制系统

此控制系统主要是使锅炉汽包水位在一定范围内,并且也是锅炉能够安全稳定运行的重要条件。如果水位过高,就会造成饱和蒸气带水过多,汽水分离差,使后序的过热器管壁结垢,传热效率下降,过热蒸气温度严重下降;如果此蒸气用于蒸气透平的动力源时,会损坏汽轮机叶片,影响锅炉的安全运行。如果水位过低,就会造成汽包水量太少,负荷有较大变动时,水的汽化速度过快,汽包内水量变化很快,水在汽包内停留时间极短,从而将导致水冷壁的烧坏,严重时会引发锅炉爆炸。

锅炉汽包水位控制系统中,被控变量是汽包水位,操纵变量是给水流量,主要扰动变量如下:
① 给水方面的扰动,例如,给水压力、减温器控制阀开度变化等。
② 蒸气用量的扰动,包括管路阻力变化和负荷设备控制阀开度变化等。
③ 燃料量的扰动,包括燃料热值、燃料压力、含水量等。
④ 汽包压力变化,通过汽包内部汽水系统在压力升高时的"自凝结"和压力下降时的"自蒸发"影响水位。

锅炉汽包水位控制通常有三种控制方案,即单冲量控制系统、双冲量控制系统和三冲量控制系统,下面分别进行介绍。

(1) 单冲量控制系统

"冲量"指的是变量的意思,单冲量控制系统意味着此系统中只有一个被控变量,即汽包水位。单冲量控制系统如图 8-17 所示。这种控制系统结构简单,对于汽包内水的停留时间长、负荷变化小的小型锅炉来说,单冲量控制系统可以满足要求。

然而对于停留时间较短,负荷变化较大的场合,单冲量控制系统是不能满足要求的,主要原因如下:
① 负荷变化时,会产生虚假水位,使控制器反向误动作。

从锅炉的物料平衡关系来看,当蒸气量大于给水量

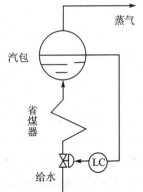

图 8-17 单冲量控制系统

时,水位应下降。但实际情况不是这样,由于蒸气量的增加,瞬间必然导致汽包压力下降,汽包内的水沸腾突然加剧,水中气泡迅速增加,所以,在一开始的时候,水位不仅不下降反而迅速上升,然后再下降,这种现象称为"虚假水位"。反之,当蒸气量突然减少时,水位则先下降,后上升。

当负荷变化时,水位下气泡容积变化而引起水位的变化速度是很快的,大概是10～20 s。虚假水位的变化幅度与锅炉的工作压力和蒸发量有关。例如,100～300 t/h的中高压锅炉在蒸气负荷变化10%时,能够引起虚假水位的变化达30～40 mm。

"虚假水位"的影响不容忽视。例如,当蒸气用量突然大幅度增加时,会产生虚假水位,使汽包水位升高,此时控制器不但不会开大给水阀,增加给水量,反而会关小给水阀,减小给水量。等到虚假水位消失时,由于蒸气量增加,送水量反而减少,将使水位严重下降,波动较大,严重时会使汽包水位降到危险程度而发生事故,因此单冲量控制系统克服不了虚假水位带来的严重后果。

② 不能及时克服负荷干扰。负荷变化时,需要引起汽包水位变化后才能进行控制,因此控制不及时,控制质量下降。

③ 不能及时克服给水干扰。当给水系统出现干扰时,也是需要引起汽包水位变化后才能进行控制,因此会由于控制不及时而使控制质量下降。

(2) 双冲量控制系统

产生"虚假水位"的主要原因是蒸气负荷的变化,如果把蒸气流量信号引入控制系统作为前馈信号,不仅可以避免蒸气量波动所产生的"虚假水位"而引起控制阀误动作,还可以使给水阀及时动作,从而改善了控制质量,这就构成了双冲量控制系统,其原理图如图8-18所示,图中Σ为加法器。本质上,双冲量控制系统是一个前馈(蒸气流量)加单回路反馈的复合控制系统。这里的前馈指的是静态前馈,若要考虑前馈和反馈两条通道的动态差异,则需要引入动态补偿环节。

下面看一下加法器系数C_1和C_2的确定。加法器Σ的输出为$I=C_1 I_C \pm C_2 I_F \pm I_0$。式中,$I_C$是汽包水位控制器$LC$的输出,$I_F$是蒸气流量变送器(一般经开方器)的输出,$I_0$是加法器的初始偏置值,设置$I_0$的目的是保证正常负荷时,调节器和加法器的输出比较适中,最好是I_0项与$C_2 I_F$项相抵消。C_1和C_2是加法器的系数,C_1通常置1,也可以小于1,C_2项的正负号由调节阀的开关形式决定。若调节阀为气关形式,当蒸气流量增大时,给水量也应该增大,加法器Σ的输出I应减小,所以C_2项应取负号,即加法器Σ的输出为$I=C_1 I_C - C_2 I_F + I_0$。若调节阀为气开形式,则$C_2$项应取正号,即加法器$\Sigma$的输出为$I=C_1 I_C + C_2 I_F - I_0$。$C_2$的数值可以现场试凑,应考虑到静态前馈补偿,将$C_2$的数值调整到只有蒸气流量扰动时,汽包水位基本不变即可。

双冲量控制系统还有其他的形式,如图8-19所示。加法器中的水位和蒸气流量信号的符号应该是相减的,因为水位上升和蒸气流量增加时,要求阀的动作方向是相反的,所以加法器中两信号应是相减的。

第 8 章 传热设备的控制

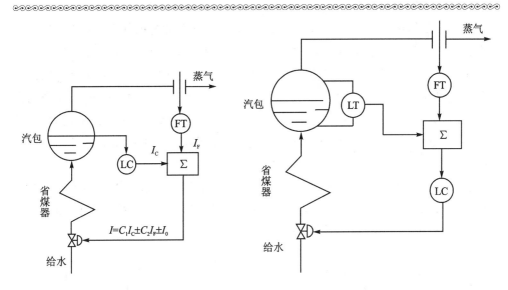

图 8-18 双冲量控制系统　　　　图 8-19 双冲量控制系统的其他形式

双冲量控制系统的主要缺点是不能及时克服给水系统的干扰。所以,双冲量控制系统适用于给水压力变化不大的中型锅炉。

(3) 三冲量控制系统

一些大型锅炉把给水流量信号引入控制系统,以保持汽包液位稳定。这样,共有三个参数的信号作用于控制系统,故称为三冲量控制系统,其原理图如图 8-20 所示。本质上,它是属于前馈—串级控制系统,蒸气流量作为前馈信号,汽包水位为主变量,给水流量为副变量。副调节器 FC 通过副回路快速消除给水环节扰动对汽包水位的影响,副调节器一般采用比例控制。主调节器通过副调节器对水位进行校正,使水位保持在设定值上,主调节器一般采用比例积分控制或者比例积分微分控制。

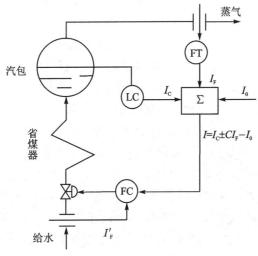

图 8-20 三冲量控制系统

加法器Σ的输出为 $I=I_C\pm CI_F-I_0$,I_0 的设置与双冲量控制系统不太相同。为了在正常工况下使流量控制器 FC 的测量值 I'_F 与给定值 CI_F 相等,因此,I_0 的设置是在正常负荷下,使 I_0 的值与 I_C 的值互相抵消。CI_F 项前面的符号选取与双冲量控制系统也不相同,它与阀的气开、气关形式无关,与流量控制器 FC 的正反作用也无关。因为 CI_F 将作为流量控制器 FC 的给定值,CI_F 增大,即蒸气流量增大,流量控制器 FC 的给定值增大,使给水量也随之提高,所以 CI_F 项前面的符号应选取正号,即 $I=I_C+CI_F-I_0$。

有些锅炉系统采用比较简单的三冲量水位控制系统,系统中只有一个调节器和一个加法器,所以也称为单级三冲量水位控制系统。加法器可以接在调节器之前,也可以接在调节器之后,如图 8-21 和 8-22 所示。

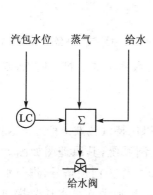

图 8-21 加法器可以接在调节器之后的单级三冲量控制系统

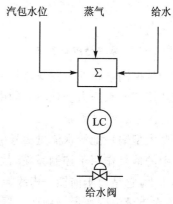

图 8-22 加法器可以接在调节器之前的单级三冲量控制系统

单冲量控制系统、双冲量控制系统和三冲量控制系统通常都是采用 PID 算法。但是由于汽包水位具有滞后、多变量、强耦合及极强的非线性等特性,使得现有的控制系统都不能对其很好地进行控制。其中,单冲量控制系统不能消除虚假水位带来的影响,对负荷变化的反应滞后,对给水流量的干扰也不能及时克服;双冲量系统引入蒸气流量作为校正信号,虽然可以纠正虚假水位引起的误动作,也能提前发现负荷的变化,但同样不能及时克服给水流量的干扰;三冲量系统引入了给水信号,控制品质有了较大的提高,但增加了控制系统的复杂程度,同时,其 PID 参数也不容易整定,随着设备运行时间的增加及环境因素变化,这三个参数可能需要不定期的重新整定,而且每整定一次参数,企业就会耗费大量的资金,这对于企业来说,是不经济的。

而模糊控制是一种仿人思维的自动化控制技术,采用模糊控制方法设计系统是不需要建立被控对象的数学模型,只要求掌握现场有经验的操作人员或有关专家的经验、知识,或者操作者在操作过程中的操作数据及被控对象的运行数据等。锅炉汽包水位模糊控制系统在前面第 3 章中已经介绍过,这里不再重复。

2. 过热蒸气控制系统

过热蒸气系统包括一级过热器、减温器和二级过热器。其控制任务是使过热器出口温度维持在允许范围内,并保护过热器使管壁温度不超过允许的工作温度。过热蒸气温度过高和过低对锅炉运行和蒸气用户设备都是不利的。过热蒸气温度过高,过热器易损坏,造成汽轮机内部器件过度热膨胀,严重影响运行安全。过热蒸气温度过低,设备效率下降,汽轮机后几级的蒸气湿度增加,造成汽轮机叶片磨损。

影响过热器出口温度的主要因素有:蒸气流量、燃烧工况、引入过热器的蒸气热焓(即减温水量)、流经过热器的烟气温度和流速等。

在各种扰动下,过热蒸气温度控制过程动态特性的时滞和惯性较大,给控制带来一定的困难,所以要合理选择控制方案,以满足要求。目前广泛采用减温水流量作为操纵变量,过热器出口温度作为被控变量,组成单回路控制系统。但控制通道的时滞和时间常数都较大,因此,单回路控制系统不能满足要求。为此,可引入减温器出口温度作为副被控变量,组成串级控制系统,如图 8 - 23 所示。有时,也可组成双冲量控制系统,即前馈—反馈控制系统,如图 8 - 24 所示,图中,d/dt 是微分器。它将减温器出口温度的微分信号作为前馈信号,与过热器出口温度相加后作为过热器温度控制器的测量值,当减温器出口温度有变化时,才引入前馈信号。稳定工况下,该微分信号为零,与单回路控制系统相同。

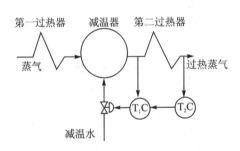

图 8 - 23 过热蒸气串级控制系统

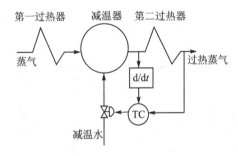

图 8 - 24 过热蒸气双冲量控制系统

3. 锅炉燃烧过程的控制

锅炉燃烧控制系统的基本任务是使燃料燃烧所产生的热量适应蒸气负荷的需求,同时,保证锅炉经济和安全运行。

锅炉燃烧过程控制的基本要求和具体措施如下:

① 保证出口蒸气压力稳定。为使出口蒸气压力能够适应蒸气负荷的变化,应及时调节燃料量(或送风量)。

② 燃烧良好,供气适宜。既要防止由于空气不足使烟囱冒黑烟,又要防止空气过量而使热量损失,所以应控制燃料量与空气量(即送风量)的比值。

③ 保证锅炉安全和经济运行。使炉膛保持一定的负压,既要防止负压太小或者为正,而造成炉膛内火焰和热烟气往外喷影响设备和工作人员的安全;又要防止负压

过大,而使大量冷空气进入炉内造成热量损失。所以,通常控制引风量使炉膛负压保持在微负压-20~-80 Pa。此外,从安全角度考虑,还需要设置防喷嘴背压过低的回火和防喷嘴背压过高的脱火设施。

(1) 蒸气压力控制和燃料量与空气量(即送风量)的比值控制

影响蒸气压力的主要因素是蒸气负荷的变化和燃料量的波动。当蒸气负荷和燃料量的波动较小时,可以采用蒸气压力控制燃料量的单回路控制系统。当燃料量的波动较大时,可以采用蒸气压力对燃料流量的串级控制系统。

为了使燃烧过程良好,通常设置燃料量与空气量(即送风量)的单闭环比值控制系统。因为燃料流量是随蒸气负荷变化而变化的,所以燃料量作为比值控制系统的主流量,空气量作为副流量。

燃烧过程的基本控制方案如图 8-25 所示。图(a)方案是在蒸气压力控制器的输出同时作为燃料和空气流量控制器的设定值,该方案可以保持蒸气压力恒定,同时燃料量和空气量的比例是通过燃料控制器和送风控制器的正确动作而间接得到保证的。图(b)方案是蒸气压力对燃料流量的串级控制,而送风量随燃料量的变化而变化的比值控制,这样可以确保燃料量与送风量的比例。

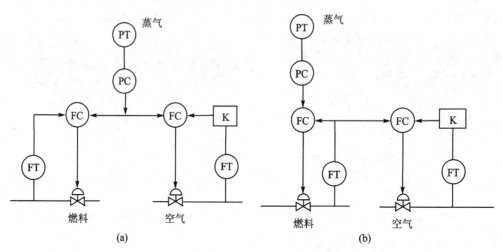

图 8-25 燃烧过程的基本控制方案

有时为了使燃烧完全,在提升负荷时要求先提空气量,后提燃料量;在降负荷时,要求先降燃料量,后降空气量。要满足这样要求的话,可以构成具有逻辑提降量的比值控制系统,如图 8-26 所示,即在燃烧过程的基本控制方案的基础上,增加两个选择器。

(2) 燃烧过程的烟气氧含量闭环控制

前面介绍的燃烧过程控制系统能够保证燃料和空气的比值关系,但是并不能保证燃料的完全燃烧。因为燃料是否能够完全燃烧与燃料的质量(含水量、灰分等)、热值等因素有关,除此之外,锅炉负荷不同时,燃料量和空气量的最佳比值也不同。因此,常用烟气中含氧量作为检查燃料是否完全燃烧的控制指标,烟气中含氧量最优值为 1.6%～3%,并根据该指标控制送风量。

烟气含氧量控制系统与锅炉燃烧控制系统一起实现锅炉的经济燃烧,如图 8-27 所示。烟气含氧量闭环控制系统是在原逻辑提降量控制系统的基础上,将原来的定比值改变为变比值,比值由含氧量控制器 AC 输出。当烟气中含氧量变化时,表明燃烧过程中的

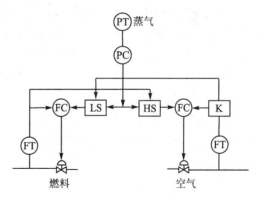

图 8-26 具有逻辑提降量的比值控制系统

过剩空气量发生变化,因此,通过 AC 及时调整燃料和空气的比值,使燃烧过程达到经济燃烧的控制目的。

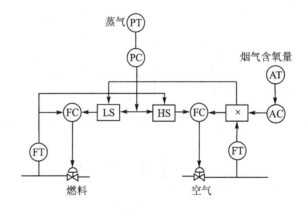

图 8-27 烟气含氧量闭环控制系统

为快速反映烟气含氧量,应正确选择测量仪表。目前,常选用二氧化锆氧量仪表检测烟气中的含氧量。

(3) 炉膛负压控制及安全保护控制系统

① 炉膛负压控制系统 炉膛负压控制系统中被控变量是炉膛压力(通常将其控制为负压-20 Pa 左右),操纵变量通常选用引风量。当锅炉负荷变化不大时,可以采用单回路控制系统。但是当锅炉负荷变化较大时,单回路控制系统控制起来比较困难。因为负荷变化后,燃料及送风量均变化,但是只有炉膛压力产生偏差后,引风控制器才能动作去改变引风量,这样的话,就会造成引风量落后于送风量,从而造成炉膛压力有较大波动。所以,可以采用反映负荷变化的蒸气压力作为前馈信号,组成前馈—反馈控制系统,如图 8-28 所示,图中 P_1C 为前馈控制器,通常采用静态前馈,P_2C 为炉膛压力控制器,Σ 为加法器。若主要扰动来自送风机系统时,可将送风量作为前馈信号,组成前馈—反馈控制系统。

② 安全联锁控制系统 当燃料压力过低,炉膛内压力大于燃料压力时,易发生回火事故。而当燃料压力过高,燃料流速过快,易发生脱火事故。因此,为了锅炉系统的安全运行,应设置防止回火和脱火的联锁控制系统,如图8-29所示。正常时,燃料控制阀根据蒸气负荷的大小调节,一旦燃料压力超过安全软限,燃料压力控制器 P_3C 的输出减小,经低选器LS进行选择,燃料压力控制器 P_3C 取代蒸气压力控制器 P_1C,防止脱火事故的发生。当压力低于下限设定值时,由PSA(压力、联锁、报警)系统带动联锁装置,切断燃料控制阀的上游阀,以防止回火。

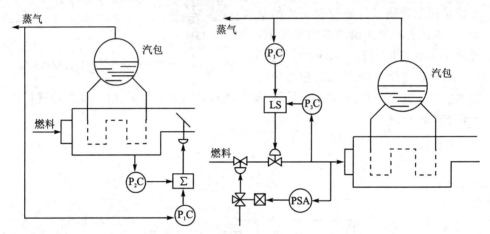

图8-28 炉膛负压前馈—反馈控制系统　　图8-29 防止回火和脱火的联锁控制系统

思考题与习题

8.1 换热器的主要控制目标是什么?可以采用哪些控制方案?

8.2 冷凝冷却器的控制方案有哪些?

8.3 试分析图8-30(a)和(b)中的被控变量和操纵变量分别是什么?

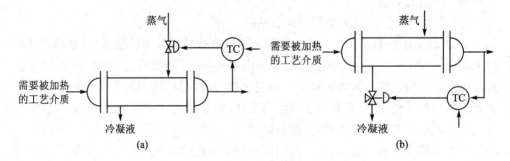

图8-30 习题8.3

8.4 管式加热炉主要控制方案有哪些?各适用什么场合?

第 8 章 传热设备的控制

8.5 锅炉设备中应设置哪几个基本控制系统?

8.6 锅炉汽包水位控制系统通常采用几种控制方案?每种控制方案的特点是什么?

8.7 试分别画出一种双冲量控制系统和三冲量控制系统的原理图?

8.8 锅炉汽包的虚假水位是如何产生的?会造成什么影响?采用什么控制方案可以克服?

8.9 在蒸气锅炉中,过热蒸气压力通常可以采用哪个变量进行控制?

8.10 炉膛压力通常控制在多大范围内?通常采用哪种控制方案?

8.11 什么情况下会产生脱火现象?什么情况下会产生回火现象?如何克服?

第9章 集散控制系统与现场总线控制系统

9.1 集散控制系统(DCS)

9.1.1 集散控制系统(DCS)概念

从1958年开始陆续出现了由计算机组成的控制系统,这些系统实现的功能不同,实现数字化的程度也不同。监视系统仅在人机界面中对现场状态的观察方式实现了数字化,SPC系统则在对模拟仪表的设定值方面实现了数字化,而DDC在人机界面、控制计算等方面均实现了数字化,但还保留了现场模拟方式的变送单元和执行单元,系统与它们的连接也是通过模拟信号线来实现的。DDC将所有控制回路的计算都集中在主CPU中,这引起了可靠性问题和实时性问题。随着系统功能要求、性能要求的不断提高和系统规模的不断扩大,这两个问题更加突出。经过多年的探索,在1975年出现了DCS(Distributed Control System),这是一种结合了仪表控制系统和DDC两者的优势而出现的全新控制系统,它很好地解决了DDC存在的两个问题。如果说,DDC是计算机进入控制领域后出现的新型控制系统,那么DCS则是网络进入控制领域后出现的新型控制系统。

可以将DCS理解为具有数字通信能力的仪表控制系统。从系统的结构形式看,DCS确实与仪表控制系统相类似,它在现场仍然采用模拟仪表的变送单元和执行单元,在主控制室端是计算单元和显示、记录、给定值等单元。但从实质上,DCS和仪表控制系统有着本质的区别。首先,DCS是基于数字技术的,除了现场的变送和执行单元外,其余的处理均采用数字方式。其次,DCS的计算单元并不是针对每一个控制回路设置一个计算单元,而是将若干个控制回路集中在一起,由一个现场控制站来完成这些控制回路的计算功能。这样的结构形式不只是为了成本上的考虑。与模拟仪表的计算单元相比,DCS的现场控制站是比较昂贵的,采取一个控制站执行多个回路控制的结构形式,是由于DCS的现场控制站有足够的能力完成多个回路的控制计算。从功能上讲,由一个现场控制站执行多个控制回路的计算和控制功能更便于这些控制回路之间的协调,这在模拟仪表系统中是无法实现的。一个现场控制站应该执行多少个回路的控制,则与被控对象有关,系统设计工程师可以根据控制方法的要求具体安排在系统中使用多少个现场控制站,每个现场控制站中各安排哪些控制回路。在这方面,DCS有着极大的灵活性。

对 DCS 作一个比较完整的定义：
① 以回路控制为主要功能的系统；
② 除变送和执行单元外，各种控制功能及通信、人机界面均采用数字技术；
③ 以计算机的 CRT、键盘、鼠标、轨迹球代替仪表盘形成系统人机界面；
④ 回路控制功能由现场控制站完成，系统可有多台现场控制站，每台控制一部分回路；
⑤ 人机界面由操作员站实现，系统可有多台操作员站；
⑥ 系统中所有的现场控制站、操作员站均通过数字通信网络实现连接。

上述定义的前三项与 DDC 系统无异，而后三项则描述了 DCS 的特点，也是 DCS 与 DDC 之间最根本的不同。

9.1.2 DCS 的基本组成及特点

集散控制系统是采用标准化、模块化和系列化设计，由过程控制单元、过程接口单元、操作员站、管理计算机以及高速数据通道五个主要部分组成，基本结构如图 9-1 所示。

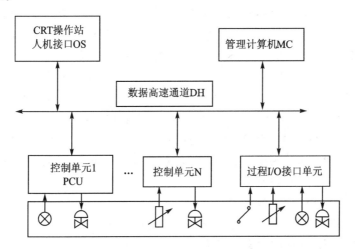

图 9-1 集散控制系统的基本结构

1. DCS 的基本结构

① 过程控制单元（Process Control Unit，PCU），亦称现场控制站。它是 DCS 的核心部分，对生产过程进行闭环控制，可控制数个至数十个回路，还可进行顺序、逻辑和批量控制。

② 过程接口单元（Process Interface Unit，PIU），亦称数据采集站。是为生产过程中的非控制变量设置的采集装置，不但可完成数据采集、预处理，还可以对实时数据作进一步加工处理，供 CRT 操作站显示和打印，实现开环监视。

③ 操作员站（Operating Station，OS）是集散系统的人机接口装置。除监视操

作、打印报表外,系统的组态、编程也在操作站上进行。

操作站有操作员键盘和工程师键盘。操作员键盘供操作人员用,可调出有关画面,进行有关操作,如修改某个回路的给定值;改变某个回路的运行状态;对某回路进行手工操作、确认报警和打印报表等。工程师键盘主要供技术人员组态用,所有的监控点、控制回路、各种画面、报警清单和工艺报警表等均由技术人员通过工程师键盘进行输入。

此外 DCS 本身的系统软件也会存储在硬件中,当系统突然断电时,硬盘存储的信息不会丢失,再次上电时可保证系统正常装载运行。软盘和磁带存储器作为中间存储器使用。当信息存储到软盘或磁带后,可以离机保存,以作备用。

④ 数据高速通道(Data Highway,DH),亦称高速通信总线、大道和公路等,是一种具有高速通信能力的信息总线,一般由双绞线、同轴电线或光导纤维构成。它将过程控制单元、操作站和上位机等连成一个完整的系统,以一定的速率在各单元之间传输信息。

⑤ 管理计算机(Manager Computer,MC)。管理计算机是集散系统的主机,习惯上称它为上位机。它综合监视全系统的各单元,管理全系统的所有信息,具有进行大型复杂运算的能力以及多输入、多输出控制功能,以实现系统的最优控制和全厂的优化管理。

从仪表控制系统的角度看,DCS 的最大特点在于其具有传统模拟仪表所没有的通信功能。那么从计算机控制系统的角度看,DCS 的最大特点则在于它将整个系统的功能分给若干台不同的计算机去完成,各个计算机之间通过网络实现互相之间的协调和系统的集成。在 DDC 系统中,计算机的功能可分为检测、计算、控制及人机界面等几大块;而在 DCS 中,检测、计算和控制这三项功能由称为现场控制站的计算机完成,而人机界面则由称为操作员站的计算机完成。这是两类功能完全不同的计算机。而在一个系统中,往往有多台现场控制站和多台操作员站,每台现场控制站或操作员站对部分被控对象实施控制或监视,这种划分是功能相同而范围不同,因此,DCS 中多台计算机的划分有功能上的,也有控制、监视范围上的。这两种划分就形成了 DCS 的"分布"一词的含义。

2. DCS 的系列特点

DCS 的系列特点主要表现在以下六个方面:分散性和集中性、自治性和协调性、灵活性和扩展性、先进性和继承性、可靠性和适应性、友好性和新颖性。

(1) 分散性和集中性

DCS 分散性的含义是广义的,不单是分散控制,还有地域分散、设备分散、功能分散和危险分散的含义。分散的目的是为了使危险分散,进而提高系统的可靠性和安全性。DCS 硬件积木化和软件模块化是分散性的具体体现。因此,可以因地制宜地分散配置系统。

DCS 的集中性是指集中监视、集中操作和集中管理。DCS 通信网络和分布式数据库是集中性的具体体现,用通信网络把物理分散的设备构成统一的整体,用分布式数据库实现全系统的信息集成,进而达到信息共享。因此,可以同时在多台操作员站上实现集中监视、集中操作和集中管理。当然,操作员站的地理位置不必强求集中。

(2) 自治性和协调性

DCS 的自治性是指系统中的各台计算机均可独立地工作,例如,过程控制站能自主地进行信号输入、运算、控制和输出;操作员站能自主地实现监视、操作和管理;工程师站的组态功能更为独立,既可在线组态,也可离线组态,甚至可以在与组态软件兼容的其他计算机上组态,形成组态文件后再装入 DCS 运行。

DCS 的协调性是指系统中的各台计算机用通信网络互联在一起,相互传送信息,相互协调工作,以实现系统的总体功能。

(3) 灵活性和扩展性

DCS 硬件采用积木式结构,可灵活地配置成小、中、大各类系统。另外,还可根据企业的财力或生产要求,逐步扩展系统,改变系统的配置。

DCS 软件采用模块式结构,提供各类功能模块,可灵活地组态构成简单、复杂各类控制系统。另外,还可根据生产工艺和流程的改变,随时修改控制方案,在系统容量允许范围内,只需通过组态就可以构成新的控制方案,而不需要改变硬件配置。

(4) 多功能性和继承性

DCS 可以完成从单变量控制到多变量优化高级控制;可实现连续反馈控制,也可以进行离散顺序控制;可以从 PID 运算到 Smith 预估、三阶矩阵乘法等各种运算控制。可执行显示、监控、打印、报警等全部操作要求。它可为用户提供丰富的功能软件,主要包括控制软件包、操作显示软件包和报表打印软件包等,用户只要根据要求选用。

DCS 自问世以来,更新换代比较快。当出现新型 DCS 时,老 DCS 作为新 DCS 的一个子系统继续工作,新、老 DCS 之间还可互相传递信息。这种 DCS 的继承性,给用户消除了后顾之忧,不会因为新、老 DCS 之间的不兼容,给用户带来经济上的损失。

(5) 可靠性和适应性

DCS 的分散性带来系统的危险分散,提高了系统的可靠性。DCS 采用了一系列冗余技术,如控制站主机、I/O 板、通信网络和电源等均可双重化,而且采用热备份工作方式,自动检查故障,一旦出现故障立即自动切换。DCS 安装了一系列故障诊断与维护软件,实时检查系统的硬件和软件故障,并采用故障屏蔽技术,使故障影响尽可能地小。

DCS 采用高性能的电子元器件、先进的生产工艺和各项抗干扰技术,可使 DCS 能够适应恶劣的工作环境。DCS 设备的安装位置可适应生产装置的地理位置,尽可能满足生产的需要。DCS 的各项功能可适应现代化大生产的控制和管理需求。

(6) 友好性和新颖性

DCS 为操作人员提供了友好的人机界面。操作员站采用彩色 CRT 和交互式图形画面,常用的画面有总貌、组、点、趋势、报警、操作指导和流程图画面等。由于采用图形窗口、专用键盘、鼠标或球标器等,使得操作简便。

DCS 的新颖性主要表现在人机界面,采用动态画面、工业电视、合成语音等多媒体技术,图文并茂,形象直观,使操作人员有身临其境的感觉。

9.1.3 DCS 硬件系统

从系统结构分析,集散控制系统都由三大基本部分组成,它们是过程控制装置、集中操作和管理装置及通信部分。分散过程控制装置部分由多回路控制器、单回路控制器、多功能控制器、可编程控制器及数据采集装置等组成。集中操作和管理装置主要由工控机、显示器、键盘、鼠标、打印机等装置构成。

集散控制系统按照功能分层的方法可以分为现场控制级、过程装置控制级、操作管理级、优化和调度管理级。

1. 现场控制级

现场控制级是集散控制系统的最底层,随着控制器、现场变送器、传感器和执行器的智能化,现场控制级可以部分或全部完成过程装置控制级的功能。根据总线的网络结构,现场控制级可组成星形、树形和总线型结构。现场控制级的特点与现场总线、智能设备的特性有关。

现场控制级的特点:

①多信息系统;②双向的多变量通信;③更高精确度和可靠件;④系统的自诊断/自校正功能更强;⑤维护、校验更方便;⑥互操作性;⑦多端存取;⑧低的成本和安装费用。

现场控制级的功能:

①采集过程数据,对数据进行转换;②输出过程操纵命令;③完成与过程装置控制级的数据通信;④对现场控制级的设备进行监测与诊断。

2. 过程装置控制级

过程装置控制级是集散控制系统的关键部分,其性能直接影响着系统的实时性和控制质量。大多数集散控制系统的过程装置控制级由过程装置控制设备和 I/O 模件组成,通过网络实现信息的传送。

过程装置控制级的特点:

①高可靠性;②实时性;③控制功能强。

过程装置控制级的功能:

①采集过程数据,进行数据转换与处理;②数据的监视和存储;③实施连续、批量或顺序控制的运算和输出控制作用;④数据和设备的自诊断;⑤数据的通信。

3. 车间管理级

车间管理级以中央控制室操作站为中心,是人机界面,所以车间管理级质量与操作的效果有直接关系。

车间管理级的主要特点:

①采用屏幕显示过程和数据;②操作应方便、简捷;③存储数据量大,显示信息量大;④报警和故障诊断处理;⑤数据通信。

车间操作管理级的功能:

①数据显示和记录;②过程操作;③数据存储和压缩归档;④报警、事件的诊断和处理;⑤系统组态、维护和优化处理;⑥数据通信;⑦报表打印。

4. 优化和调度管理级

优化和调度管理级从系统的整体出发,从工厂的产、供、销的协调关系出发,使系统进一步优化协调。

优化和调度管理级的功能:

①优化控制;②协调和调度各车间生产计划和各部门的关系;③主要数据的显示、存储和打印;④数据通信。

9.1.4 DCS 的软件系统

DCS 的硬件基本构成已如前面所述,而 DCS 软件的基本构成也是按照硬件的划分形成的,这是由于软件是依附于硬件的。当 DDC 系统的数字处理技术与单元式组合仪表的分散化控制、集中化监视的体系结构相结合产生 DCS 时,软件就跟随硬件被分成控制层软件、监控软件和组态软件,同时,还有运行于各个站的网络软件,作为各个站上功能软件之间的桥梁。

在软件功能方面,控制层软件是运行在现场控制站上的软件,主要完成各种控制功能,包括 PID 回路控制、逻辑控制、顺序控制,以及这些控制所必须针对现场设备连接的 I/O 处理;监控软件是运行于操作员站或工程师站上的软件,主要完成运行操作人员所发出的各个命令的执行、图形与画面的显示、报警信息的显示处理、对现场各类检测数据的集中处理等;组态软件则主要完成系统的控制层软件和监控软件的组态功能,安装在工程师站中。

1. 控制层软件

现场控制站中的控制层软件的最主要功能是直接针对现场 I/O 设备,完成 DCS 的控制功能。这里面包括了 PID 回路控制、逻辑控制、顺序控制和混合控制等多种类型的控制。为了实现这些基本功能,在现场控制站中还应该包含以下主要的软件:

① 现场 I/O 驱动。主要是完成 I/O 模块(模板)的驱动,完成过程量的输入/输出,采集现场数据,输出控制计算后的数据。

② 对输入的数据进行预处理。如滤波处理、除去不良数据、工程量的转换、统一

计量单位等。总之,要尽量真实地用数字值还原现场值并为下一步的计算做好准备。

③ 实时采集现场数据并存储在现场控制站内的本地数据库中,这些数据可作为原始数据参与控制计算,也可通过计算或处理成为中间变量,并在以后参与控制计算。所有本地数据库的数据(包括原始数据和中间变量)均可成为人机界面、报警、报表、历史、趋势及综合分析等监控功能的输入数据。

④ 按照组态好的控制程序进行控制计算,根据控制算法和检测数据、相关参数进行计算,得到实施控制的量。

为了实现现场控制站的功能,在现场控制站中建立有与本站的物理 I/O 和控制相关的本地数据库,这个数据库中只保存与本站相关的物理 I/O 点及与这些物理 I/O 点相关的,经过计算得到的中间变量。本地数据库可以满足本现场控制站的控制计算和物理 I/O 对数据的需求,有时除了本地数据外还需要其他现场控制站上的数据,这时可从网络上将其他节点的数据传送过来,这种操作被称为数据的引用。

2. 监控软件

监控软件的主要功能是人机界面,其中包括图形画面的显示,对操作员操作命令的解释与执行,对现场数据和状态的监视及异常报警和对历史数据的存档和报表处理等。为了上述功能的实现,操作员站软件主要由以下几个部分组成:

① 图形处理软件。通常显示工艺流程和动态工艺参数,由组态软件组态生成并且按周期进行数据更新。

② 操作命令处理软件。其中包括对键盘操作方式的解释与处理。

③ 历史数据和实时数据的趋势曲线显示软件。鼠标操作、画面热点操作的各种命令方式的解释与处理。

④ 报警信息的显示、事件信息的显示、记录与处理软件。

⑤ 历史数据的记录与存储、转储及存档软件。

⑥ 报表软件。

⑦ 系统运行日志的形成、显示、打印和存储记录软件。

⑧ 工程师站在线运行时,对 DCS 系统本身运行状态的诊断和监视,发现异常时进行报警,同时通过工程师站上的 CRT 屏幕给出详细的异常信息,如出现异常的位置、时间、性质等。

为了支持上述操作员站软件的功能实现,在操作员站上需要建立一个全局的实时数据库,这个数据库集中了各个现场控制站所包含的实时数据及由这些原始数据经运算处理所得到的中间变量。这个全局的实时数据库被存储在每个操作员站的内存之中,而且每个操作员站的实时数据库是完全相同的复制,因此每个操作员站可以完成完全相同的功能,形成一种可互相替代的冗余结构。当然各个操作员站也可根据运行的需要,通过软件人为地定义其完成不同的功能,而成为一种分工的形态。

3. 组态软件

组态软件安装在工程师站中,这是一组软件工具,是为了将通用的、有普遍适应能力的 DCS 系统,变成一个针对某一个具体应用控制工程的专门 DCS 控制系统。为此,系统要针对具体应用进行一系列定义,如硬件配置、数据库定义、控制算法程序的组态、监控软件的组态,报警报表的组态等。在工程师站上,要做的组态定义主要包括以下方面：

① 硬件配置。这是使用组态软件首先应该做的,根据控制要求配置各类站的数量、每个站的网络参数、各个现场 I/O 站的 I/O 配置(如各种 I/O 模块的数量、是否冗余、与主控单元的连接方式等)及各个站的功能定义等。

② 定义数据库。包括历史数据和实时数据,实时数据库指现场物理 I/O 点数据和控制计算时中间变量点的数据。历史数据库是按一定的存储周期存储的实时数据,通常将数据存储在硬盘上或刻录在光盘上,以备查用。

③ 历史数据和实时数据的趋势显示、报表及打印输出等定义。

④ 控制层软件组态。包括确定控制目标、控制算法、控制周期以及与控制相关的控制变量、控制参数等。

⑤ 监控软件的组态。包括各种图形界面(包括背景画面和实时刷新的动态数据)、操作功能定义(操作员可以进行哪些操作、如何进行操作)等。

⑥ 报警定义。包括报警产生的条件定义、报警方式的定义、报警处理的定义(如对报警信息的保存、报警的确认、报警的清除等操作)及报警列表的种类与尺寸定义等。

⑦ 系统运行日志的定义。包括各种现场事件的认定、记录方式及各种操作的记录等。

⑧ 报表定义。包括报表的种类、数量、报表格式、报表的数据来源及在报表中各个数据项的运算处理等。

⑨ 事件顺序记录和事故追忆等特殊报告的定义。

9.2 现场总线控制系统

现场总线是 20 世纪 80 年代中后期随着计算机、通信、控制和模块化集成等技术发展而出现的一门新兴技术,代表自动化领域发展的最新阶段。现场总线的概念最早由欧洲人提出,随后北美和南美也都投入巨大的人力、物力开展研究工作,目前流行的现场总线已达 40 多种,在不同的领域各自发挥着重要的作用。关于现场总线的定义有多种。IEC 对现场总线(fildbus)一词的定义为:现场总线是一种应用于生产现场,在现场设备之间、现场设备与控制装置之间实行双向、串行、多节点数字通信的技术。这是由 IEC/TC65 负责测量和控制系统数据通信部分国际标准化工作的 SC65/WG6 定义的。现场总线是当今自动化领域发展的热点之一,被誉为自动化领域的计算机局域网。它作为工业数据通信网络的基础,沟通了生产过程现场级控制设备之间及其与更高控制管理层之间的联系。

现场总线不仅是一个基层网络，而且还是一种开放式、新型全分布式的控制系统，即现场总线控制系统（Fieldbus Control System，FCS）。它用现场总线这一开放的、具有互操作性的网络将现场各控制器及仪表设备互联，构成现场总线控制系统，同时控制功能彻底下放到现场，降低了安装成本和维护费用。因此，FCS 实质是一种开放的、具有互操作性的、彻底分散的分布式控制系统。这项以智能传感、控制、计算机、数据通信为主要内容的综合技术，导致了自动化系统结构与设备的深刻变革，并已受到世界范围的关注而成为自动化技术发展的热点，现已成为 21 世纪控制系统的主流产品。

9.2.1 现场总线的本质

由于标准并未统一，所以对现场总线也有不同的定义。但现场总线的本质含义主要表现在以下 6 个方面：

（1）现场通信网络

用于过程以及制造自动化的现场设备或现场仪表互连的通信网络。

（2）现场设备互连

现场设备或现场仪表是指传感器、变送器和执行器等，这些设备通过一对传输线互连，传输线可以使用双绞线、同轴电缆、光纤和电源线等，并可根据需要因地制宜地选择不同类型的传输介质。

（3）互操作性

现场设备或现场仪表种类繁多，没有任何一家制造商可以提供一个工厂所需的全部现场设备，所以，互相连接不同制造商的产品是不可避免的。用户不希望为选用不同的产品而在硬件或软件上花很大气力，而希望选用各制造商性能价格比最优的产品，并将其集成在一起，实现"即接即用"；用户希望对不同品牌的现场设备统一组态，构成所需要的控制回路。这就是现场总线设备互操作性的含义。现场设备互连是基本的要求，只有实现互操作性，用户才能自由地集成 FCS。

（4）分散功能块

FCS 废弃了 DCS 的输入/输出单元和控制站，把 DCS 控制站的功能块分散地分配给现场仪表，从而构成虚拟控制站。例如，流量变送器不仅具有流量信号变换、补偿和累加输入模块，而且有 PID 控制和运算功能块。调节阀的基本功能是信号驱动和执行，还内含输出特性补偿模块，也可以有 PID 控制和运算模块，甚至有阀门特性自检验和自诊断功能。功能块分散在多台现场仪表中，并可统一组态，供用户灵活选用各种功能块，构成所需的控制系统，实现彻底的分散控制。

（5）通信线供电

通信线供电方式允许现场仪表直接从通信线上获取能量，对于要求本征安全的低功耗现场仪表，可采用这种供电方式。众所周知，化工、炼油等企业的生产现场有可燃性物质，所有现场设备都必须严格遵循安全防爆标准。现场总线设备也不例外。

(6) 开放式互联网络

现场总线为开放式互联网络,它既可与同层网络互联,也可与不同层网络互联,还可以实现网络数据库的共享。不同制造商的网络互联十分简便,用户不必在硬件或软件上花太多气力。通过网络对现场设备和功能块统一组态,把不同厂商的网络及设备融为一体,构成统一的 FCS。

9.2.2 现场总线的特点和优点

1. 现场总线的结构特点

现场总线打破了传统控制系统的结构形式。传统模拟控制系统采用一对一的设备连线,按控制回路分别进行连接。位于现场的测量变送器与位于控制室的控制器之间,控制器与位于现场的执行器、开关、电动机之间均为一对一的物理连接。

由于采用数字信号替代模拟信号,因而现场总线控制系统可实现一对电线上传输多个信号,如运行参数值、多个设备状态、故障信息等,同时又为多个设备提供电源,现场设备以外不再需要模拟/数字、数字/模拟转换器件。这样就为简化系统结构、节约硬件设备、节约连接电缆与各种安装、维护费用创造了条件。

现场总线控制系统由于采用了智能现场设备,能够把原先 DCS 系统中处于控制室的控制模块、各输入输出模块置入现场设备中,加上现场设备具有通信能力,现场的测量变送仪表可以与阀门等执行机构直接传送信号,因而控制系统功能能够不依赖控制室的计算机或控制仪表,直接在现场完成,实现了彻底的分散控制。现场总线控制系统(FCS)与传统控制系统(如 DCS)结构对比如图 9-2 所示。

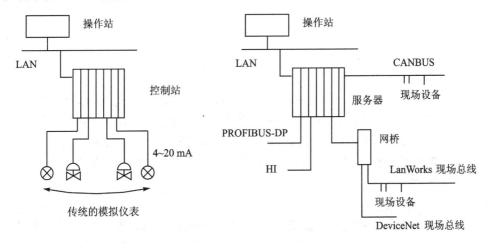

图 9-2 现场总线控制系统(FCS)与传统控制系统(DCS)结构对比

2. 现场总线的技术特点

(1) 系统的开放性

开放系统是指通信协议公开,各不同厂家的设备之间可进行互连并实现信息交换,现场总线开发者就是要致力于建立统一的工厂底层网络的开放系统。这里的开放是指对相关标准的一致性、公开性,强调对标准的共识与遵从。一个开放系统,它可以与任何遵守相同标准的其他设备或系统相连。一个具有总线功能的现场总线网络系统必须是开放的,开放系统把系统集成的权利交给了用户,用户可按自己的需要和对象,把来自不同供应商的产品组成大小随意的系统。

(2) 互可操作性与互用性

这里的互可操作性,是指实现互连设备间、系统间的信息传送与沟通,可实行点对点、一点对多点的数字通信。而互用性则意味着不同生产厂家的性能类似的设备可进行互换而实现互用。

(3) 现场设备的智能化与功能自治性

它将传感测量、补偿计算、工程量处理与控制等功能分散到现场设备中完成,依靠现场设备即可完成自动控制的基本功能,并可随时诊断设备的运行状态。

(4) 系统结构的高度分散性

由于现场设备本身已经可以完成自动控制的基本功能,使得现场总线已构成一种新的全分布式控制系统的体系结构。这从根本上改变了现有DCS集中与分散相结合的集散控制系统体系,简化了系统结构,提高了可靠性。

(5) 对现场环境的适应性

工作在现场设备前端,作为工厂网络底层的现场总线,是专为在现场环境工作而设计的,它可支持双绞线、同轴电缆、光缆、射频、红外线、电力线等,具有较强的抗干扰能力,能采用两线制实现送电与通信,并可满足安全防爆要求等。

3. 现场总线的优点

由于现场总线的以上特点,特别是现场总线系统结构的简化,使控制系统从设计、安装、投运到正常生产运行及检修维护,都体现出优越性。

(1) 节省硬件数量与投资

由于现场总线系统中分散在设备前端的智能设备能直接执行多种传感、控制、报警和计算功能,因而可减少变送器的数量,不再需要单独的控制器、计算单元等,也不再需要 DCS 系统的信号调理、转换、隔离技术等功能单元及其复杂接线,还可以用工控 PC 机作为操作站,从而节省了一大笔硬件投资。由于控制设备的减少,控制室的占地面积得以减少。

(2) 节省安装费用

现场总线系统的接线十分简单,由于一对双绞线或一条电缆上通常可挂接多个设备,因而电缆、端子、槽盒、桥架的用量大大减少,连线设计与接头校对的工作量也大大减少。当需要增加现场控制设备时,无需增设新的电缆,可就近连接在原有的电缆上,既节省了投资,也减少了设计、安装的工作量。据有关典型试验工程的测算资料,可节约安装费用 60% 以上。

第 9 章　集散控制系统与现场总线控制系统

(3) 节约维护开销

由于现场控制设备具有自诊断与简单故障处理的能力,并通过数字通信将相关的诊断维护信息送往控制室,用户可以查询所有设备的运行和诊断维护信息,以便及时分析故障原因并快速排除,缩短了维护停工时间,同时由于系统结构简化、连线简单而减少了维护工作量。

(4) 用户具有高度的系统集成主动权

用户可以自由选择不同厂商所提供的设备来集成系统,从而避免因选择了某一品牌的产品缩小了设备的选择范围,不会为系统集成中不兼容的协议、接口而一筹莫展,使系统集成过程中的主动权完全掌握在用户手中。

(5) 提高了系统的准确性与可靠性

由于现场总线设备的智能化、数字化,与模拟信号相比,它从根本上提高了测量与控制的准确度,减少了传送误差。同时,由于系统的结构简化,设备与连线减少,现场仪表内部功能加强,减少了信号的往返传输,提高了系统的工作可靠性。

此外,由于设备标准化和功能模块化,因而还具有设计简单,易于重构等优点。

9.2.3　现场总线网络的实现

现场总线的基础是数字通信,通信就必须有协议,从这个意义上讲,现场总线就是一个定义了硬件接口和通信协议的标准。国际标准化组织(ISO)的开放系统互连(OSI)协议,是为计算机互联网而制定的七层参考模型,如图 9-3 所示。它对任何网络都是适用的,只要网络中所要处理的要素是通过共同的路径进行通信。目前,各个公司生产的现场总线产品没有一个统一的协议标准,但是各公司在制定自己的通信协议时,都参考 OSI 七层协议标准,且大多采用了其中的第 1、2 层和第 7 层,即物理层、数据链路层和应用层,并增设了第 8 层,即用户层。

1. 物理层

物理层定义了信号的编码与传送方式、传送介质、接口的电气及机械特性、信号传输速率等。

2. 数据链路层

数据链路层又分为两个子层,即介质访问控制层(MAC)和逻辑链路控制层(LLC)。MAC 功能是对传输介质传送的信号进行发送和接收控制,而 LLC 层则是对数据链进行控制,保证数据传送到指定的设备上。现场总线网络中的设备可以是主站,也可以是从站,主站有控制收发数据的权利,而从站则只有响应主站访问的权利。

图 9-3　OSI 参考模型

3. 应用层

应用层的功能是进行现场设备数据的传送及现场总线变量的访问。它为用户应用提供接口,定义了如何应用读、写、中断和操作信息及命令,同时定义了信息、句法(包括请求、执行及响应信息)的格式和内容。应用层的管理功能在初始化期间初始化网络,指定标记和地址。同时按计划配置应用层,也对网络进行控制,统计失败和检测新加入或退出网络的装置。

4. 用户层

用户层是现场总线标准在 OSI 模型之外新增加的一层,是使现场总线控制系统开放与可互操作性的关键。

用户层定义了从现场装置中读、写信息和向网络中其他装置分派信息的方法,即规定了供用户组态的标准"功能模块"。事实上,各厂家生产的产品实现功能块的程序可能完全不同,但对功能块特性描述、参数设定及相互连接的方法是公开统一的。信息在功能块内经过处理后输出,用户对功能块的工作就是选择"设定特征"及"设定参数",并将其连接起来。功能块除了输入输出信号外,还输出表征该信号状态的信号。

9.2.4 流行现场总线简介

目前,国际上影响较大的现场总线有 40 多种,比较流行的主要有 FF、PROFIBUS、CAN、DeviceNet、LonWorks、ControlNet、CC - Link 等现场总线。

1. 基金会现场总线(FF)

基金会现场总线(Foundation Fieldbus,FF)是在过程自动化领域得到广泛支持和具有良好发展前景的技术。其前身是以美国 Fisher - Rosemount 公司为首,联合 Foxboro、横河、ABB、西门子等 80 家公司制定的 ISP 协议和以 Honeywell 公司、联合欧洲等地的 150 家公司制定的 worldFIP 协议。后来这两大集团于 1994 年 9 月合并,成立了现场总线基金会,致力于开发出国际上统一的现场总线协议。它以 ISO/OSI 开放系统互连模型为基础,取其物理层、数据链路层、应用层为 FF 通信模型的相应层次,并在应用层上增加了用户层。

基金会现场总线分低速 H1 和高速 H2 两种通信速率。低速的传输速率为 31.25 kbps,传输距离可以达到 1 900 m。高速传输速率可为 1 Mbps 和 2.5 Mbps,它们的通信距离分别为 750 m 和 500 m。物理传输介质可以支持双绞线、光缆和无线,协议符合 IEC1158-2 标准。其物理媒介的传输信号采用曼彻斯特编码。每位发送数据的中心位置或是正跳变,或是负跳变。正跳变代表 0,负跳变代表 1,从而使串行数据位流中具有足够的定位信息,以保持发送双方的时间同步。接收方既可根据跳变的极性来判断数据的"1"、"0"状态,也可根据数据的中心位置精确定位。基金会现场总线的主要技术内容包括 FF 通信协议,用于完成开放式互联模型中的 2~7 层通信协议的通信栈,用于描述设备特征、参数、属性及操作接口的 DDL 设备描述语言、设备描述字典,以及用于实现测量、控制、工程量转换等应用功能块,实现系统组态、调度、管理等功能的系统软件,以及构筑集成自动化系统网络系统的系统集成技术。

2. LonWorks

局域操作网络(Local Operation Network,LonWorks)是另一具有强劲实力的现场总线技术,它是由美国 Echelon 公司推出并由与摩托罗拉、东芝公司共同倡导,于1990 年正式公布而形成的。它采用了 ISO/OSI 模型的全部七层通信协议,采用了面向对象的设计方法,通过网络变量把网络通信设计简化为参数设置,其通信速率从 300 bps～1.5 Mbps 不等。直接通信距离可达到 2 700 m(78 kbps,双绞线),支持双绞线、同轴电线、光纤、射频、红外线、电源线等多种通信介质,并开发相应的本质安全防爆产品,被誉为通用控制网络。LonWorks 技术所采用的 LonTalk 协议被封装在称之为 Neuron 的芯片中并得以实现。集成芯片中有 3 个 8 位 CPU:一个用于完成开放互联模型中第 1～2 层的功能,称为媒体访问控制处理器,实现介质访问的控制与处理;第二个用于完成第 3～6 层的功能,称为网络处理器,进行网络变量处理的寻址、处理、背景诊断、函数路径选择、软件设计、网络管理,并负责网络通信控制、收发数据包等;第三个是应用处理器,执行操作系统服务与用户代码。另外,在开发智能通信接口、智能传感器方面,LonWorks 神经元芯片也具有独特的优势。

3. Profibus

过程现场总线(Process Fieldbus,Profibus)是 1991 年公布的德国标准。它由 Profibus - DP、Profibus - FMS、Profibus－PA 组成了 Profibus 系列。DP 型用于分散外设的高速传输,适合于加工自动化领域的应用。FMS 为现场信息规范,适用于纺织、楼宇自动化、可编程控制器、低压开关等一般自动化。而 PA 型则是用于过程自动化的总线类型,它遵从 IEC1158 - 2 标准。该项技术是由西门子公司为主的十几家德国公司、研究所共同推出的。它采用了 OSI 模型的物理层、数据链路层,由这两部分形成了其标准第一部分子集。DP 型隐去了 3～7 层,而增加了直接数据连接拟合作为用户接口。FMS 型只隐去第 3～6 层,采用了应用层,作为标准的第二部分。PA 型传输技术遵从 IEC1158－2 标准,可实现总线供电与本质安全防爆。Profibus的传输速率为 9.6 kbps～12 Mbps,传输速率在 1.5 Mbps 时,传输距离为 400 m,可用中继器延长至 10 km。其传输介质可以是双绞线,也可以是光缆,最多可挂接 127 个站点。

4. HART

可寻址远程传感器高速通道(High Way Addressable Remote Transducer,HART)最早由 Rosemount 公司开发并得到 80 多家著名仪表公司的支持,于 1993 年成立了 HART 通信基金会。这种被称为可寻址远程传感高速通道的开放通信协议,其特点是在现有模拟信号传输线上实现数字通信,属于模拟系统向数字系统转变过程中工业过程控制的过渡性产品,因而在当前的过渡时期具有较强的市场竞争能力,得到了较好的发展。HART 通信模型由 3 层组成:物理层、数据链路层和应用层。物理层采用FSK(Frequency Shift Keying,FSK)技术在4~20 mA模拟信号上叠加一个频率信号,频率信号采用bell202国际标准;数据传输速率为1 200 bps,逻辑"0"的信号频率为2 200 Hz,逻辑"1"的信号传输频率为1 200 Hz。数据链路层用于按HART通信协议规则建立HART信息格式。其信息构成包括开头码、显示终端与现场设备地址、字节数、现场设备状态与通信状态、数据、奇偶校验等。其数据字节结构为1个起始位,8个数据位,1个奇偶校验位,1个终止位。应用层的作用在于使HART指令付诸实现,即把通信状态转换成相应的信息。它规定了一系列命令,按命令方式工作有3类命令:第一类称为通用命令,这是所有设备理解、执行的命令;第二类称为一般行为命令,它所提供的功能可以在许多现场设备(尽管不是全部)中实现,这类命令包括最常用的现场设备的功能库;第三类称为特殊设备命令,以便在某些设备中实现特殊功能,这类命令既可以在基金会中开放使用,又可以为开发此命令的公司所独有。在一个现场设备中通常可发现同时存在这3类命令。HART支持点对点主从应答方式和多点广播方式。按应答方式工作时的数据更新速率为2~3次/s,按广播方式工作时的数据更新速率为3~4次/s,它还可支持两个通信主设备。总线上可挂接设备数多达15个,每个现场设备可有256个变量,每个信息最大可包含4个变量。最大传输距离为3 000 m,HART采用统一的设备描述语言DDL。

5. CAN

控制局域网络(Control Area Network,CAN)最早由德国BOSCH公司推出,用于汽车内部测量与执行部件之间的数据通信。其总线规范现已被ISO国际标准组织制定为国际标准,得到了Motorola、Intel、Philips、NEC等公司的支持,已广泛应用在离散控制领域。CAN协议也是建立在国际标准组织的开放系统互联模型OSI基础上的,不过,其模型结构只有3层,只取OSI的物理层、数据链路层和应用层。其信号传输介质为双绞线,通信速率最高可达1 Mbps/40 m,直接传输距离最远可达10 km/kbps,可挂接设备最多可达110个。CAN的信号传输采用短帧结构,每一帧的有效字节数为8个,因而传输时间短,受干扰的概率低。当节点严重错误时,具有自动关闭的功能以切断该节点与总线的联系,使总线上的其他节点及其通信不受影响,具有较强的抗干扰能力。CAN支持多种方式工作,网络上任何节点均可在任意时刻主动向其他节点发送信息,支持点对点、一点对多点和全局广播方式接收/发送数据。它采用总线仲裁技术,当出现几个节点同时在网络上传输信息时,优先级高的节点可继续传输数据,而优先级低的节点则主动停止发送,从而避免了总线冲突。已有多家公司开发生产了符合CAN协议的通信芯片,如Intel公司的82527、Motorola公司的MC68HC05X4、Philips公司的82C250等。还有插在PC上的CAN总线接口卡,具有接口简单、编程方便、开发系统价格便宜等优点。

思考题与习题

9.1 集散控制系统的特点是什么？

9.2 集散控制系统的基本组成是什么？

9.3 现场控制级的功能是什么？

9.4 过程装置控制级的功能是什么？

9.5 现场总线控制系统的特点是什么？与集散控制系统的区别是什么？

9.6 典型的现场总线有哪些？

第 10 章 过程控制系统仿真

10.1 过程控制系统仿真概述

计算机仿真技术是当前应用最广泛的实用技术之一。它集成了计算机、网络、图形图像、面向对象、多媒体、软件工程、信息处理、自动控制等多个技术领域的知识,以数学理论、相似原理、信息技术、系统技术及其应用领域有关的专业技术为基础,是以计算机和各种物理效应设备为工具,利用系统模型对实际的或设想的系统进行实验研究的一门综合性技术。模型是对现实系统有关结构信息和行为的某种形式的描述,是人们认识事物的一种手段或工具。

过程控制是一门应用性和实践性很强的学科,实验是这一学科的一个重要环节,许多重要的概念和方法必须通过实验才能更好掌握。进行过程控制系统仿真实验不仅可以加深对过程控制的理解和认识,为以后在自动化仪表和过程控制系统上进行实验打下基础,而且还可以通过仿真研究各种控制系统和复杂控制算法。在过程控制中,仿真技术通过模拟被控对象在控制策略作用下的行为,检验控制的有效性,并对被控对象模型和算法做出评价。

合理的过程控制方案可以带来巨大的经济效益,但是由于工业过程具有的不确定性、耦合性、非线性等特点和安全上的要求,必须进行有效和安全的控制。这一切决定了控制方案不能直接实施于现场,而是需要在实施前进行大量的仿真实验。但这些实验在实际现场进行是不现实的,因为这样既不安全又不经济,这就给控制方案的应用和发展带来诸多不便。如果在投入实际运行之前能够对控制方案、策略和算法进行大量的仿真实验,则既可以提高安全性又可以取得更好的控制效果。因此,仿真技术已经广泛应用于连续工业生产过程领域,显示出巨大的经济效益,其成效得到了过程工业界的一致认同。

过程控制系统仿真就是以过程控制系统模型为基础,采用数学模型替代实际控制系统,以计算机为工具,对过程控制系统进行实验、分析、评估及预测研究的一种技术与方法。过程控制系统仿真包括以下几个基本步骤:问题描述、模型建立、仿真实验、结果分析。

1. 建立数学模型

控制系统模型,是指描述控制系统输入、输出变量以及内部各变量之间关系的数学表达式。控制系统模型可分为静态模型和动态模型,静态模型描述的是过程控制系统变量之间的静态关系,动态模型描述的是过程控制系统变量之间的动态关系。

最常用和基本的数学模型是微分方程与差分方程。

2. 建立仿真模型

由于计算机数值计算方法的限制，有些数学模型是不能直接用于数值计算的，如微分方程，因此原始的数学模型必须转换为能够进行系统仿真的仿真模型。例如在进行连续系统仿真时，就需要将微分方程这样的数学模型通过拉普拉斯变换转换成传递函数结构的仿真模型。

3. 编写仿真程序

过程控制系统的仿真涉及很多相关联的量，这些量之间的联系通过编制程序来实现，常用的数值仿真编程语言有 C、Fortran 等，近年来发展迅速的综合计算仿真软件，如 Matlab 也可以用来编写仿真程序，而且编写起来非常迅速、界面友好，已得到广泛应用。Simulink 可以方便地进行过程控制系统的分析与设计，利用鼠标在模型窗口上绘制出所需要的控制系统模型，然后利用 Simulink 提供的功能就可对系统进行仿真和分析。

4. 进行仿真实验并分析实验结果

在完成以上工作后可以进行仿真实验了，通过对仿真结果的分析来对仿真模型与仿真程序进行检验和修改，如此反复，直至达到满意的实验效果为止。

10.2　Matlab 基础知识

在过程控制系统仿真初期，往往需要仿真技术人员自己用 BASIC 等语言去编写数值计算程序。例如求系统的阶跃响应数据并绘制阶跃响应曲线，首先需要编写一个求解微分方程的子程序，然后将原系统模型输入给计算机，通过计算机求出阶跃响应数据，然后再编写一个画图的子程序，将所得的数据以曲线的方式绘制出来。显然，求解这样简单的问题需要花费很多的时间，并且由于没有纳入规范，往往不能保证求解结果的正确性。

自从 Matlab 面世以来，其应用范围越来越广，软件工具越来越完善，特别是 Matlab 的控制系统相关工具箱及 Simulink 的问世，给控制系统的分析和设计带来了极大的方便，现已成为风行国际的、有力的控制系统计算机辅助分析工具。

10.2.1　Matlab 简介

1. Matlab 的含义

Matlab 的含义是矩阵实验室（Matrix、Laboratory），它是美国 MathWorks 公司于 1982 年推出的一套用于数值计算的高性能可视化软件。Matlab 的应用领域极为广泛，可用于自动控制、系统仿真、数字信号处理、图形图像分析、电子线路、虚拟现实技术等领域。近十年来，随着 Matlab 语言和 Simulink 仿真环境在控制系统研究与教学中日益广泛的应用,国内外很多高校在教学与研究中都将 Matlab 作为首选的计算机工具。

2. Matlab 的功能和特点

Matlab 之所以成为世界流行的科学计算与数学应用软件,是由于它具有强大的功能。

① 数值计算功能。Matlab 汇集了大量常用的工程和科学计算算法,覆盖了从简单函数(如求和、三角、正弦、余弦和复数运算等)到复杂运算(如矩阵求逆、矩阵特征值和快速傅里叶变换等)的算法。

② 符号计算功能。科学计算有数值计算和符号计算两种。在数学应用科学和工程计算领域,常会遇到符号计算的问题。

③ 数据分析和可视化功能。对科学研究和工程计算中的大量原始数据用于分析时,通常可以用图形的方式显现出来,这不仅使数据间的关系清晰明了,而且对于揭示其本质起着较大的作用。

④ 文字处理功能。Matlab Notebook 成功地将 Matlab 与文字处理系统 Microsoft Word 结合为一个整体,它允许用户从 Word 访问 MATIAB 的数值计算和可视化结果。这就为用户进行文字处理、科学计算、工程设计创造了一个统一的工作环境。

⑤ Simulink 动态仿真功能。Matlab 提供了一个模拟动态系统的交互式程序 Simulink,允许用户通过 Simulink 提供丰富的功能块,迅速地创建系统的模型,并动态控制该系统。

3. Matlab 工具箱

现在,Matlab 已经成为一个系列产品,具有 Matlab 主包和工具箱。迄今所有的 30 多个工具箱大体可以分为两类:功能型工具箱和领域型工具箱。功能型工具箱主要用来扩充 Matlab 符号计算功能,图形建模仿真功能、文字处理功能以及与硬件实时交互功能,可用于各种学科。而领域型工具箱专业性很强,广泛地运用于自动控制、图像信号处理、生物医学工程和化学统计等领域,并表现出一般高级语言难以比拟的优势。常见的控制类 Matlab 工具箱主要包括:

① 控制系统工具箱(control system toolbox);

② 系统辨识工具箱(system indentification toolbox);

③ 多变量频率设计工具箱(multivariable frequency design toolbox);

④ 神经网络工具箱(neural network toolbox);

⑤ 模糊推理系统工具箱(Fuzzy Logic Toolbox);

⑥ 通信工具箱(communication toolbox);

⑦ 鲁棒辨识工具箱(robust control toolbox);

⑧ 模型预测控制工具箱(Model Predictive Control toolbox)。

第 10 章 过程控制系统仿真

4. Matlab 的工作环境

Matlab 的工作环境简单明了，易于操作，是 Matlab 语言的基础和核心部分，Matlab 语言的全部功能都是在 Matlab 的工作环境中实现的。启动 Matlab 后，Matlab 操作界面除了嵌入一些子窗口外，还主要包括菜单栏和工具栏。

（1）命令窗口（Command Window）

命令窗口是 Matlab 的主窗口，用户可以通过窗口右上角使其放大成独立的窗口。在命令窗口中可以直接输入命令，系统将自动显示信息。Matlab 命令窗口中的">>"为命令提示符，表示 MATlAB 正在处于准备状态。在命令提示符后键入命令并按下回车键后，Matlab 就会解释执行所输入的命令，并在命令后面给出计算结果。

（2）工作空间窗口（Workspace）

工作空间是 Matlab 用于存储各种变量和结果的内存空间。在该窗口中显示工作空间中所有变量的名称、大小、字节数和变量类型说明，可对变量进行观察、编辑、保存和删除。当用户退出 Matlab 后，工作空间的内容不再保留。

（3）命令历史窗口（Command History）

命令历史窗口主要显示已执行过的命令，用鼠标双击这些命令，可以非常方便地重复调用命令，运行程序。

（4）当前路径窗口（Current Directory）

当前路径窗口是指 Matlab 运行文件时的工作目录，只有在当前目录或搜索路径下的文件、函数可以被运行或调用。

（5）程序调用板（Launch Pad）

当用户需要启动某个工具箱的程序时，可以在程序调用板中实现。用户可以方便地打开工具箱中的内容，包括帮助文件、演示示例，实用工具以及 Web 文档。

（6）菜单栏

在 Matlab 操作界面的菜单栏，共包含 File、Edit、View、Web、window 和 Help 6 个菜单项。

① File 菜单项：File 菜单项实现有关文件的操作。

② Edit 菜单项：Edit 菜单项用于命令窗口的编辑操作。

③ View 菜单项：View 菜单项用于设置 Matlab 集成环境的显示方式。

④ Web 菜单项：Web 菜单项用于设置 Matlab 的 Web 操作。

⑤ Window 菜单项：主窗口菜单栏上的 Window 菜单，只包含一个子菜单 Close all，用于关闭所有打开的编辑器窗口，包括 M-file、Figure、Model 和 GUI。

⑥ HelP 菜单项：HelP 菜单项用于提供帮助信息。

（7）工具栏

Matlab 的工具栏共提供了 10 个命令按钮。这些命令按钮均有对应的菜单命令，但比菜单命令使用起来更快捷、方便。

10.2.2 Matlab 的基本语句结构

1. 变量

与其他语言一样,Matlab 也是使用变量来保存信息的。变量由变量名表示,变量的命名是以字母开头,后接字母、数字或下画线的字符串,最多 31 个字符,且区分大小写。例如,new、NEW 和 nEw 表示的是 3 个不同的变量。

在 Matlab 中有一些预定义变量(见表 10-1),即在 Matlab 语句中若出现表中的变量名,则系统就将其赋予默认值。

表 10-1 Matlab 的固定内部变量

变量名	默认值	变量名	默认值
i 或 j	复数虚单位	inf	无穷大
pi	圆周率	NaN	非　数
ans	默认变量名	realmax	Matlab 的最大浮点数 10^{+308}
eps	计算浮点数的误差限 2^{-52}	realmin	Matlab 的最小浮点数 10^{-308}

2. 运算符

Matlab 的运算符包括算术运算符、关系运算符、逻辑运算符和特殊运算符。而与这些运算符相关的命令均位于 Matlab\Toolbox\Matlab\Ops 下。表 10-2、表 10-3、表 10-4、表 10-5 列出了这些运算符和其对应的功能。

3. 表达式

Matlab 采用命令形式的表达式语句,每一个命令行就是一个语句。用户在命令窗口输入语句并按下回车键后,该语句就执行,并即时给出运行结果。Matlab 的语句有两种形式:

① 表达式;

② 变量＝表达式。

表达式由变量名、常数、函数和运算符构成。例如,下面的表达式都是合法的表达式:

3＊sin(2＊x)

2＊a＋c＊d

在上述 Matlab 语句的第一种形式中,表达式执行运算后产生的矩阵将自动赋给名为"ans"的默认变量,代表 Matlab 运算后的答案(answer),并即时在屏幕上显示出来。变量"ans"的值将在下一次运行第一种形式的语句时被刷新。例如,输入下列语句:＞＞2＊3＋6,其表达式执行结果为:

ans＝

表 10-2　Matlab 的算术运算符

算术运算符	说　明	算术运算符	说　明
+	矩阵加	^	矩阵幂
-	矩阵减	.*	点乘
*	矩阵乘	./	点左除
/	矩阵左除	.\	点右除
\	矩阵右除	.^	点幂

表 10-3　Matlab 的关系运算符

关系运算符	说　明	关系运算符	说　明
<	小于	>=	大于或等于
<=	小于或等于	==	等于
>	大于	~=	不等于

表 10-4　Matlab 的逻辑运算符

逻辑运算符	说　明	功　能
&	与	当运算双方对应的元素值均为非 0 时,结果为 1,否则为 0
|	或	当运算双方对应的元素的值均为 0 时,结果为 0,否则为 1
~	非	当元素的值为 0 时,结果为 1,否则为 0

表 10-5　Matlab 的特殊运算符

特殊运算符	说　明	特殊运算符	说　明
:	冒号(产生数组)	…	续行符
[ ]	方括号(生成矩阵或数组)	,或空格	分割矩阵列
;	分割矩阵行,若在语句末表示不显示结果	( )	圆括号(函数调用)
%	注释符	=	赋值

10.2.3　Matlab 基本命令

1. 文件管理命令

Matlab 提供了一些文件管理命令,实现列文件名和删除 M 文件、改变当前目录等。表 10-6 列出了常见的文件管理命令。

表 10-6 Matlab 常见的文件管理命令

命令	注释	命令	注释
clc	清除命令窗口	exsit	检查可能存在的变量或文件
format	设置输出数据的显示格式	cd	改变工作目录
matlab	启动 matlab	delete	删除文件或图形对象
help	在命令窗口中显示函数的帮助信息	dir	显示目录列表
lookfor	搜索指定的关键词	matlabroot	返回 Matlab 安装的根目录
clear	清除工作空间,释放系统内存	pwd	显示当前目录
who,whos	列出工作空间变量	what	列出当前目录下的指定文件

2. 矩阵运算

在 Matlab 中,矩阵是运算的基本单元,而且按复数定义。Matlab 中所有矩阵事先都不必定义维数大小,系统会根据用户的输入自动配置,在运算中自动调整矩阵的维数。

创建矩阵的方法比较简单,一般采用直接输入法。具体方法为:将矩阵的元素用方括号"[ ]"括起来,按矩阵行的顺序输入各元素,同一行的各元素之间用空格或逗号分割,行与行之间用分号或 Enter 隔开。

[例 10-1] 用直接输入法创建一个矩阵。

解:在命令窗口中直接输入指令:

\>\>a=[1 2 3;4 5 6;7 8 9]

按 Enter 键执行后,将创建的 3×3 矩阵赋给变量 a,并在屏幕上显示

a=

    1 2 3

    4 5 6

    7 8 9

另外,Matlab 提供了许多命令用于创建一些特殊的矩阵,以及对矩阵的元素进行统计,还提供了一些对矩阵元素进行操作的命令,用来对矩阵进行变换和分析,表 10-7 列出了一些常用的函数。

表 10-7 Matlab 数组、矩阵和线性代数的命令

命令	注释	命令	注释
zeros	创建全零矩阵	mean	平均值
ones	创建全一矩阵	sum	数组元素求和
eye	创建单位矩阵	length	数组的元素个数
rand	均匀分布的随机数和数组	size	矩阵尺寸

第 10 章 过程控制系统仿真

续表 10-7

命令	注释	命令	注释
randn	正态分布的随机数和数组	isempty	当矩阵为空矩阵时值为真
diag	建立或提取对角阵	fliplr	矩阵左右翻转
magic	建立魔方矩阵	fliprd	矩阵上下翻转
linspace	产生一组线性等距的数值	rot90	矩阵旋转
sort	可使矩阵的每一列按升序排序	tril	矩阵的下三角部分
min	最小值	triu	矩阵的上三角部分
max	最大值	sparse	建立稀疏矩阵

[例 10-2] 建立一个三行三列的单位矩阵。

解:在命令窗口输入:

〉〉eye(3,3)执行后,显示:

ans =

  1 0 0

  0 1 0

  0 0 1

[例 10-3] 创建一个线性间隔的向量。

解:

在命令窗口输入:

〉〉a=linspace(1,3,6)执行后,显示:

a=

  1.0000 1.4000 1.8000 2.2000 2.6000 3.0000

表示生成一组 1~3 之间的 6 个线性等距的数值,并赋值给变量 a。

在命令窗口输入:

〉〉a=linspace(1,3)执行后,显示:

a=

  1.0000 1.0202 1.0404……2.9798 3.0000

表示生成一组 1~3 之间的 100 个线性等距的数值,并赋值给变量 a。

3. 数学函数

Matlab 提供了丰富的数学函数,用户针对自己的不同要求,可以方便的调用函数,大大减少了工作量。表 10-8 列出了一些常见的基本数学函数。

表 10-8 Matlab 常见的基本数学函数

命令	注释	命令	注释
sin	正弦	log	自然对数

续表10-8

命令	注释	命令	注释
cos	余弦	log2	以2为底的对数
tan	正切	log10	以10为底的对数
cot	余切	sign	符号函数
asin	反正弦	sqrt	平方根
acos	反余弦	abs	绝对值
atan	反正切	angle	复数的辐角
acot	反余切	real	复数的实部
exp	以e为底的指数	imag	复数的虚部

4. 多项式运算

Matlab 使用行向量来表示多项式的系数,行向量中各元素按照多项式项的次数从高到低排列,对于多项式 $P(x)=a_0x^n+a_1x^{n-1}+\cdots+a_0$ 可以用行向量 $P=[a_0 \, a_1 \, \cdots \, a_n]$ 来表示。注意:对于系数为0的项,必须用0填充。

Matlab 提供了一些处理多项式的基本命令,如求多项式的值、根和微分等,除此之外,Matlab 也提供了一些较高级的函数用于处理多项式,例如,拟合曲线和部分分式展开等。表10-9列出了较常用的多项式函数。

表10-9 常用的多项式函数

命令	说明
conv(A,B)	求多项式 A 和 B 的乘法,两序列的卷积
[q,r]=dconv(A,B)	求矩阵多项式除法,A 为被除式,B 为除式,q 为商,r 为余数
roots(A)	求多项式的根,结果为列向量
poly(A)	计算矩阵 A 的特征多项式
polyval(A,x)	求多项式 A,当未知数为 x 时的值

[**例10-4**] 求 s^2-4s+4 的根。

解:在命令窗口中输入:

>>p=[1,-4,4]; roots(p)

按 Enter 键执行后,在屏幕上显示:

ans =

  2

  2

5. 图形绘制

Matlab 一向注重数据的图形表示,并不断采用新技术改进和完善其可视化功

第 10 章 过程控制系统仿真

能。Matlab 可以给出数据的二维、三维乃至四维的图形表示。通过对图形线型、立面、色彩、渲染、光线、视角等的控制,可把数据的特征表现的淋漓尽致。Matlab 的图形功能很强,不但可以绘制一般函数的图像,还可以绘制专业图形,如饼图、条形图等。

Matlab 还提供了一些图形函数,专门用于对绘图指令所绘出的图形进行修饰。常见的绘图命令和图形修饰命令如表 10-10 所列。

表 10-10 常见的绘图命令和图形修饰命令

命 令	注 释	命 令	注 释
plot	绘制直角坐标二维连续曲线图形	text	加文本坐标
stem	绘制二维离散序列线型图	gtext	用鼠标标注文字
stairs	绘制阶梯图	title	加图形标题
bar	垂直直方图	xlabel	标注 X 轴坐标
ezplot	绘制符号函数图形	ylabel	标注 Y 轴坐标
axis	改变坐标轴状态	subplot	图形窗口分割
grid	网格线开关	plot3	绘制三维曲线

[例 10-5] 已知信号 $x1(t)=\sin(t)$ 及信号 "$x2(t)=\sin(8t)$,计算并绘出:$x3(t)=x1(t)+x2(t)$,$x4(t)=x1(t)\ x2(t)$ 的波形。

解:输入命令为:

syms t;%定义符号变量
\>\>$x1=\sin(t)$;%计算符号函数 $x1$
\>\>$x2=\sin(2*t)$;%计算符号函数 $x2$
\>\>$x3=x1+x2$;%计算 $x1+x2$
\>\>$x4=x1*x2$;%计算 $x1*x2$
\>\>subplot(2,1,1);ezplot($x3$,[0,10]) %绘制 $x3$ 的波形
\>\>subplot(2,1,2);ezplot($x4$,[0,10]) %绘制 $x4$ 的波形

其计算结果所绘出波形,如图 10-1 所示。

注意:subplot 命令格式为:subplot(m,n,P) 表示将当前窗口划分为 $m\times n$ 个子坐标系统,并选择其中第 p 个坐标系统为当前坐标系统,窗口的排列顺序是从左到右,从上到下,编号分别为 $1,2,\cdots,m\times n$。

[例 10-6] 绘制连续曲线 $y=\sin(x)$ 和 $z=\cos(x)$ 的图形。

解:输入语句:

\>\>x=linspace(0,2*pi);%产生一组 0 到 2π 之间的 100 个线性等距的值,并赋值给 x;
\>\>$y=\sin(x)$;$z=\cos(x)$; %分别计算 y 和 z 的值;

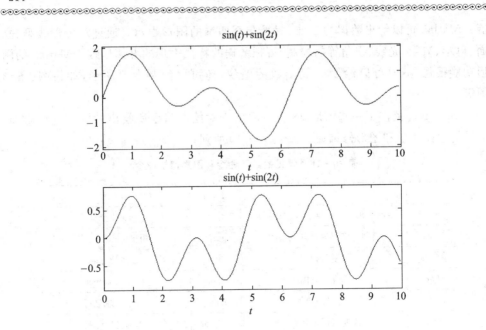

图 10-1 连续时域信号的相加、相乘

>>plot(x,y,'b-',x,z,'r+')   %plot(x,y,'option')表示以 x 为横坐标,y 为纵坐标,option 选项可以是表示曲线颜色的字符,表示线型格式的符号和表示数据点的标记。这里 b 表示线的颜色为蓝色,r 表示线的颜色为红色;+表示线型格式为正号;-表示线型为实线。

>>xlabel('变量 x')   %标注 x 轴名称
>>ylabel('变量 y,z')   %标注 y 轴名称
>>title('正弦与余弦曲线')   %标注图形标题
>>grid   %打开网格线
>>gtext('sin(x)')   %用鼠标标注文字 sin(x)
>>gtext('cos(x)')   %用鼠标标注文字 cos(x)
>>legend('sin(x)','cos(x)')   %图例标注

其执行完命令后绘出波形,如图 10-2 所示。

10.2.4 Matlab 文件基础

Matlab 有两种工作方式:一种是交互式的指令行工作方式;另一种是 M 文件的程序工作方式。在前一种工作方式下,用户只需在指令窗口中输入指令语句,Matlab 就立即给出结果。这时 Matlab 被当作一种高级"数学演算纸和图形显示器"来使用。对于需要大量指令行才能完成特定功能的情况,就需要用第二种方式。它实际上是把在 Matlab 指令窗口下逐条输入的指令语句作为程序集中写入到一个文本文件中,这就是 M 文件。M 文件的扩展名一律为.m。

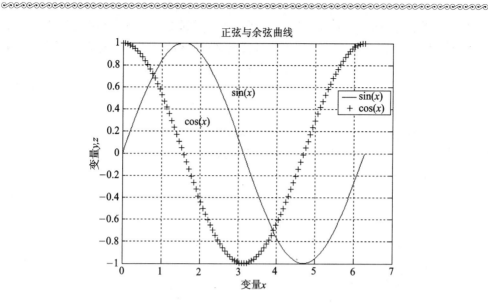

图 10-2 sin(x)和 cos(x)的图形

在 Matlab 中,M 文件有两类:指令文件和函数文件。这两类文件的命名必须以字母开头,其余部分可以是字母、数字或下画线(不能是汉字)。

1. 指令文件

指令文件没有输入输出参数,是最简单的 M 文件。它的主要用途就是使指令输入更加简单化。当用户要运行的命令较多时,直接从键盘上逐行输入命令比较麻烦,利用指令文件就可以解决这一问题。用户只需将一组相关命令编辑在同一指令文件中,运行时在指令窗口中输入文件名,Matlab 就会自动按顺序执行程序中的命令。

[例 10-7] 建立指令文件 test.m,计算正方形的面积。

解:首先打开 M 文件编辑器,输入程序代码如下:

```
% 求半径为 2 的正方形面积
    r = 2;
    c = r * r
```

然后把上面的代码保存在文件名为 test.m 的文件中,并存储在默认目录 work下。只要在 Matlab 的命令窗口中键入 test 并按回车,就可以在窗口中看到运行结果。

```
>>test
c =
    4
```

2. 函数文件

如果 M 文件的第一行以关键字"function"开头,此文件就是函数文件。第一行为函数说明语句,其格式为 function[返回变量1,返回变量2,…]=函数名(传入变量1,传入变量2,…),其中函数名由用户自己定义,其存储文件的文件名与函数名最好一致,若不一致,则在调用时应使用文件名。用户可以通过说明语句中的返回变量及传入变量实现函数变量的传递。返回变量及传入变量并不是必须的。下面是函数文件调用及变量传递的例子。

[例10-8]　实现求正方形面积的功能,并以文件名保存。

解:首先打开 M 文件编辑器,输入程序代码如下:

function c=cir(r)

c=r*r;

将上面的代码保存在文件名为 cir.m 的文件中,并存储在默认目录 work 下。在命令窗口中键入 cir(2),调用函数。

>>cir(2)

在窗口中就会出运行结果

ans =

　　4

10.3　控制系统数学模型的 Matlab 描述

控制系统数学模型在控制系统的研究中有着相当重要的地位,要对系统进行仿真处理,首先需要知道系统的数学模型,然后才可能对系统进行模拟。在线性系统理论中,常用的数学模型表示形式有传递函数形式、零极点增益形式、状态方程形式及部分分式形式。这些模型之间都有内在联系,可以相互转换。

10.3.1　控制系统数学模型的 Matlab 描述

1. 传递函数描述

考虑由下列微分方程描述的线性定常系统

$$a_0 y^{(n)}(t) + a_1 y^{(n-1)}(t) + \cdots + a_{n-1} y^{(1)}(t) + a_n y(t) = b_0 x^{(m)}(t) + b_1 x^{(m-1)}(t) + \cdots + b_{m-1} x^{(1)}(t) + b_m x(t)$$

式中,y 为系统的输出量,x 为系统的输入量,$n \geqslant m$。

在零初始条件下,输出量与输入量的拉氏变换之比为系统的传递函数,即为

$$G(s) = \frac{b_0 s^m + b_1 s^{m-1} + \cdots + b_{m-1} s + b_m}{a_0 s^n + a_1 s^{n-1} + \cdots + a_{n-1} s + a_n}$$

上式中,s 的系数均为常数,且 a_0 不等于零。这时系统在 Matlab 中可以方便地由分子和分母系数构成的两个向量唯一的确定出来,这两个向量分别用 **num** 和 **den** 表示

$$\boldsymbol{num} = [b_0, b_1, \cdots b_m], \boldsymbol{den} = [a_0, a_1, \cdots a_n]$$

第 10 章 过程控制系统仿真

注意：它们都是按 s 的降幂排列。

在 Matlab 中，函数 tf 用来建立传递函数模型，函数 zpk 用来建立零极点传递函数模型，与建立传递函数模型相关的函数有：tf、tfdata、zpk、zpkdata、pzmap 等，其调用格式如下：

G＝tf(num,den)，num 是分子多项式系数行列向量，den 是分母多项式系数行列向量。

[tt,ff]＝tfdata(G)，提取 tf 对象模型中的分子分母多项式。

GG＝zpk(G)，将传递函数 tf 对象转换成零极点模型。

[z,p,k]＝zpkdata(G)，提取零极点模型对象的零极点及增益项。

pzmap(G)，绘制零极点图。

[例 10-9] 某一微分方程描述系统的传递函数，其微分方程描述如下：
$$y^{(3)} + 11y^{(2)} + 11y^{(1)} + 10y = u^{(2)} + 4u^{(1)} + 8u$$
试使用 Matlab 建立其模型。

解：建立模型的 Matlab 代码如下：

```
%分子多项式系数行列向量
num=[1,4,8];
%分母多项式系数行列向量
den=[1,11,11,10];
%建立传递函数模型
G=tf(num,den)
```

程序运行结果如下：

```
>>
Transfer function:
   s^2 + 4 s + 8
-----------------------
s^3 + 11 s^2 + 11 s + 10
```

2. 传递函数零极点表示

零极点模型实际上是传递函数模型的另一种表现形式，其原理是分别对系统传递函数的分子、分母进行分解因式处理，以获得系统的零点和极点的表示形式，即为

$$G(s) = K\frac{(s-z_1)(s-z_2)\cdots(s-z_m)}{(s-p_1)(s-p_2)\cdots(s-p_n)} = \frac{K\prod_{i=1}^{m}(s+z_i)}{\prod_{j=1}^{n}(s+p_j)}$$

式中：K 为系统增益，$-z_i(i=1,2,\cdots,m)$ 是分子多项式的根，称为系统的零点；$-p_j(j=1,2,\cdots,n)$ 是分母多项式的根，称为系统的极点。

在 Matlab 中，零极点增益模型用 [z,p,k] 矢量组表示，即

$$z = [z_1, z_2, \cdots, z_m], \quad p = [p_1, p_2, \cdots, p_n], \quad k = [K]$$

函数 tf2zp( ) 可以用于求解传递函数的零极点和增益。

[例 10 - 10] 已知系统的传递函数 $G(s) = \dfrac{s^2 + 4s + 8}{s^3 + 11s^2 + 11s + 10}$，求其分子分母多项式以及零极点。

解：Matlab 代码如下：

```
%分子多项式系数行列向量
num = [1,4,8];
%分母多项式系数行列向量
den = [1,11,11,10];
%建立传递函数模型
G = tf(num,den)
%提取传递函数的分子分母多项式
[tt,ff] = tfdata(G,'v')
%提取传递函数的零极点和增益
[z,p,k] = tf2zp(num,den)
```

程序运行结果如下：

```
Transfer function：
  s^2 + 4 s + 8
-------------------------
s^3 + 11 s^2 + 11 s + 10
tt =
      0    1    4    8
ff =
      1   11   11   10
z =
  - 2.0000 + 2.0000i
  - 2.0000 - 2.0000i
p =
  - 10.0000
  - 0.5000 + 0.8660i
  - 0.5000 - 0.8660i
k =
      1
```

3. 传递函数的部分分式表示

控制通常用到并联系统，这时就要对系统函数进行分解，使其表现为一些基本控制单元的和的形式，也就是用部分分式表示，即

$$G(s) = \dfrac{r_1}{s - p_1} + \dfrac{r_2}{s - p_2} + \cdots + \dfrac{r_n}{s - p_n} + k$$

Matlab 提供了函数$[r,p,k]=\text{residue}(b,a)$,其功能是对两个多项式的比进行部分展开,以及把传递函数分解为微分单元的形式。其中向量 b 和 a 是按 s 的降幂排列的多项式系数,行向量 p 表示极点,行向量 r 表示对应 p 中极点的留数,k 为常数项,且包含原传递函数中分子阶次大于分母阶次的部分。

$[b,a]=\text{residue}(r,p,k)$可以将部分分式转化为多项式比 $p(s)/q(s)$。

[例 10-11] 已知系统的传递函数为 $G(s)=\dfrac{2s^3+9s+1}{s^3+s^2+4s+4}$,求其部分分式表示形式。

解: Matlab 代码如下:

```
%分子多项式系数行列向量
num = [2,0,9,1];
%分母多项式系数行列向量
den = [1,1,4,4];
%求取部分分式表示形式
[r,p,k] = residue(num,den)
```

程序运行结果如下:

```
r =
   0.0000 - 0.2500i
   0.0000 + 0.2500i
  -2.0000
p =
  -0.0000 + 2.0000i
  -0.0000 - 2.0000i
  -1.0000
k =
    2
```

由此可知部分分式表达式为

$$G(s) = 2 + \frac{-0.25i}{s-2i} + \frac{0.25i}{s+2i} + \frac{-2}{s+1}$$

4. 状态空间描述

随着计算机的发展,以状态空间理论为基础的现代控制理论的数学模型则采用状态空间模型,以时域分析为主,着眼于系统内部状态及其内部联系。

用矩阵符号表示的状态空间模型如下:

$\dot{x}=Ax+Bu$(状态方程)

$y=Cx+Du$(输出方程)

式中,状态向量 x 是 n 维的,输入向量 u 是 r 维的,输出向量是 m 维的,状态矩阵 A 是 $n\times n$ 维的,输入矩阵 B 是 $n\times r$ 维的,输出矩阵 C 是 $m\times n$ 维的,前馈矩阵 D

是 $m \times r$ 维的,对于一个时不变系统,A,B,C,D 都是常数矩阵。

在 Matlab 中,系统状态空间用 (A,B,C,D) 矩阵组表示,当输入 (A,B,C,D) 矩阵组后,用函数 $ss(A,B,C,D)$ 直接可以得到状态空间模型。

10.3.2 系统模型转换及连接

1. 模型转换

线性时不变系统的模型包括传递函数模型、零极点模型和状态空间模型,在一些场合下需要用到某种模型,而在另一种场合可能需要用到另一种模型,这就需要进行模型转换。Matlab 提供了丰富的模型转换函数,如表 10-11 所列。

表 10-11 模型转换函数

函数名	功能	使用格式
residue	传递函数模型与部分分式模型转换	[b,a] = residue(r,p,k) [r,p,k] = residue(b,a)
ss2tf	状态空间模型转换为传递函数模型	[num,den] = ss2tf(A,B,C,D)
ss2zp	状态空间模型转换为零极点模型	[z,p,k] = ss2tf(A,B,C,D)
tf2ss	传递函数模型转换为状态空间模型	[A,B,C,D] = tf2ss(num,den)
tf2zp	传递函数模型转换为零极点模型	[z,p,k] = tf2zp(num,den)
zp2ss	零极点模型转换为状态空间模型	[A,B,C,D] = zp2ss(z,p,k)
zp2tf	零极点模型转换为传递函数模型	[num,den] = zp2tf(z,p,k)

[例 10-12] 已知系统的传递函数为 $G(s) = \dfrac{2s^2 + 9s + 1}{s^3 + s^2 + 4s + 4}$,求其零极点模型和状态空间模型。

解:Matlab 代码如下:

```
%分子多项式系数行列向量
num = [2,9,1];
%分母多项式系数行列向量
den = [1,1,4,4];
%建立传递函数模型
G = tf(num,den);
%将传递函数模型转换为零极点模型
Gzpk = zpk(G)
[z,p,k] = zpkdata(G,'v')
%将传递函数模型转换为状态空间模型
gs = ss(G)
```

程序运行结果如下:

Zero/pole/gain:

$$\frac{2(s+4.386)(s+0.114)}{(s+1)(s^2+4)}$$

```
z =
    -4.3860
    -0.1140
p =
    -0.0000 + 2.0000i
    -0.0000 - 2.0000i
    -1.0000
k =
     2
a =
          x1   x2   x3
   x1    -1   -1   -1
   x2     4    0    0
   x3     0    1    0
b =
          u1
   x1     2
   x2     0
   x3     0
c =
          x1     x2     x3
   y1     1    1.125  0.125
d =
          u1
   y1     0
```

[**例 10-13**] 已知系统的零极点模型为 $G(s) = \dfrac{6(s+2)}{(s+1)(s+3)(s+5)}$，试求其传递函数模型和状态空间模型。

解：Matlab 代码如下：

```
%系统的零点向量
z = [-2];
%系统的极点向量
p = [-1,-3,-5];
%系统的增益
k = 6;
%将零极点模型转换为传递函数模型
[num,den] = zp2tf(z,p,k)
```

```
% 将零极点模型转换为状态空间模型
[A,B,C,D] = zp2ss(z,p,k)
% 建立零极点模型
g_zpk = zpk(z,p,k)
% 建立传递函数模型
g_tf = tf(num,den)
% 建立状态空间模型
g_ss = ss(A,B,C,D)
```

程序运行结果如下：

```
num =
     0     0     6    12
den =
     1     9    23    15
A =
    -1.0000         0         0
     1.0000   -8.0000   -3.8730
          0    3.8730         0
B =
     1
     1
     0
C =
     0         0    1.5492
D =
     0
```

Zero/pole/gain：

$$\frac{6(s+2)}{(s+1)(s+3)(s+5)}$$

Transfer function：

$$\frac{6s+12}{s^3+9s^2+23s+15}$$

```
a =
            x1     x2     x3
    x1      -1      0      0
    x2       1     -8  -3.873
    x3       0  3.873      0
b =
            u1
    x1       1
    x2       1
```

```
              x3     0
c =
                  x1     x2     x3
         y1       0      0      1.549
d =
                  u1
         y1       0
```

2. 模型连接

实际应用中,整个控制系统是由多个单一的模型组合而成。模型之间有不同的连接方式,基本的连接方式有并联、串联和反馈连接等。

① Matlab 提供了进行模型串联的函数 series,其格式如下:

[num,den]= series(num1,den1,num2,den2),表示将串联连接的传递函数相乘。

[a,b,c,d]=series(a1,b1,c1,d1,a2,b2,c2,d2),表示将串联连接两个状态空间系统。

② Matlab 提供了进行模型并联的函数 parallel,其格式如下:

[num,den]= parallel(num1,den1,num2,den2),表示将并联连接的传递函数相加。

[a,b,c,d]= parallel(a1,b1,c1,d1,a2,b2,c2,d2),表示将并联连接两个状态空间系统。

③ Matlab 提供了进行模型反馈连接的函数 feedback,其格式如下:

[num,den]=feedback(num1,den1,num2,den2,sign),表示将系统 1 和系统 2 进行反馈连接。一般而言,系统 1 为对象,系统 2 为反馈控制器。sign 用来指示系统 2 输出到系统 1 输入的连接符号,sign 默认值为 -1,此时表示负反馈。

[a,b,c,d]= feedback(a1,b1,c1,d1,a2,b2,c2,d2),表示将两个系统按反馈方式连接。

10.4 Matlab 编程实例

[例 10-14] 设被控对象 $G(s)=\dfrac{400}{s^2+50s}$,PID 控制参数为: $k_P=8, k_I=0.1, k_D=10$,试用 Matlab 编写增量式 PID 控制算法。

解:增量式 PID 控制算法:

$$\Delta u(k) = u(k) - u(k-1) = k_P(error(k) - error(k-1)) + k_I error(k) + k_D(error(k) - 2error(k-1) + error(k-2))$$

根据上式,可编写 Matlab 程序代码如下:

```
ts = 0.001;
sys = tf(400,[1,50,0]);
dsys = c2d(sys,ts,'z');    % 连续模型转化成离散模型
[num,den] = tfdata(dsys,'v');
u_1 = 0.0;u_2 = 0.0;u_3 = 0.0;
y_1 = 0.0;y_2 = 0.0;y_3 = 0.0;
x = [0,0,0]';
error_1 = 0;
error_2 = 0;
for k = 1:1:1500
time(k) = k * ts;
kp = 8;ki = 0.1;kd = 10;
rin(k) = 1;
du(k) = kp * x(1) + ki * x(2) + kd * x(3);
u(k) = u_1 + du(k);
if u(k) >= 10
   u(k) = 10;
end
if u(k) <= -10
   u(k) = -10;
end
yout(k) = -den(2) * y_1 - den(3) * y_2 + num(2) * u_1 + num(3) * u_2;
error(k) = rin(k) - yout(k);
u_3 = u_2;u_2 = u_1;u_1 = u(k);
y_3 = y_2;y_2 = y_1;y_1 = yout(k);
x(1) = error(k) - error_1;
x(2) = error(k);
x(3) = error(k) - 2 * error_1 + error_2;
error_2 = error_1;
error_1 = error(k);
end
figure(1)
plot(time,rin,'r',time,yout,'k');
xlabel('time(s)'),ylabel('rin,yout');
```

执行此程序代码后,输出的图形如图 10-3 所示。

[例 10-15] 试设计二输入单输出模糊控制仿真程序。输入为偏差 e 和偏差变化率 ec,输出为控制信号 u,$e=[-3,+3]$,$ec=[-3,+3]$,$u=[-4.5,+4.5]$,模糊控制规则表如表 10-12 所列。

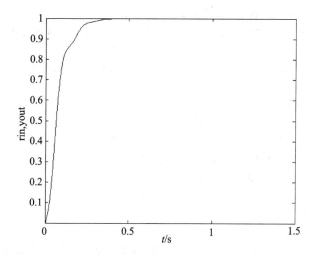

图 10-3 增量式 PID 控制算法的系统输入输出图形

表 10-12 模糊控制规则表

U\EC	E						
	NB	NM	NS	ZO	PS	PM	PB
NB	NB	NB	NM	NM	NS	NS	ZO
NM	NB	NM	NM	NS	NS	ZO	PS
NS	NM	NM	NS	NS	ZO	PS	PS
ZO	NM	NS	NS	ZO	PS	PS	PM
PS	NS	NS	ZO	PS	PS	PM	PM
PM	NS	ZO	PS	PS	PM	PM	PB
PB	ZO	PS	PS	PM	PM	PB	PB

解:％模糊控制器程序。

clear all;％清除工作空间
close all;％关闭所有文件窗口
a = newfis('fuzzf');％新建模糊推理系统
f1 = 1;
a = addvar(a,'input','e',[-3 * f1,3 * f1]);％对模糊推理系统添加第一个输入变量 e
a = addmf(a,'input',1,'NB','zmf',[-3 * f1, -1 * f1]);％对模糊推理系统添加 Z 形隶属函数
a = addmf(a,'input',1,'NM','trimf',[-3 * f1, -2 * f1,0]);％对模糊推理系统添加三角形隶属函数
a = addmf(a,'input',1,'NS','trimf',[-3 * f1, -1 * f1,1 * f1]);
a = addmf(a,'input',1,'Z','trimf',[-2 * f1,0,2 * f1]);
a = addmf(a,'input',1,'PS','trimf',[-1 * f1,1 * f1,3 * f1]);

```
a = addmf(a,'input',1,'PM','trimf',[0,2*f1,3*f1]);
a = addmf(a,'input',1,'PB','smf',[1*f1,3*f1]);  % 对模糊推理系统添加 S 形隶属函数
f2 = 1;
a = addvar(a,'input','ec',[-3*f2,3*f2]);  % 对模糊推理系统添加第二个输入变量 ec
a = addmf(a,'input',2,'NB','zmf',[-3*f2,-1*f2]);
a = addmf(a,'input',2,'NM','trimf',[-3*f2,-2*f2,0]);
a = addmf(a,'input',2,'NS','trimf',[-3*f2,-1*f2,1*f2]);
a = addmf(a,'input',2,'Z','trimf',[-2*f2,0,2*f2]);
a = addmf(a,'input',2,'PS','trimf',[-1*f2,1*f2,3*f2]);
a = addmf(a,'input',2,'PM','trimf',[0,2*f2,3*f2]);
a = addmf(a,'input',2,'PB','smf',[1*f2,3*f2]);

f3 = 1.5;
a = addvar(a,'output','u',[-3*f3,3*f3]);  % 对模糊推理系统添加输出变量 u
a = addmf(a,'output',1,'NB','zmf',[-3*f3,-1*f3]);
a = addmf(a,'output',1,'NM','trimf',[-3*f3,-2*f3,0]);
a = addmf(a,'output',1,'NS','trimf',[-3*f3,-1*f3,1*f3]);
a = addmf(a,'output',1,'Z','trimf',[-2*f3,0,2*f3]);
a = addmf(a,'output',1,'PS','trimf',[-1*f3,1*f3,3*f3]);
a = addmf(a,'output',1,'PM','trimf',[0,2*f3,3*f3]);
a = addmf(a,'output',1,'PB','smf',[1*f3,3*f3]);

rulelist = [1 1 1 1 1;    % 模糊控制规则表,rulelist 中的每一行表示的都是一条控制规则,
            1 2 1 1 1;    % 如果系统中有 m 个输入,n 个输出,则规则表必须是 m+n+2 列,
            1 3 2 1 1;    % 前面 m 列指向系统的 m 个输入,每列中包含一个数字,它指向
            1 4 2 1 1;    % 该变量的隶属函数指针;后面 n 列指向系统的 n 个输出,每列中
            1 5 3 1 1;    % 包含一个数字,它也指向该变量的隶属函数指针;第 m+n+1 列
            1 6 3 1 1;    % 通常为 1;第 m+n+2 列表示相应规则前提的模糊运算,如果为 1,
            1 7 4 1 1;    % 它表示 AND 运算,如果为 2,它表示 OR 运算。

            2 1 1 1 1;
            2 2 2 1 1;
            2 3 2 1 1;
            2 4 3 1 1;
            2 5 3 1 1;
            2 6 4 1 1;
            2 7 5 1 1;

            3 1 2 1 1;
            3 2 2 1 1;
            3 3 3 1 1;
            3 4 3 1 1;
```

第 10 章 过程控制系统仿真

```
         3 5 4 1 1;
         3 6 5 1 1;
         3 7 5 1 1;

         4 1 2 1 1;
         4 2 3 1 1;
         4 3 3 1 1;
         4 4 4 1 1;
         4 5 5 1 1;
         4 6 5 1 1;
         4 7 6 1 1;

         5 1 3 1 1;
         5 2 3 1 1;
         5 3 4 1 1;
         5 4 5 1 1;
         5 5 5 1 1;
         5 6 6 1 1;
         5 7 6 1 1;

         6 1 3 1 1;
         6 2 4 1 1;
         6 3 5 1 1;
         6 4 5 1 1;
         6 5 6 1 1;
         6 6 6 1 1;
         6 7 7 1 1;

         7 1 4 1 1;
         7 2 5 1 1;
         7 3 5 1 1;
         7 4 6 1 1;
         7 5 6 1 1;
         7 6 7 1 1;
         7 7 7 1 1];

a = addrule(a,rulelist); %对模糊推理系统添加模糊控制规则
a1 = setfis(a,'DefuzzMethod','mom'); %设置系统属性,即解模糊化采用平均最大值方法
writefis(a1,'fuzzf'); %将模糊推理系统保存到磁盘,文件名为 fuzzf.fis
a2 = readfis('fuzzf'); %从磁盘上读取 fuzzf.fis 文件
disp('fuzzy controller table:e = [ -3,3],ec = [ -3,3]'); %显示''中的内容
Ulist = zeros(7,7);
```

```
for i = 1:7
    for j = 1:7
        e(i) = -4 + i;
        ec(j) = -4 + j;
        Ulist(i,j) = evalfis([e(i),ec(j)],a2);  % 执行模糊推理运算
    end
end
Ulist = ceil(Ulist)   % 向正无穷取整,如 -3.6 向正无穷取整后是 -3, 而 +3.7 向正无穷
取整后是 +4
figure(1);
plotfis(a2);  % 显示模糊推理变量结构
figure(2);
plotmf(a,'input',1);  % 绘制所有与某一给定变量相关的隶属函数
figure(3);
plotmf(a,'input',2);
figure(4);
plotmf(a,'output',1);
```

运行此程序后,得到模糊推理系统,如图 10-4 所示。系统的输入输出隶属度函数如图 10-5～图 10-7 所示。

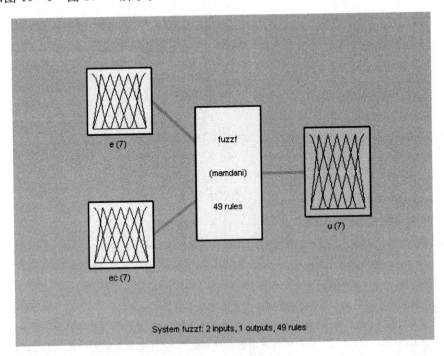

图 10-4 模糊推理系统

仿真后得到控制器的响应表如下:

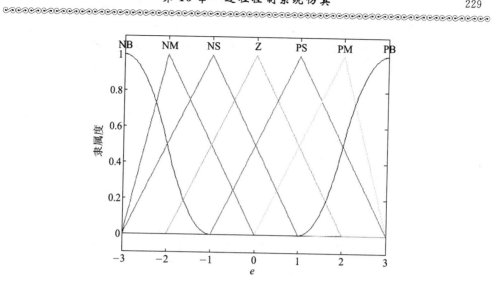

图 10-5 偏差隶属度函数

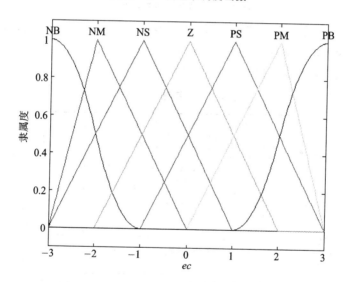

图 10-6 偏差变化率隶属度函数

```
Ulist =

    -4    -4    -2    -2    -1    -1     0
    -4    -2    -2    -1    -1     0     2
    -2    -2    -1    -1     0     2     2
    -2    -1    -1     0     2     2     3
    -1    -1     0     2     2     3     3
    -1     0     2     2     3     3     5
     0     2     2     3     3     5     5
```

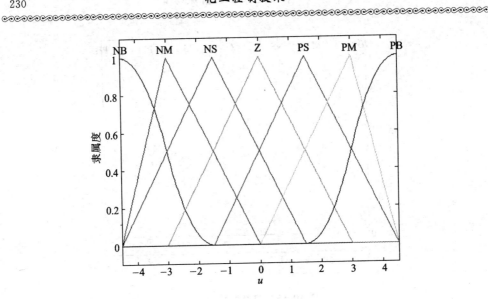

图 10-7 控制器输出隶属度函数

[例 10-16] 假设模糊控制器选取两个输入、一个输出,输入为偏差 e 和偏差变化率 ec,输出为控制信号 u,$e=[-3,+3]$,$ec=[-3,+3]$,$u=[-4.5,+4.5]$,模糊控制规则表如表 10-13 所列。

表 10-13 模糊控制规则

U EC	E						
	NB	NM	NS	ZO	PS	PM	PB
NB	PB	PB	PM	PM	PS	PS	ZO
NM	PB	PM	PM	PS	PS	PS	NS
NS	PM	PM	PS	PS	ZO	ZO	NS
ZO	PM	PS	PS	ZO	NS	NS	NM
PS	PS	PS	ZO	NS	NS	NM	NM
PM	PS	ZO	NS	NS	NM	NM	NB
PB	ZO	NS	NS	NM	NM	NB	NB

被控对象的传递函数为 $G(s)=\dfrac{523\,500}{s^3+87.35s^2+10\,470s}$,系统给定值为 1,试根据上述的已知条件编写模糊控制器程序,并绘制出系统的输入输出曲线和控制器的输出曲线。

解:%模糊控制器程序

```
a = newfis('fuzz_ljk');
f1 = 1;
```

第 10 章 过程控制系统仿真

```
a = addvar(a,'input','e',[-3*f1,3*f1]);
a = addmf(a,'input',1,'NB','zmf',[-3*f1,-1*f1]);
a = addmf(a,'input',1,'NM','trimf',[-3*f1,-2*f1,0]);
a = addmf(a,'input',1,'NS','trimf',[-3*f1,-1*f1,1*f1]);
a = addmf(a,'input',1,'ZO','trimf',[-2*f1,0,2*f1]);
a = addmf(a,'input',1,'PS','trimf',[-1*f1,1*f1,3*f1]);
a = addmf(a,'input',1,'PM','trimf',[0,2*f1,3*f1]);
a = addmf(a,'input',1,'PB','smf',[1*f1,3*f1]);

f2 = 1;
a = addvar(a,'input','ec',[-3*f2,3*f2]);
a = addmf(a,'input',2,'NB','zmf',[-3*f2,-1*f2]);
a = addmf(a,'input',2,'NM','trimf',[-3*f2,-2*f2,0]);
a = addmf(a,'input',2,'NS','trimf',[-3*f2,-1*f2,1*f2]);
a = addmf(a,'input',2,'ZO','trimf',[-2*f2,0,2*f2]);
a = addmf(a,'input',2,'PS','trimf',[-1*f2,1*f2,3*f2]);
a = addmf(a,'input',2,'PM','trimf',[0,2*f2,3*f2]);
a = addmf(a,'input',2,'PB','smf',[1*f2,3*f2]);

f3 = 1.5;
a = addvar(a,'output','u',[-3*f3,3*f3]);
a = addmf(a,'output',1,'NB','zmf',[-3*f3,-1*f3]);
a = addmf(a,'output',1,'NM','trimf',[-3*f3,-2*f3,0]);
a = addmf(a,'output',1,'NS','trimf',[-3*f3,-1*f3,1*f3]);
a = addmf(a,'output',1,'ZO','trimf',[-2*f3,0,2*f3]);
a = addmf(a,'output',1,'PS','trimf',[-1*f3,1*f3,3*f3]);
a = addmf(a,'output',1,'PM','trimf',[0,2*f3,3*f3]);
a = addmf(a,'output',1,'PB','smf',[1*f3,3*f3]);

rulelist = [1 1 7 1 1;
            1 2 7 1 1;
            1 3 6 1 1;
            1 4 6 1 1;
            1 5 5 1 1;
            1 6 5 1 1;
            1 7 4 1 1;

            2 1 7 1 1;
            2 2 6 1 1;
            2 3 6 1 1;
            2 4 5 1 1;
            2 5 5 1 1;
```

2 6 4 1 1;
2 7 3 1 1;

3 1 6 1 1;
3 2 6 1 1;
3 3 5 1 1;
3 4 5 1 1;
3 5 4 1 1;
3 6 3 1 1;
3 7 3 1 1;

4 1 6 1 1;
4 2 5 1 1;
4 3 5 1 1;
4 4 4 1 1;
4 5 3 1 1;
4 6 3 1 1;
4 7 2 1 1;

5 1 5 1 1;
5 2 5 1 1;
5 3 4 1 1;
5 4 3 1 1;
5 5 3 1 1;
5 6 2 1 1;
5 7 2 1 1;

6 1 5 1 1;
6 2 5 1 1;
6 3 4 1 1;
6 4 3 1 1;
6 5 2 1 1;
6 6 2 1 1;
6 7 1 1 1;

7 1 4 1 1;
7 2 3 1 1;
7 3 3 1 1;
7 4 2 1 1;
7 5 2 1 1;
7 6 1 1 1;
7 7 1 1 1];

```
a = addrule(a,rulelist);
a1 = setfis(a,'DefuzzMethod','centroid');
writefis(a1,'ljk');
a2 = readfis('ljk');
ts = 0.001;
sys = tf(5.235e005,[1,87.35,1.047e004,0]);
dsys = c2d(sys,ts,'z');
[num,den] = tfdata(dsys,'v');
u_1 = 0.0;u_2 = 0.0;u_3 = 0.0;
y_1 = 0.0;y_2 = 0.0;y_3 = 0.0;

error_1 = 0;
e_1 = 0.0;ec_1 = 0.0;ei = 0;
for k = 1:1:2000
time(k) = k * ts;
rin(k) = 1;
yout(k) = - den(2) * y_1 - den(3) * y_2 - den(4) * y_3 + num(2) * u_1 + num(3) * u_2 + num(4) * u_3;
error(k) = yout(k) - rin(k);
ei = ei + error(k) * ts;
u(k) = evalfis([e_1,ec_1],a2);
u_3 = u_2;u_2 = u_1;u_1 = u(k);
y_3 = y_2;y_2 = y_1;y_1 = yout(k);
e_1 = error(k);
ec_1 = error(k) - error_1;
error_1 = error(k);
end
figure(1)
plot(time,rin,'r',time,yout,'k');
xlabel('time(s)'),ylabel('rin,yout');
figure(2)
plot(time,u,'r');
xlabel('time(s)'),ylabel('u');
```

运行此程序后,得到系统的输入输出图形如图 10-8 所示,控制器输出图形如图 10-9 所示。

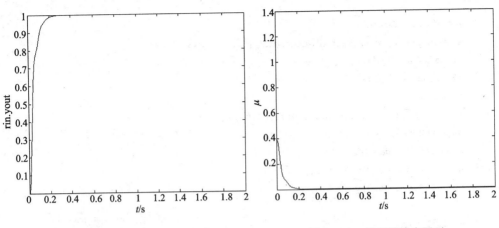

图 10-8 系统的输入输出图形　　　图 10-9 控制器输出图形

思考题与习题

10.1 过程控制系统仿真的意义是什么？

10.2 过程控制系统仿真包括哪几个基本步骤？

10.3 建立一个两行两列的全 1 矩阵和单位矩阵的命令分别是什么？

10.4 若 $a=[10\ 100\ 1000]$；$b=\min(a)$；$c=\text{sum}(a)$，则执行后 b 和 c 的值分别是多少？

10.5 plot(time,yout,'r');
xlabel('time(s)'),ylabel('yout');

试解释上面这两条语句。

10.6 若某一微分方程描述系统的传递函数，其微分方程描述如下：
$y''+5y'+10y=u'+8u$，试使用 Matlab 建立其传递函数模型。

10.7 若已知系统的传递函数为 $G(s)=\dfrac{4s+1}{s^2+5s+6}$，试求其零极点模型和状态空间模型。

10.8 若被控对象 $G(s)=\dfrac{100}{s^2+50s}$，给定值为 1，PID 参数为 $k_P=9, k_I=0.2$，增量式 PID 控制算法为：

$$\Delta u(k)=u(k)-u(k-1)=k_P(error(k)-error(k-1))+\\k_I error(k)+k_D(error(k)-2error(k-1)+error(k-2))$$

试用 Matlab 编写增量式 PID 控制算法，绘制出系统输入输出图形。

10.9 若模糊控制器的输入为偏差 e 和偏差变化率 ec，输出为控制信号 u，$e=$

$[-3,+3]$, $ec=[-3,+3]$, $u=[-3,+3]$，模糊控制规则表如表 10-14 所列。

表 10-14　习题 10-9 的模糊控制规则表

U\EC	E						
	NB	NM	NS	ZO	PS	PM	PB
NB	PB	PB	PM	PM	PS	ZO	ZO
NM	PB	PB	PM	PS	PS	ZO	NS
NS	PM	PM	PM	PS	ZO	NS	NS
ZO	PM	PM	PS	ZO	NS	NM	NM
PS	PS	PS	ZO	NS	NS	NM	NM
PM	PS	ZO	NS	NM	NM	NM	NB
PB	ZO	ZO	NM	NM	NM	NB	NB

试编写 Matlab 程序，以便得到控制表。

第 11 章 控制系统设计思想与实例

11.1 控制系统设计思想

控制系统的设计任务就是根据控制对象特性、技术要求及工作环境,选择设计元、部件及信号变换处理装置,组成相应形式的控制系统,完成给定的控制任务。

1. 设计大纲的制定

设计大纲是设计工作的纲领性文件,它规定了设计任务、设计程序、技术指标等。一般应包括以下几个方面的内容:

① 明确控制对象及其控制过程的工艺特点及要求;
② 限定控制系统的工作条件及环境;
③ 关于控制方案的特殊要求;
④ 控制系统的性能技术指标;
⑤ 规定试验项目。

制定设计大纲是个反复过程,必须对要设计的控制系统的控制目标做深入反复地研究,使设计过程中尽可能不出现失误。对于控制系统的控制量所具有的物理意义、选取哪些量作为控制量最为合适等问题,都要在制定设计大纲的过程中考虑。

2. 设计步骤的确定

控制系统的设计问题是一个从理论设计到实践,再从实践到理论设计的多次反复过程。控制系统的设计一般有如下几个步骤:

(1) 建立被控对象的数学模型

被控对象数学模型的建立,是设计控制系统的第一步,是前提。控制系统的数学模型是描述系统内部各物理量(或变量)之间关系的数学表达式。建立被控对象数学模型的途径有两种:一是机理法,二是实验法。机理法是根据对象的行为机理及服从的物理定律,利用数学解析方法推导出数学模型。实验法是根据对象运行过程中测得的有关数据(如输入输出数据),利用模型辨识的方法估计出被控对象的数学模型。

在简单的情况下或比较理想的状态下,利用机理法才可能得到可靠的数学模型,一般情况下是难以得到精确的数学模型的。利用辨识方法得到的模型是一个等效的模型类,且模型建立的精度受到干扰的影响。因此,在建立被控对象时,应同时使用两种方法,兼取两者的优点,这样就可能为设计者提供较为理想的模型。

另外,对于数学模型精度的要求,应根据控制系统的要求、方案组成方式来确定,并不一定在所有情况下都要求极高精度的数学模型。

(2) 方案选择

首先应根据系统完成的任务和使用条件提出技术指标和有关设计数据作为控制系统方案选择的依据,其内容应包括:

① 控制系统的用途及使用范围;
② 负载情况;
③ 对所采用的控制元件的要求;
④ 系统的精度要求;
⑤ 对系统动态过程的要求;
⑥ 工作条件要求。

(3) 建立系统框图

在上述步骤基础上,根据选定的元、部件或设定的元部件,将它们按选定的系统方案结构形式联系起来,构成系统框图。但这不是最终的系统结构图,因为还要考虑到增加校正装置、改变控制方式的可能。

(4) 静态计算

在控制系统方案初步确定后,就要首先进行静态计算。静态计算的主要任务是根据系统的稳态工作要求,选择测量元件、放大变换元件、执行元件的类型、参数。最后确定系统的放大系数及系统结构形式。静态计算中所要确定的参数不仅决定了静态特性,而且也将影响动态特性,因此应该兼顾两者的要求。

(5) 动态特性分析及校正装置的确定

在选定元件及确定系统框图后,即可进行动态分析,以判定系统是否稳定、稳定裕度是否足够大、过渡过程是否符合要求。经过分析计算后,若动态特性不满足要求时,就必须加入校正装置,用以改善系统动态特性。

系统的静态计算及动态分析有时需要反复交叉进行,直至满足要求为止。

(6) 改变控制方式

按上面(5)中所进行的工作结果,若不能满足或难以满足控制系统的全部要求时,应重新考虑外干扰、设定值等变化的测量和处理方法、与控制对象响应相关的各量的测量方法以及满足控制要求的可能控制方案。如采用干扰补偿、噪声滤波等措施。

(7) 实验与仿真

实验与仿真是验证设计正确性的手段。实验可在运行现场进行,也可采用仿真方式进行。

3. 基本设计

按上述步骤确定控制方案及受控对象数学模型之后,可开始进行基本设计。根据各元、部件的数学模型,按系统的组成方式,进行分析计算,称为基本设计。基本设计中最重要的是元件选择及其特性确定和动态特性分析。

(1) 元件选择

① 执行元件的选择　控制系统的执行元件是整个系统中的关键环节,执行元件在很大程度上决定了系统的结构形式。常用的执行元件有电动机、液压电动机、气动执行元件等,选择不同的执行元件,系统的结构会有很大区别。选择执行元件的依据是负载情况。

② 测量元件的选择　测量元件用以检测所需要的控制系统中的变量。对测量元件的要求一般是:精度高、系统误差小;线性好、灵敏度高;摩擦力矩小、惯性小;抗干扰性强;功耗小。

③ 放大元件的选择　放大元件的作用是将测量元件给出的信号进行放大和变换,输出足够功率和要求的输出信号。放大元件的形式很多,有电气的、机械的、液压的、气动的等等。如果测量元件给出的信号形式与放大器要求的信号形式不一致的话,还必须设计或选择适当的中间变换装置。

(2) 建立确定系统组成元、部件的数学模型

各元、部件数学模型是确定整个系统数学模型的基础。有的元、部是选定的,可由生产单位给出。自行设计的元、部件数学模型可以由所设计的元、部件物理过程确定,也可采用实验数据的辨识方法确定。

(3) 动态计算

① 根据控制系统的组成方式,分析控制系统的稳定性;

② 计算控制系统在典型阶跃信号作用下的动态过程,判定其特性是否满足技术要求;

③ 设计校正装置。当控制系统不能通过自身结构参数满足设计要求时,必须采取附加校正装置的途径改变系统的结构,以满足设计的技术要求。

④ 数字仿真。通过上述各项工作后,应采用数字仿真形式,最后验证控制系统的特性,直至满足设计技术要求为止。

4. 工程化设计

基本设计只完成了确定控制系统组成方式、它所必需的元、部件特性以及它能够达到的静态特性、动态特性的数字仿真结果。下一步是实现这个系统,实现这个系统的过程为工程化设计。

过程控制系统的工程设计是指用图样资料和文件资料表达控制系统的设计思想和实现过程,并能按图样进行施工。设计文件和图样一方面要提供给上级主管部门,以便对该建设项目进行审批,另一方面则作为施工建设单位进行施工安装的主要依据。因此,工程设计既是生产过程自动化项目建设中的一项极其重要的环节。

过程控制系统工程设计的主要内容包括:

① 在熟悉工艺流程、确定控制方案的基础上,完成工艺流程和控制流程图的绘制;

② 在仪表选型的基础上完成有关仪表信息的文件编制;

③ 完成控制室的设计及其相关条件的设计;

④ 完成信号连锁系统的设计;

⑤ 完成仪表供电、供气系统图及管线平面图的绘制以及控制室与现场之间水、电、气(汽)的管线布置图的绘制;

⑥ 完成与过程控制有关的其他设备、材料的选用情况统计及安装材料表的编制;

⑦ 完成抗干扰和安全设施的设计;

⑧ 完成设计文件的目录编写等。

在确定了工程控制系统工程设计的主要内容以后,可分两步进行工程设计,即立项报告设计和施工图的设计。

立项报告设计的目的是为了给上级主管部门提供项目审批依据,并为订货做好必要的准备。立项报告的设计工作主要体现在以下几个方面:

① 系统控制方案的论证与确定,所用仪表的选型,电源、气源供给方案的论证与确定,控制室的平面布置和仪表盘的正面布置方案的论证与确定,工艺控制流程图绘制等。

② 说明采用了哪种技术标准与技术规范为设计的依据。

③ 说明设计的分工范围,即哪些内容由企业人员自行设计、哪些内容由制造厂家设计、哪些内容由协作单位设计等。

④ 说明所设计的控制系统在国际、国内同行业中的自动化水平以及新工艺、新技术的采用情况等。

⑤ 提供仪表设备汇总表、材料清单以及主要的供货厂家、供货时间与相应的价格,并和概算专业人员共同做出经费预算及使用情况的说明等。

⑥ 提出参加该项工作的有关人员和完成该项工作所需时间以及存在的问题及解决的办法等。

⑦ 预测所设计的控制系统投入正常运行后所产生的经济效益。

立项报告设计的审批文件下达后,即可进行施工图的设计。施工图是进行施工用的技术文件与图样资料,必须从施工的角度解决设计中的细节部分。图样的详略程度可根据施工单位的情况而定,有的要详细,有的则可简单些。

11.2 典型化工过程系统控制实例

11.2.1 精馏塔的控制

精馏是石油化工生产中应用极为广泛的一种传质传热过程,其目的是将混合物中各组分分离,达到规定的纯度。例如,石油化工生产中的中间产品裂解气,需要通过精馏操作进一步分离成纯度要求很高的乙烯、丙烯、丁二烯及芳烃等化工原料。

精馏过程的实质,就是利用混合物中各组分具有不同的挥发度,即在同一温度下各组分的蒸气压不同这一性质,使液相中的轻组分(低沸物)转移到气相中,而气相中的重组分(高沸物)转移到液相中,从而实现分离的目的。

一般的精馏装置由精馏塔塔身、冷凝器、回流罐,以及再沸器等设备组成,如图 11-1 所示。进料从精馏塔中某段塔板上进入塔内,这块塔板称为进料板。进料板将精馏塔分为上下两段,进料板以上部分称为精馏段,进料板以下部分称为提馏段。

从结构上分,精馏塔有板式塔和填料塔两大类。而板式塔根据结构的不同,又有泡罩塔、浮阀塔、筛板塔、穿流板塔、浮喷塔、浮舌塔等。各种塔板的改造趋势是提高设备的生产能力,简化结构,降低造价,同时提高分离效率。填料塔是另一类传质设备,它的主要特点是结构简单、易用耐蚀材料制作、阻力小等,一般适用于直径小的塔。

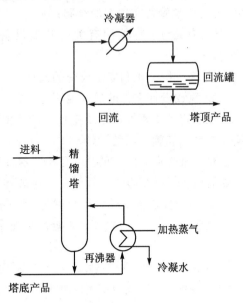

图 11-1 精馏塔的物料流程

在实际生产过程中,精馏操作可分为间歇精馏和连续精馏两种。对于石油化工等大型生产过程,主要采用连续精馏。

随着石油化工的迅速发展,精馏操作应用越来越广泛。由于所分离的物料组分不断增多,对分离产品的纯度要求不断提高,这就对精馏的控制提出了更高的要求。此外,精馏塔由多级塔盘组成,是一个多输入多输出的多变量过程,反应缓慢,内在机理复杂,变量之间相互关联,因此,正确选择精馏塔的控制方案非常重要。

1. 精馏塔的控制要求

精馏塔的控制目标是在保证精馏生产过程安全、产品质量合格的前提下,使回收率最高和能耗最低,或使塔的总收益最大或总成本最小。一般来说,应满足如下 4 方面要求:

(1) 保证质量指标

对于正常工作的精馏塔,应当使塔顶或塔底产品之一保证合乎规定的纯度,另一产品的成分也应维持在规定范围;或者塔顶和塔底的产品均应保证一定的纯度。就二元组分精馏塔来说,质量指标的要求就是使塔顶产品中的轻组分含量和塔底产品中重组分的含量符合规定的要求。而在多元组分精馏塔中,通常仅关键组分可以控制。所谓关键组分,是对产品质量影响较大的组分。把挥发度较大而由塔顶馏出的关键组分称为轻关键组分,挥发度较小从而由塔底流出的关键组分称为重关键组分。

所以，多元组分精馏塔可以控制塔顶产品中轻关键组分和塔底中重关键组分的含量。

对产品含量（或纯度）的控制系统称为质量控制系统。质量控制需要能直接检测出产品成分的分析仪表。由于目前还不能生产出测量滞后小、精度等级高、能在线检测的分析仪表，所以，多数情况下，精馏塔的自动控制系统是通过温度控制来间接实现生产过程的产品质量控制，即用温度控制系统代替质量控制系统。

（2）保证平稳生产

为了保证精馏塔的平稳运行，应该设法预先克服原料进塔之前的主要可控扰动，同时尽可能减小不可控扰动。所以可以通过进料的温度控制、加热剂和冷却剂的压力控制、进料量的均匀控制等，使精馏塔的进料参数保持稳定或避免其剧烈波动。

为了维持塔的物料平衡，还要对塔顶馏出液和塔底釜液进行控制，使塔顶馏出液和塔底釜液的平均采出量之和应该等于平均进料量，而且这两个采出量的变动应该比较缓和，以利于上、下工序的平稳操作。精馏塔内及顶、底容器的储液量应保持规定的范围内。为了使精馏塔的输入/输出能量平衡，应使塔内压力维持恒定。

（3）约束条件

为保证精馏塔的正常、安全操作，必须使某些操作参数限止在约束条件之内。常用的精馏塔限制条件为液泛限、漏液限、压力限及临界温差限等。液泛限又称气相速度限，即塔内气相速度过高时，雾沫夹带十分严重，实际上液相将从下面塔板倒流到上面塔板，产生液泛破坏正常操作。漏液限也称最小气相速度限，当气相速度小于某一值时，将产生塔板漏液，降低塔板效率。最好在稍低于液泛的流速下操作。流速的控制还要考虑塔的工作弹性。对于浮阀塔来说，由于工作范围较宽，通常很易满足条件。但对于某些工作范围较窄的筛板塔和乳化填料塔就必须很好地注意。防止液泛和漏液，可以通过控制塔底和塔顶之间的压差间接实现气体流速的检测与控制。精馏塔本身还有最高压力限制，当塔内压力超过其耐压极限时，容器的安全就没有保障了。临界温差限主要是指再沸器两侧间的温差，当这一温差低于临界温差时，给热系数急剧下降，传热量也随之下降，不能保证塔的正常传热的需要。

（4）节能性要求和经济性

精馏过程消耗的能量主要是再沸器的加热量和冷凝器的冷却能量消耗。另外，塔和附属设备及管道也要散失一部分能量。所以，保证产品质量合格的前提下，应使能耗和成本最低。

2. 精馏塔的扰动分析

影响精馏塔的操作因素很多，和其他化工过程一样，精馏塔是建立在物料平衡和热量平衡的基础上操作的，一切因素均通过物料平衡和热量平衡影响塔的正常操作。影响物料平衡的因素主要是进料流量、进料组分和采出量的变化等。影响热量平衡的因素主要是进料温度（或热焓）的变化，再沸器的加热量和冷凝器的冷却量变化，此外还有环境温度的变化等。同时，物料平衡和热量平衡之间又是相互影响的。

在各种扰动因素中，有些是可控的，有些则是不可控的。

① 进料流量 F。在很多情况下，进料流量 F 是不可控的，而且它的变化通常是难免的。若一个精馏塔位于整个工艺生产过程的起点，要使进料流量 F 恒定，并不困难，可采用定值控制。然而，在多数情况下，精馏塔的处理量是由上一工序所决定的，如要使进料量 F 恒定，势必需要很大的中间容器或储槽。目前工艺上要求尽量减小或取消中间储槽，在上一工序采用液位均匀控制系统来控制出料，以使进料流量 F 比较平稳，避免较大的波动。

② 进料成分 Z_F。进料成分 Z_F 一般是不可控的，它的变化也是难以避免的，它是由上一工序出料或原料情况所决定。

③ 进料温度（或热焓）θ_F。一般情况下，进料温度（或热焓）是可控的。进料温度和状态对塔的操作影响较大。进料温度在有些情况下是比较稳定的，例如在将上一塔的釜液送往下一塔继续精馏时。在其余情况下，单相进料时，可先将进料预热，并对进料温度 θ_F 进行定值控制。而多相进料时，进料温度恒定并不能保证其热焓值恒定。当进料是气、液两相混合状态时，只有气、液两相的比例恒定时，恒温进料的热焓值才能恒定。为了保证精馏塔的进料热焓值恒定，必要时可通过热焓控制来维持进料热能恒定。

④ 蒸气压力。蒸气压力是可控的，它的变化可以通过控制蒸气总管压力（或流量）的方法消除，也可以在串级控制系统的副回路中（如采用对蒸气流量的串级控制系统）予以克服。

⑤ 冷却剂的压力和温度。冷却剂的压力和温度波动会影响冷却剂吸收的热量，从而影响到精馏塔塔顶回流量或回流温度。冷却剂温度的变化通常比较小，主要受季节的影响。而冷却剂压力变化的克服方法与蒸气压力变化的克服方法相类似。冷却剂通常采用冷却水。

⑥ 环境温度。环境温度的变化一般影响较小，但也有特殊情况。近年来，直接用大气冷却的冷凝器使用较多，一遇气候突变，特别是暴风骤雨，对回流液温度有很大影响，为此可采用内回流控制。内回流是指在精馏塔精馏段上一层塔盘向下一层塔盘流下的液体量。而内回流控制是指在精馏过程中，控制内回流为恒定量或按某一规律变化。

总之，在多数情况下，进料流量 F 和进料成分 Z_F 是精馏塔运行中的主要扰动，一般是不可控的，其他干扰比较小，可以采用辅助控制系统预先进行克服。各种精馏塔的工作情况不尽相同，需要结合具体情况加以分析。

为了克服扰动的影响，就需进行控制，常用的方法是改变馏出液采出量 D、釜液采出量 B、回流量 L_R、蒸气量 V_S 及冷剂量 Q_C 中某些项的流量。

从上述分析中可以看到，精馏操作中被控变量多，可以选用的操纵变量也多，又可有各种不同的组合，所以精馏塔的控制方案颇多。精馏塔是一个多输入、多输出过程，它的通道多，动态响应缓慢，变量间又互相关联，而控制要求又较高，这些都给精馏塔的控制带来一定的困难。同时，各个精馏塔的工艺和结构特点，又是千差万别的,因此在设计精馏塔的控制方案时,更需深入分析工艺特点,了解精馏塔特性,以设计出比较完善、合理的控制方案。

3. 精馏塔产品质量指标选择

精馏塔产品质量指标选择有两类:直接产品质量指标和间接产品质量指标。精馏塔最直接的产品质量指标是产品成分。近年来,成分检测仪表发展很快,特别是工业色谱仪的在线应用,出现了直接控制产品成分的控制方案,此时检测点就可以放在塔顶或塔底。然而由于成分分析仪表价格昂贵,维护保养麻烦,采样周期较长(即反应缓慢,滞后较大),而且应用中有时也不太可靠,所以成分分析仪表的应用受到了一定的限制。因此,精馏塔产品质量指标通常采用间接质量指标。

(1) 采用温度作为间接质量指标

温度是最常用的间接质量指标。因为对于一个二元组分的精馏塔来说,在压力一定时,沸点和产品成分之间有单独的函数关系。因此,如果压力恒定,那么塔板温度就可反应产品成分。而对于多元精馏塔来说,情况比较复杂。然而炼油和石油化工生产中,许多产品由碳氢化合物的同系物组成,在压力一定时,保持一定的温度,成分的误差就可以忽略不计。其余情况下,温度在一定程度上也能反映成分的变化。通过上述的分析可见,在温度作为反映质量指标的控制方案中,压力不能有剧烈的波动,除常压塔外,温度控制系统总是与压力控制系统联系在一起的。

采用温度作为被控变量时,选择哪一点温度作为被控变量,应根据实际情况加以选择,主要有以下几种:

① 塔顶(或塔底)的温度控制 一般来说,如果希望保持塔顶产品符合质量要求,也就是主要产品从顶部馏出时,应选择塔顶温度作为被控变量,这样可以得到较好的效果。同样,为了保持塔底产品符合质量要求,则应以塔底温度作为被控变量。为了保证另一产品质量在一定的规格范围内,塔的操作要有一定裕量。例如,如果主要产品在顶部馏出,操纵变量为回流量的话,再沸器的加热量要有一定富裕,以使在任何可能的扰动条件下,塔底产品的规格都在一定范围内。

采用塔顶(或塔底)的温度作为间接质量指标,似乎最能反映产品的情况,实际上并不尽然。当要分离出较纯的产品时,在邻近塔顶的各板之间温差很小,所以要求对温度检测装置有极高的要求(即要求有极高的精确度和灵敏度),但实际上很难满足。不仅如此,微量杂质(如某种更轻的组分)的存在,会使沸点有相当大的变化;塔内压力的波动,也会使沸点有相当大的变化,这些扰动很难避免。因此,目前除了像石油产品的分馏即按沸点范围来切割馏分的情况之外,凡是要得到较纯成分的精馏塔,现在往往不将检测点置于塔顶或塔底。

② 灵敏板的温度控制 所谓灵敏板,是指当塔的操作经受扰动作用(或承受控制作用)时,塔内各板的组分都将发生变化,各板温度也将同时变化,当达到新的稳定状态时,温度变化量最大的那块板就称为灵敏板。由于干扰作用下的灵敏板温度变化较大,因此对温度检测装置的要求就不必很高了,同时也有利于提高控制精度。

灵敏板的位置可以通过逐板计算或计算机仿真,依据不同情况下各板温度分布曲线比较得出。但是,由于塔板效率不容易估准,所以还需结合实践加以确定。通常,先根据测算,确定出灵敏板的大致位置,然后在它的附近设置若干检测点,然后在运行过程中选择其中最合适的一个测量点作为灵敏板。

③ 中温控制　取加料板稍上、稍下的塔板,或加料板自身的温度作为被控变量,这种温度检测点选在中间位置的控制通常称为中温控制。这种控制方案虽然在某些精馏塔上已经取得成功,但在分离要求较高时,或是进料浓度 z_F 变动较大时,中温控制将不能保证塔顶或塔底的成分符合要求。

(2) 采用压力补偿的温度作为间接质量指标

采用温度作为间接质量指标有一个前提,那就是塔内压力应保持恒定。尽管精馏塔的塔内压力一般设有压力控制系统进行控制,但压力也总会有些微小的波动,这对一般产品纯度要求不太高的精馏塔是可以忽略的,但是对精密精馏等控制要求较高的场合,微小压力的变化,将影响温度与组分之间的关系,使得产品质量难于满足工艺要求,为此需对压力的波动加以补偿,常用的有温差控制和双温差控制。

① 温差控制　在精密精馏时,温差控制可以提高产品的质量。在精馏中,任一塔板的温度是成分与压力的函数,影响温度变化的因素可以是成分,也可以是压力。在一般塔的操作中,无论是常压塔、减压塔,还是加压塔,压力都是维持在很小范围内波动,所以温度与成分有对应关系。但在精密精馏中,要求产品纯度很高,且塔顶和塔底产品的沸点相差又不大,此时压力变化引起温度的变化比成分变化引起的温度变化要大得多,所以微小压力的波动具有较大的影响,不能忽略。例如,苯—甲苯—二甲苯分离时,大气压变化 6.67 kPa,苯的沸点变化 2 ℃,已超过了质量指标的规定。这样的气压变化是完全可能发生的,这就破坏了温度与成分之间的对应关系。所以在精密精馏时,用温度作为被控变量往往得不到理想的控制效果,为此应该考虑补偿或消除压力微小波动的影响。

在塔压波动时,尽管各板上温度会有一定的变化,而两板间的温差变化却非常小。例如压力从 1.176 MPa 变化到 1.190 MPa 时,第 52 板和第 65 板的温差基本上维持在 2.8 ℃。这样保持了温差与成分的对应关系。因此可采用温差作为被控变量来进行控制,以保持最终产品的纯度符合要求。

在选择温差信号时,检测点应按下面方法进行选择。例如当塔顶馏出物为主要产品时,应将一个检测点放在塔顶(或稍下一些),即温度变化较小的位置,另一个检测点放在灵敏板附近,即成分和温度变化较大、比较灵敏的位置,然后取这两个测温点的温差作为被控变量。只要这两点温度随压力变化的影响相等(或十分相近),则压力波动的影响就几乎相抵消。

在石油化工生产中,温差控制已成功应用于苯—甲苯、乙烯—乙烷等精密精馏系统。若要使温差控制得到较好的控制效果,则温差设定值要合理,不能过大,以及操作工况要稳定。

② 双温差控制 虽然温差控制可以克服由于塔内压力波动对塔顶或塔底产品质量的影响,但采用温差控制还存在一个缺点,就是进料流量变化时,上升蒸气流量发生变化,引起塔板间的压降发生变化。当进料流量增大时,塔板间的压降增大而引起的温差也将增大,温差和组分之间的对应关系就会变化,所以此时不宜采用温差控制。

但此时可以采用双温差控制(或称温差差值控制),即分别在精馏段和提馏段选取温差,然后将这两个温差信号相减,得到温差的差值作为间接控制质标。由上面的分析可知,当进料流量波动时,塔压变化引起的温差变化,不仅出现在精馏段(顶部),也出现在提馏段(底部),因而精馏段和提馏段的温差相减后就可以相互抵消了,即消除了压差变化的影响。从国内外应用温差差值控制的许多装置来看,在进料流量波动影响下,仍能得到较好的控制效果。

4. 精馏塔的基本控制

精馏塔是一个多变量被控过程,在许多被控变量和操纵变量中,选定一种变量配对就构成了一个精馏塔的控制方案。然而由于精馏塔工艺和结构方面的原因,使得精馏塔的控制方案有很多。在这么多的控制方案中,很难判定哪种控制方案是最佳的。欣斯基(Shinskey)对精馏塔控制中的变量配对做了大量研究,提出了变量配对的 3 条准则:

① 当仅需要控制塔的一端产品时,应当选用物料平衡方式来控制该产品的质量。

② 塔两端产品流量较小者,应作为操纵变量去控制塔的产品质量。

③ 当塔的两端产品均需按质量控制时,一般对含纯产品较少、杂质较多的一端的质量控制选用物料平衡控制,而含纯产品较多、杂质较少的一端的质量控制选用能量平衡控制。当选用塔顶部产品馏出物流量 D 或塔底采出液量 B 来作为操纵变量控制产品质量时,称为物料平衡控制;而当选用塔顶部回流或再沸器加热量来作为操纵变量时,则称为能量平衡控制。

欣斯基提出的 3 条准则对于精馏塔控制方案设计有很好的指导作用。下面介绍精馏塔的一些常用的基本控制方案。

(1) 按精馏段指标的控制

当对塔顶馏出液的纯度要求比塔底产品高时,或者是进料全部为气相进料,或者是塔底或提馏段塔板上的温度不能很好反映产品成分变化时,往往按精馏段指标进行控制。这时,可以取精馏段某点成分或温度为被控变量,而常用的操纵变量可以选取回流量 L_R 或者馏出液 D,组成单回路控制方案或串级控制方案。串级控制方案虽然复杂一些,但可以迅速有效地克服进入副环的扰动,并可降低对控制阀特性的要求,有较高的控制精度,在需要精密控制时可以采用。按精馏段指标控制,不仅对塔顶产品的成分 X_D 有所保证,而且当扰动不大时,塔底产品成分 X_B 的变动也不大。

常见的控制方案有能量平衡控制(直接控制)方案和物料平衡控制(间接控制)方

案。图 11-2 为按精馏段指标的能量平衡控制方案图。该方案是按精馏段指标来控制回流量 L_R，保持加热蒸气流量为定值。这种控制方案的优点是控制作用滞后小，反应迅速，所以对克服进入精馏段的扰动和保证塔顶产品是有利的，这是精馏塔控制中最常用的方案。

在该方案中，回流量 L_R 受温度控制器调节，但在环境温度改变时，即使回流量 L_R 未变动，内回流也会发生变化，且物料与能量之间关联较大，这对于精馏塔平稳操作是不利的，所以在控制器参数整定上应加以注意，如果关联特别严重的话，应设置解耦控制系统进行解耦，减小或消除关联。

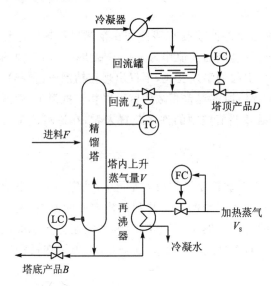

图 11-2　按精馏段指标的能量平衡控制方案

炼油厂中的常压塔和减压塔都是只有精馏段的塔，它们都是按精馏段指标控制的例子。它们的特点是都有侧线产品，并在每一侧线有汽提装置（吹送蒸气，进行蒸气蒸馏，把较轻组分蒸向上面的塔板）。进料 F 来自加热炉，是两相混合物，其温度和流量都预先经过控制。这些塔常用的控制方案是按塔顶温度（如果它是主要产品）来控制回流量，并保持各侧线流量恒定。

图 11-3 为按精馏段指标的物料平衡控制方案图。该方案是按精馏段指标来控制馏出液 D，并保持蒸气流量 V_S 不变。该方案的主要优点是物料与能量平衡之间的关联最小；内回流在周围环境温度变化时基本保持不变。例如当环境温度下降时，使回流温度下降，暂时使内回流增加，但因塔顶上升蒸气减少，冷凝液也减少，回流罐液位下降，经 LC 调节使 L_R 减小，结果使得内回流基本保持不变，所以这种方案对精馏塔的平稳操作是有利的。此外，当塔顶产品质量不合格时，温度控制器自动关闭出料阀，自动切断

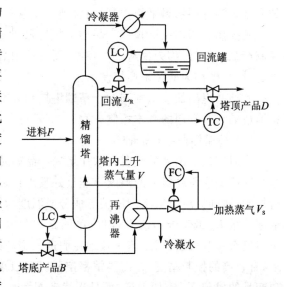

图 11-3　按精馏段指标的物料平衡控制方案

不合格产品的排放。

该方案主要缺点是温度控制回路滞后较大,从馏出液 D 的改变到温度变化,要间接地通过液位控制回路来实现,特别是回流罐容积较大,反应更慢,给控制带来了困难,所以该方案适用于馏出液 D 很小(或回流比较大)且回流罐容积适中的精馏塔。

(2) 按提馏段指标的控制

当对塔底产品的成分要求比塔顶馏出液高时,或者是进料全部为液相,或者是塔顶或精馏段塔板上的温度不能很好地反映成分的变化,应采用按提馏段指标的控制方案。常用的控制方案有能量平衡控制方案和物料平衡控制方案。

图 11-4 所示为按提馏段质量指标的能量平衡控制方案。该方案是按提馏段的塔板温度来控制加热蒸气量,而回流量采用定值控制。该方案滞后小,反应迅速,所以对克服进入提馏段的扰动和保证塔底产品质量有利。该方案是目前应用最广泛的精馏塔控制方案,仅在 $V/F \geqslant 2.0$ 时不采用。该方案的缺点是物料平衡与能量平衡关系之间有一定关联。

图 11-5 所示为按提馏段指标的物料平衡控制方案。该方案按提馏段温度控制塔底产品的采出量 B,并保持回流量恒定。此时 D 是按回流罐的液位来控制的,蒸气量是按塔釜液位来控制的。

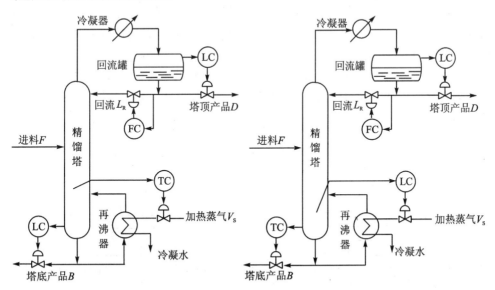

图 11-4 按提馏段指标的能量平衡控制方案　图 11-5 按提馏段指标的物料平衡控制方案

这类方案与按精馏段温度来控制 D 的方案一样,有其独特的优点和缺点。其优点是物料平衡与能量平衡关系之间关联最小,当塔底采出量 B 少时,这样做比较平稳;当 B 不符合质量要求时,会自行切断塔釜采出阀暂停出料。缺点是滞后较大且液位控制回路存在反向特性。该方案仅适合于塔底产品的采出量 B 很小且 $B<$

20%V 的塔。

(3) 精馏塔的压力控制

精馏塔的操作大多是在塔内压力维持恒定的基础上进行的。在精馏操作过程中，进料流量、进料成分和温度的变化，塔釜加热蒸气量的变化，回流量、回流液温度及冷剂压力波动等都可能引起精馏塔的塔压波动。而塔压波动势必将引起每块塔板上的气液平衡条件的改变，结果使整个塔的正常操作遭到破坏，最终将影响产品的质量。所以，在精馏操作中，必须设置压力控制系统，以保证精馏塔在某一恒定压力下工作。特别是在精密精馏中，塔顶或塔底产品质量要求较高，精馏塔压力的精确控制显得更加重要。

精馏可在常压、减压及加压下操作。例如，在混合液沸点较高时，减压可以降低沸点，避免分解，炼油厂中的减压塔即为一例。在混合液沸点很低时，加压可以提高沸点，减少冷量，石油化工中的裂解气分离即是如此。由于压力不同，压力控制方案也有所不同。但总的来说，应该采用能量平衡来控制塔压。

① 加压精馏塔的压力控制　所谓加压精馏塔是指精馏塔的操作压力大于大气压的情况。其控制方案的确定与塔顶馏出物状态（气相还是液相）及馏出物中含不凝性气体量的多少有密切关系。下面分别给予介绍。

● 液相出料且馏出物中含有大量不凝物

塔压的控制方案如图 11-6(a) 所示，测压点在回流罐上，控制阀安装在气相排出管线上，塔压的控制是通过改变气相排出量来实现的。这种方案反应较快，适用于塔顶气体流经冷凝器的阻力变化不大的场合，回流罐压力可以间接代表塔顶压力，维持回流罐内压力即保证塔顶压力恒定。若由于进料流量、成分、加热蒸气等扰动引起冷凝器阻力变化时，回流罐压力不能代表塔顶压力，此时应采用如图 11-6(b) 所示的方案。

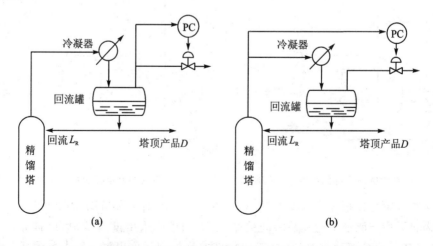

图 11-6　塔顶压力控制方案（液相采出馏出物中含有大量不凝物）

● 液相采出且馏出物中含有少量不凝物

当塔顶气相中不凝性气体量小于塔顶气相总流量的2%,或在塔的操作中,预计只有部分时间产生干气时,此时控制塔压的操纵变量就不能采用不凝物的排放量,而可以采用如图11-7所示的控制方案。这是一个分程控制系统,塔压控制器同时控制两个阀,即冷剂量阀 V_1 和放空阀 V_2。为保持塔顶压力恒定,通常可以采用改变传热量的手段来控制,即控制冷剂量阀 V_1。若传热量小于使全部蒸气冷凝时所需热量,则蒸气将积聚起来,压力会升高。反之,传热量过大,则压力会降低。若冷剂量阀 V_1 全开时,塔压还偏高的话,此时打开放空阀 V_2,以使塔压恢复正常。

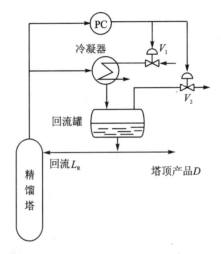

图 11-7 塔顶压力控制方案(液相采出馏出物含少量不凝物)

● 液相采出且馏出物中含有微量不凝物

当塔顶气体全部冷凝或只有微量不凝性气体时,可以采用改变传热量的手段来控制塔顶压力,具体控制方案如图11-8所示的3种方式。

a) 按塔顶压力改变冷却水的流量,如图11-8(a)所示,这种方式最节约冷却水量。

b) 按塔顶压力改变传热面积,如图11-8(b)所示,即让冷凝液部分地浸没冷凝器,这种方案比较迟钝。

c) 采用热旁路的办法,如图11-8(c)所示。此方案的实质是改变气体进入冷凝器的推动力。当塔顶压力偏高时,关小阀门,使冷凝器两端压差增加,则有较多气相物料进入冷凝器冷凝,增加传热速率,从而使塔顶压力回复到设定值。反之,当塔顶压力偏小时,阀门开大,使冷凝器两端压差减小,进入冷凝器气相物料减少。这种方案的特点是反应比较灵敏,炼油厂中应用较多。

图11-9所示为"浸没"式冷凝器压力控制方案。一般冷凝器在回流罐下3~5 m,采用这种控制方案时,通过控制 $\Delta P = P_1 - P_2$ 来达到改变传热面积。当 ΔP 增加时,冷凝器内冷凝液液面下降,使气相冷凝面积增加,所以传热量增加,冷凝量增

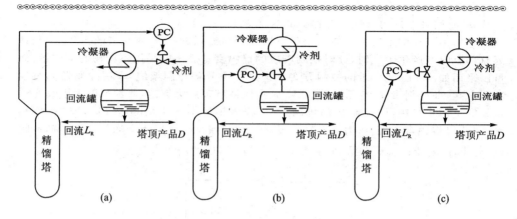

图 11-8 塔顶压力控制方案（液相采出且馏出物中含有微量不凝物）

加，使塔压减小。因此，当 P_1 增加时，应增加 ΔP，反之应减小 ΔP。

● 气相出料

如图 11-10(a)所示为气相出料的压力控制系统，可以在出口管线上按压力控制气相出料，由回流罐液位控制冷却水量，以保证足够的冷凝液作回流。若气相出料为下一工序的进料，则可以采用图 11-10(b)所示的压力流量均匀控制系统，从而保持塔压恒定。

② 减压精馏塔的压力控制　减压精馏塔通常采用蒸气喷射泵抽真空的办法来控制塔顶压力，在蒸气管线上设有压力控制系统，以维持喷射泵的最佳蒸气压力；塔顶压力用补充的空气量来控制，这种方案

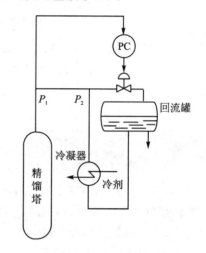

图 11-9 "浸没"式冷凝器压力控制方案

能有效地控制任何波动和扰动对塔顶压力的影响。

③ 常压塔的压力控制　常压塔的压力控制比较简单，可在回流罐或冷凝器上设置一个通大气的管道来平衡压力，以保持塔内压力接近大气压。如果对精馏塔操作压力稳定性要求较高时，则需要设置压力控制系统，以维持塔内压力稍高于大气压，其控制方案类似加压精馏塔控制方案。

5. 精馏塔的复杂控制

实际精馏塔的控制中，除了采用单回路控制外，还采用较多的复杂控制系统，例如，串级、均匀、前馈、比值、分程、选择性控制等。

(1) 串级控制

例如，精馏段温度与回流量，或者与馏出量，或者与回流比组成串级控制，提馏段

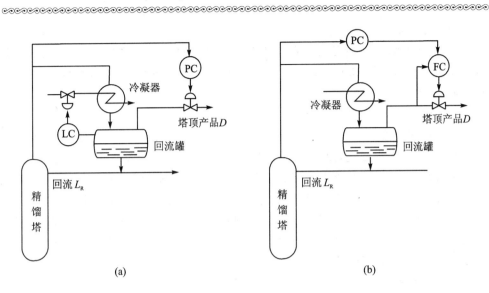

图 11-10 气相出料压力控制方案

温度与加热蒸气量或塔底采出量组成串级控制等。

精馏塔控制中,当需要使操纵变量的流量与控制器输出保持精确对应关系及副环特性有较大变化时,常组成串级控制系统。例如,回流罐液位与塔顶馏出量或回流量的串级控制,塔釜液位与塔底采出量的串级控制等。

(2) 前馈—反馈控制

精馏塔的大多数前馈信号采用进料量。当进料来自上一工序时,除了多塔组成的塔系中可采用简单均匀控制或串级均匀控制外,常用于克服进料扰动影响的控制方法是采用前馈—反馈控制。反馈控制系统可以是塔顶和塔底的有关控制系统。

(3) 选择性控制

精馏塔的操作受约束条件制约。当操作参数进入安全软限时,可采用选择性控制系统,使精馏塔操作仍可进行,这是选择性控制系统在精馏塔操作中一类较广泛的应用。选择性控制系统在精馏塔的另一类应用是精馏塔的自动开、停车。

(4) 比值控制

精馏操作中,有时设置塔顶馏出量与进料流量的比值控制,或是加热蒸气量与进料流量的比值控制。设置的目的是从精馏塔的物料与能量平衡关系出发,使有关的流量达到一定的比值,这样有利于在期望的条件下进行操作。

11.2.2 常减压过程的控制

1. 常减压过程简介

常减压蒸馏过程分三段,即初馏、常压蒸馏和减压蒸馏,用于生产各种燃料油和润滑油馏分,常见的流程如图 11-11 所示。

(1) 初　馏

脱盐、脱水后的原油经换热后以 220℃～240℃进入初馏塔(预汽化塔),从塔顶以气态馏出初馏点约 130℃的馏分,作为重整原料或更重的汽油,经冷凝冷却后部分作为回流,侧线不出产品。

(2)常压蒸馏

初馏塔底的拔头原油经常压加热炉加热到 360℃～370℃,进入常压蒸馏塔,塔顶气相经冷凝,作为回流,使塔顶温度控制在 90℃～110℃,塔顶到进料段之间的温度逐渐升高,并利用馏分沸点范围的不同,在塔顶蒸出汽油气和水蒸气,在常压塔的每段外部设置汽提塔,作为该段精馏的提馏段,从而在侧一线、侧二线和侧三线分别蒸出煤油、轻柴油、重柴油。侧线馏分经常压汽提塔用过热蒸气提出轻组分后,经换热回收热量,再分别冷却到一定温度送出装置。塔底温度约 350℃,塔底未汽化的重油用过热蒸气汽提出轻组分后,作为减压塔进料。

(3)减压蒸馏

常压塔底重油经泵加压送减压加热炉,加热到 140℃,进入减压蒸馏塔,塔顶不出产品,分离出来的不凝气和水蒸气送大气冷凝器,经冷凝后用二级蒸气喷射泵抽出不凝气,使塔压保持在 2.67～10.67 kPa,这样有利于油品充分蒸出。塔侧从一线和二线抽出润滑油馏分或裂化原料油,经汽提塔汽提(图 11-11 中未画出),换热冷却后,部分作为回流,部分作为产品送出装置。塔底减压渣油也用过热蒸气汽提出轻组分,提高拔出率,用泵抽出后经换热冷却后出装置,作为自用燃料或商品燃料油,或作为沥青原料、丙烷脱沥青装置的原料,用于生产重质润滑油和沥青。通常,常压塔的拔出率约 25%～40%,减压塔拔出率约 30%。

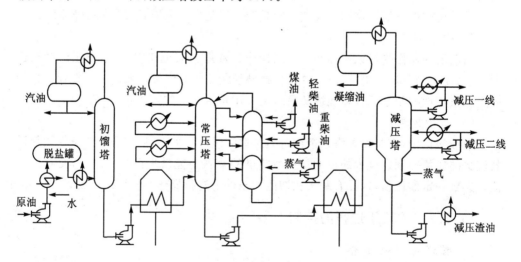

图 11-11　常减压蒸馏过程的流程简图

常减压过程的控制是加热炉的控制、精馏塔的控制等。常减压过程控制的特点如下:常压蒸馏塔和减压蒸馏塔的控制只有精馏段,因此,按精馏段指标进行控制;都有侧线产品,它含比该分馏组分更轻的组分,为此,每个侧线都有汽提装置,进行蒸气蒸馏,以获得满意的分馏点;进料来自加热炉,因此,进料是两相混合物料。

2. 常减压塔的控制

常压系统主要用于生产燃料油,因此,以提高分馏组分精确度为主要控制目标,除此之外,还要提高常压塔拔出率,降低加热炉热负荷,提高处理能力,为减压塔操作打好基础。主要扰动有:进料量、进料温度(热焓)、回流量或回流比、加热蒸气温度和流量、过热蒸气温度和压力等。控制指标主要有:常压塔塔顶温度、各侧线的分馏点温度等。

(1) 加热炉的控制

原油加热炉因处理量大,通常采用多个支路,由于加热炉燃烧的不均匀,造成各支路出口温度不同。为使出口温度平稳,并使常压塔和减压塔能够平稳操作,需对各支路进行平衡控制。要求在保证各支路流量差不大于约束值,各支路流量之和等于总原油处理量的条件下,通过调节支路流量,使支路出口温度差最小。

某加热炉的出口温度采用广义多变量预测控制实现平衡控制,共有 4 个炉管,测得被控对象的传递函数如下

$$G_1(s) = \frac{\Delta T_1(s)}{\Delta F_1(s)} = \frac{-3.5\mathrm{e}^{-3s}}{(11.4s+1)(2.8s+1)}$$

$$G_2(s) = \frac{\Delta T_2(s)}{\Delta F_2(s)} = \frac{-3.3\mathrm{e}^{-3s}}{(12.2s+1)(2.6s+1)}$$

$$G_3(s) = \frac{\Delta T_3(s)}{\Delta F_3(s)} = \frac{-3.6\mathrm{e}^{-3s}}{(11.6s+1)(2.9s+1)}$$

$$G_4(s) = \frac{\Delta T_4(s)}{\Delta F_4(s)} = \frac{-3.1\mathrm{e}^{-3s}}{(11.9s+1)(2.5s+1)}$$

减压加热炉支路预测控制系统结构如图 11-12 所示。图中,计算模块将求和模块 4 个偏置输入分别与常压塔塔底液位控制器输出相加,作为 4 路支路流量控制器的设定。常规控制时,将液位控制器输出直接作为流量控制器的设定。4 个偏置输入之和为零,从而保证总流量不变。广义预测控制器的输入是各支路炉管出口温度 T_i 和平均值 T,输出是支路流量的偏差 ΔF_i,设支路流量偏差量平均值为 ΔF,则求和模块的各支路输出为 $\Delta F_i - \Delta F$。

实施时,温度平均值计算结果应设置速率限制,以防止温度变化过快造成对出口温度设定的不良影响;进口流量控制阀采用气关型,因此,为防止其开度过小,需设置高限器保证进口流量不小于某一设定值。

(2) 常压塔的控制

常压系统生产燃料油,要求严格的馏分组成,因此,常压系统的控制以提高馏分精确度为主。常压塔常用控制回路如图 11-13 所示。

主要控制回路如下:

① 塔顶温度控制 塔顶温度 T_1C 与回流量 F_4C 组成串级控制系统,保证塔顶

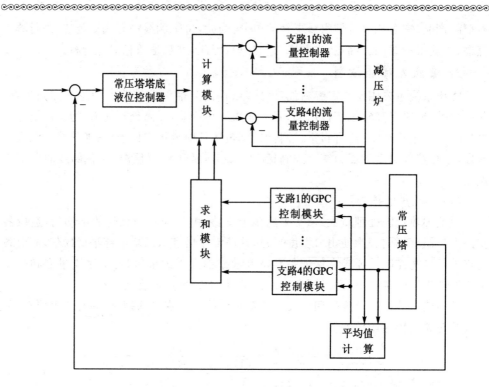

图 11-12 减压加热炉支路预测控制系统结构图

馏出产品汽油的质量。

② 侧线控制 当塔顶温度恒定,各循环回流量固定时,侧线温度变化不大,因此,采用控制循环回流量恒定的方法间接保证侧线产品质量。控制方法是:加大循环回流量,使侧线馏出量减小,侧线温度就下降,反之亦然。近年采用软测量技术间接推断侧线产品的质量指标,例如,柴油干点、常三线 90% 点等,因此,也可采用这些指标进行控制。侧线的采出量采用定值控制。

③ 塔压控制 常压塔的塔压可不进行控制,直接将冷凝器开口通大气。当采用风冷时,由于受到环境温度变化的影响较大,会造成冷凝量的改变。当塔顶温度恒定后,常压塔的塔压可保持基本不变。

④ 过热蒸气控制 进入塔底的过热蒸气量应控制恒定,它主要用于将原油中的轻组分吹出。汽提塔的过热蒸气通常控制其压力,以保证汽提塔稳定操作。此外,加热炉出口过热蒸气温度应控制在 400℃。

⑤ 原料量控制 控制原料量主要是控制负荷的大小,根据常压塔设备的生产能力可调整其设定值。由于控制阀安装在加热炉前,因此油温不高,不会出现气相进料。必要时可设置前馈控制,与过热蒸气量按一定比例变化。进料温度通常由加热炉控制燃料量来调节。例如,组成加热炉出口温度(原料进口温度)与炉膛温度的串级控制。

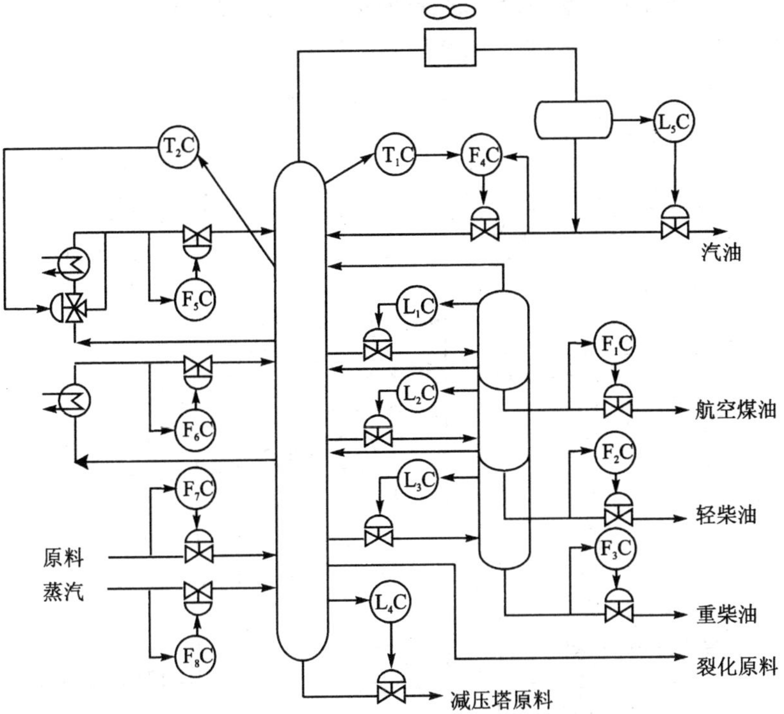

第 11 章 控制系统设计思想与实例

图 11-13 常压塔装置基本控制回路

⑥ 液位控制　塔底产品是减压塔的进料,因此,对塔底液位采用简单均匀控制或串级均匀控制。汽提塔的液位直接影响汽提塔轻组分的采出,因此,汽提塔液位采用单回路控制系统。它与侧线产品采出量的定值控制系统一起,能够保证侧线温度的稳定。例如,扰动使侧线采出量增大时,侧线温度上升,汽提塔液位也随之上升,液位控制回路关小控制阀,减小了采出量,侧线温度也随之下降,反之亦然。当侧线产品中轻组分增加,侧线温度下降,汽提塔的入塔流量虽然不变,但因轻组分增加使汽提出来的量增加,并使液位下降,通过液位控制打开控制阀,加大采出量,从而保持侧线温度稳定。油水分离器液位采用简单的单回路控制。

(3) 减压塔的控制

减压系统生产润滑油馏分或裂化原料,对馏分要求不高,主要要求馏出油残碳合格前提下提高拔出率,减少渣油量。因此,提高减压塔汽化段真空度,提高拔出率是主要控制目标。减压塔的控制与常压塔的控制相似。减压塔常用控制回路如图 11-14 所示。

① 塔压控制　采用二级蒸气喷射泵,控制蒸气压力和真空度。

② 塔顶温度控制　塔顶不出产品,采用一线油打循环,回流控制塔顶温度,组成一线温度和回流量的串级控制。

③ 液位控制　与常压塔液位控制相似,汽提塔液位采用单回路控制系统。它与

侧线产品采出量的定值控制系统一起,能够保证侧线温度的稳定。

④ 原料和过热蒸气的控制　与常压塔控制类似。

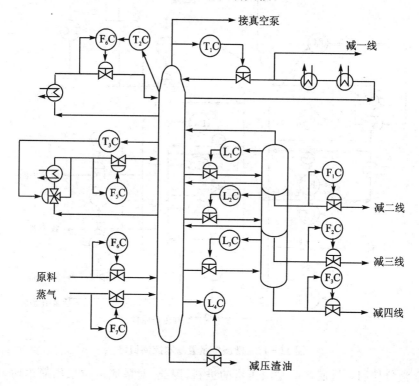

图 11-14　减压塔基本控制回路

思考题与习题

11.1　控制系统的设计一般有哪几个步骤?

11.2　常用的执行元件有哪些?选择执行元件的依据是什么?

11.3　放大元件的作用是什么?

11.4　精馏过程的目的是什么?

11.5　精馏塔的控制要求是什么?

11.6　影响精馏塔的操作因素有哪些?哪些是可控的?哪些是不可控的?

11.7　为什么精馏塔可以采用温度作为间接质量指标?

11.8　什么是灵敏板?什么场合可以采用灵敏板温度作为间接质量指标?

11.9　什么是温差控制?适用于什么场合?

11.10　常减压塔的主要控制目标是什么?

参考文献

[1] 俞金寿,蒋慰孙.过程控制工程(第3版)[M].北京:电子工业出版社,2007.

[2] 黄惟一,胡生清.控制技术与系统(第2版)[M].北京:机械工业出版社,2006.

[3] 陈诗滔.工业过程仪表与控制[M].北京:中国轻工业出版社,1998.

[4] 王正林,王胜开,陈国顺.Matlab/Simulink与控制系统仿真[M].北京:电子工业出版社,2005.

[5] 刘文定,王东林.过程控制系统的Matlab仿真[M].北京:机械工业出版社,2009.

[6] 厉玉鸣.化工仪表及自动化(第三版)[M].北京:化学工业出版社,1999.

[7] 厉玉鸣.化工仪表及自动化(第四版)[M].北京:化学工业出版社,2006.

[8] 俞金寿,孙自强.过程控制系统[M].北京:机械工业出版社,2008.

[9] 王银锁,孙如田,毛徐辛.过程控制系统[M].北京:石油工业出版社,2009.

[10] 杨三青,王仁明,曾庆山.过程控制[M].武汉:华中科技大学出版社,2008.

[11] 林锦国.过程控制(第二版)[M].南京:东南大学出版社,2006.

[12] 王正林,郭阳宽.过程控制与Simulink应用[M].北京:电子工业出版社,2006.

[13] 顾德英,罗云林,马淑华.计算机控制技术(第2版)[M].北京:北京邮电大学出版社,2007.

[14] 刘翠玲,黄建兵.集散控制系统[M].北京:中国林业出版社,2006.

[15] 李正军.现场总线与工业以太网及其应用系统设计[M].北京:人民邮电出版社,2006.

[16] 王黎明,夏立,邵英等.CAN现场总线系统的设计与应用[M].北京:电子工业出版社,2008.

[17] 韩力群.人工神经网络教程[M].北京:北京邮电大学出版社,2006

[18] 刘兴堂主编.应用自适应控制[M].西安:西北工业大学出版社,2003.

[19] 魏克新,王云亮,陈志敏等.Matlab语言与自动控制系统设计(第2版)[M].北京:机械工业出版社,2004.

[20] 诸静等.模糊控制原理与应用(第2版)[M].北京:机械工业出版社,2005.

[21] 章卫国,杨向忠.模糊控制理论与应用[M].西安:西北工业大学出版社,1999.

[22] 曾光奇,胡均安,王东等.模糊控制理论与工程应用[M].武汉:华中科技大学出版社,2006.

[23] 张乃尧,阎平凡.神经网络与模糊控制[M].北京:清华大学出版社,1998.

[24] 张国良,曾静,柯熙政等.模糊控制及其Matlab应用[M].西安:西安交通大学出版社,2002.

[25] 刘金琨.先进PID控制Matlab仿真(第2版)[M].北京:电子工业出版社,2004.

[26] 席爱民.模糊控制技术[M].西安:西安电子科技大学出版社,2008.

[27] 马锐.人工神经网络原理[M].北京:机械工业出版社,2010.

[28] 俞金寿.工业过程先进控制技术[M].上海:华东理工大学出版社,2008.

[29] 孙洪程,翁维勤,魏杰.过程控制系统及工程(第三版)[M].北京:化学工业出版社,2010.

[30] 梁邵峰,李兵,裴旭东.过程控制工程[M].北京:北京理工大学出版社,2010.

[31] 何衍庆,黎冰,黄海燕.工业生产过程控制(第2版)[M].北京:化学工业出版社,2010.

[32] 王再英,刘淮霞,陈毅静.过程控制系统与仪表[M].北京:机械工业出版社,2006.

[33] 潘永湘,杨延西,赵跃.过程控制与自动化仪表(第2版)[M].北京:机械工业出版社,2007.

[34] 黄泽霞.基于模糊理论的锅炉水位控制器设计[D].西安:西安科技大学出版社,2006.

[35] 王树青,戴连奎,于玲.过程控制工程(第二版)[M].北京:化学工业出版社,2008.

[36] 朱玉玺,崔如春,邝小磊.计算机控制技术[M].北京:电子工业出版社,2004.